Anke Schwarzer

Supramolekulare Kontakte in kristallinen Fluorverbindungen

Anke Schwarzer

Supramolekulare Kontakte in kristallinen Fluorverbindungen

Synthese, Strukturanalyse und theoretische Betrachtung ausgewählter Fluoraromaten

Südwestdeutscher Verlag für Hochschulschriften

Impressum/Imprint (nur für Deutschland/only for Germany)
Bibliografische Information der Deutschen Nationalbibliothek: Die Deutsche Nationalbibliothek verzeichnet diese Publikation in der Deutschen Nationalbibliografie; detaillierte bibliografische Daten sind im Internet über http://dnb.d-nb.de abrufbar.
Alle in diesem Buch genannten Marken und Produktnamen unterliegen warenzeichen-, marken- oder patentrechtlichem Schutz bzw. sind Warenzeichen oder eingetragene Warenzeichen der jeweiligen Inhaber. Die Wiedergabe von Marken, Produktnamen, Gebrauchsnamen, Handelsnamen, Warenbezeichnungen u.s.w. in diesem Werk berechtigt auch ohne besondere Kennzeichnung nicht zu der Annahme, dass solche Namen im Sinne der Warenzeichen- und Markenschutzgesetzgebung als frei zu betrachten wären und daher von jedermann benutzt werden dürften.

Verlag: Südwestdeutscher Verlag für Hochschulschriften GmbH & Co. KG
Dudweiler Landstr. 99, 66123 Saarbrücken, Deutschland
Telefon +49 681 37 20 271-1, Telefax +49 681 37 20 271-0
Email: info@svh-verlag.de

Zugl.: Freiberg, TU Bergakademie, Diss., 2007

Herstellung in Deutschland:
Schaltungsdienst Lange o.H.G., Berlin
Books on Demand GmbH, Norderstedt
Reha GmbH, Saarbrücken
Amazon Distribution GmbH, Leipzig
ISBN: 978-3-8381-2774-3

Imprint (only for USA, GB)
Bibliographic information published by the Deutsche Nationalbibliothek: The Deutsche Nationalbibliothek lists this publication in the Deutsche Nationalbibliografie; detailed bibliographic data are available in the Internet at http://dnb.d-nb.de.
Any brand names and product names mentioned in this book are subject to trademark, brand or patent protection and are trademarks or registered trademarks of their respective holders. The use of brand names, product names, common names, trade names, product descriptions etc. even without a particular marking in this works is in no way to be construed to mean that such names may be regarded as unrestricted in respect of trademark and brand protection legislation and could thus be used by anyone.

Publisher: Südwestdeutscher Verlag für Hochschulschriften GmbH & Co. KG
Dudweiler Landstr. 99, 66123 Saarbrücken, Germany
Phone +49 681 37 20 271-1, Fax +49 681 37 20 271-0
Email: info@svh-verlag.de

Printed in the U.S.A.
Printed in the U.K. by (see last page)
ISBN: 978-3-8381-2774-3

Copyright © 2011 by the author and Südwestdeutscher Verlag für Hochschulschriften GmbH & Co. KG and licensors
All rights reserved. Saarbrücken 2011

Aber das ist ja auch eine der schwersten Prüfungen an dem Schaffenden: er muß immer der Unbewußte, der Ahnungslose seiner besten Tugenden bleiben, wenn er diesen nicht ihre Unbefangenheit und Unberührtheit nehmen will!

aus Rainer Maria Rilke, Briefe an einen jungen Poeten

Verwendete Abkürzungen und Symbole

α	Winkel zwischen den Zellachsen b und c
β	Winkel zwischen den Zellachsen a und c
γ	Winkel zwischen den Zellachsen a und b
π oder Ar	aromatischer Ring wie in Benzen C_6H_6; Zahl Pi = 3.14159
π^F oder Ar^F	perfluorierter aromatischer Ring wie in Hexafluorbenzen C_6F_6
θ	Winkel zwischen X—H···A in X—H···A—Y (Wasserstoffbrückenbindungen); Winkel zwischen C—X···Y in C—X···Y-Kontakten
τ	Torsionswinkel
A	Akzeptor
CSD	Cambridge Structural Database
d	Abstand zwischen Proton und Akzeptor in X—H···A—Y (Wasserstoffbrückenbindungen)
D	Abstand zwischen Donor und Akzeptor in X—H···A—Y (Wasserstoffbrückenbindungen)
DSC	Differential Scanning Calorimetry (Dynamische Differenzkalorimetrie)
ESP	Elektrostatisches Potential
Fp	Schmelzpunkt
GC	Gaschromatographie
ΔG	Änderung der freien Enthalpie (Gibbs Energie)
ΔH	Änderung der Enthalpie
r	Bindungslänge
ΔS	Änderung der Entropie
T	Temperatur
U	isotrope Bewegungsparameter
V	Volumen der Elementarzelle
XRD	X-Ray powder diffraction
X	Donor
Y	Atom, an dem Akzeptor kovalent gebunden ist
Z	Zahl der Moleküle in der Elementarzelle

Inhaltsverzeichnis

1 Einleitung und Zielsetzung **1**

2 Grundlagen und Methoden **5**

2.1 Wechselwirkungen in Molekülkristallen 5
2.2 Wechselwirkungen in fluorhaltigen organischen Molekülkristallen 9

    2.2.1 Perfluorphenyl-Phenyl-Stapelwechselwirkung **11**
    2.2.2 Fluor als H-Akzeptor **14**
    2.2.3 Fluor-Fluor-Wechselwirkung **15**
    2.2.4 π^F Akzeptor-Wechselwirkungen **16**

2.3 Polymorphie von Molekülkristallen 17

    2.3.1 Allgemeines **18**
    2.3.2 Thermodynamische Grundlagen **20**
    2.3.3 Methoden zur Untersuchung polymorpher Systeme **22**
        2.3.3.1 Thermische Methoden 23
        2.3.3.2 Diffraktometrische Methoden 24

3 Untersuchungen und Ergebnisse **28**

3.1 Kristallstrukturen von substituierten Dibenzalacetonen 28

    3.1.1 Synthese der Modellverbindungen **29**
    3.1.2 Strukturanalyse **33**

3.2 N-Phenylmaleinimide, -phthalimide und -tetrafluorphthalimide 38

    3.2.1 Synthese der Modellverbindungen **39**
    3.2.2 Strukturanalyse **40**
    3.2.3 Polymorphie **66**
        3.2.3.1 Polymorphes System N-(2,3,4,5,6-Pentafluorphenyl)phthalimid 18-A· 18-B 70
        3.2.3.2 Polymorphes System N-Phenyltetrafluorphthalimid 19-A· 19-B 75

3.3 Fulvenanaloge Additionsprodukte der Maleinimide 81

    3.3.1 Synthese der Modellverbindungen **83**
    3.3.2 Strukturanalyse **85**
    3.3.3 Betrachtung der Molekülgeometrie mittels Strukturanalyse, 2D ^{19}F ^{19}F-NMR-Spektroskopie und ab initio Rechnungen **104**

3.4 Vergleichende Betrachtung der Kristallstrukturen 114

4 Zusammenfassung und Ausblick **121**

5 Experimenteller Teil **126**

5.1 Allgemeine Angaben 126
5.2 Synthese substituierter Dibenzalacetone 129
5.3 N-Phenylmaleinimide, -phthalimide, -tetrafluorphthalimide 135

    5.3.1 N-Phenylmaleinimide **136**
    5.3.2 N-Phenylphthalimide **142**
    5.3.3 N-Phenyltetrafluorphthalimide **148**

5.4 Vorstufen bicyclischer Imide 154
5.5 Bicyclische N-Arylsuccinimide 157
6 Publikationen 175
7 Danksagung 177
8 Anhang I
8.1 Kristallstrukturdaten I
8.1.1 Dibenzalacetone und Nebenprodukte I
8.1.2 N-Phenylmaleinimide, -phtalimide, -tetrafluorphthalimide III
8.1.3 Fulvenaddukte und Fulvene VII

1 Einleitung und Zielsetzung

Aus der heutigen Gesellschaft sind Fluorverbindungen nicht mehr wegzudenken. So werden anorganische Fluoride in der Dentalmedizin, der Aufbereitung des Trinkwassers, der Halbleitertechnik oder der Nukleartechnik eingesetzt. Organisch gebundenes Fluor hingegen weist ein deutlich breiteres Einsatzspektrum auf, welches sich über Fluorpolymere und -elastomere in Automobilen und in Gebäuden bis hin zur Anwendung in Kühlschränken und Klimaanlagen erstreckt[1,2]. Von besonderem Interesse ist jedoch die Verwendung der Fluororganika in der Agrochemie als Insektizide, Herbizide oder Fungizide, sowie der Veterinär- und der Humanmedizin. Hier dienen sie einerseits als synthetischer Blutersatz in der Chirurgie, als Cytostatikum in der Krebstherapie, als Psychopharmaka (z.B. Fluoxetin) oder antibiotisch wirksame Fluorchinolone, welche zu den umsatzstärksten Gruppen der Medikamente zählen[3], insbesondere jedoch das Ciprofloxacin und das Norfloxacin (Abbildung 1-1).

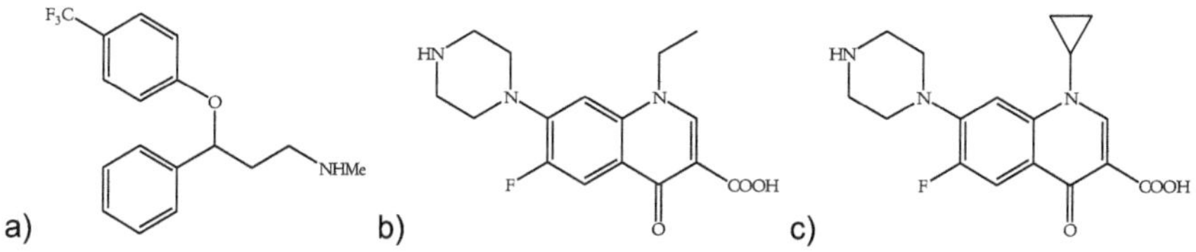

Abbildung 1-1   Molekülstrukturen des a) Fluoxetin, b) Norfloxacin, c) Ciprofloxacin.

An diesen Chinolonen, eigentlich Chinoloncarbonsäuren genannt, lassen sich einige Modifizierungen durchführen, welche die Eigenschaften und damit das Wirkspektrum dieser Verbindungen beeinflussen und eine breite Palette an Pharmazeutika hervorbringt, die erfolgreich gegen viele bakteriellen Erreger einer infektiösen Darmerkrankung, der Galle, der Atemwege oder der Bauchhöhle eingesetzt werden. Alle neueren Chinolone weisen in 6-Position ein aromatisch gebundenes Fluoratom auf und trotz aller Variationsmöglichkeiten am Chinolongrundkörper hat sich die Fluorsubstitution als optimal erwiesen[3].

Die Mehrzahl der in der Medizin eingesetzten fluorierten Pharmazeutika weisen jedoch vor allem Sauerstoff als Carbonylgruppe und tertiär gebundenen Stickstoff auf. Das Zusammenspiel dieser unterschiedlichen Atome und Atomgruppen bedingt schließlich die Wirkung des Medikamentes.

---

[1] P. Maienfisch, *Chimia* **2004**, *58*, 92.
[2] P. Kirsch, *Modern Fluoroorganic Chemistry,* Wiley-VCH Verlag, Weinheim, **2004**.
[3] U. Petersen, *Pharm. Unserer Zeit* **2001**, *30*, 376-381.

Für ein gezieltes molekulares Design ist daher die Kenntnis über die Wechselbeziehungen von makroskopischen Eigenschaften und mikroskopischen Verhaltensweisen nötig[4] und von weitreichender Bedeutung. Insbesondere, wenn diese Stoffe und Materialien in der pharmazeutischen Industrie und schließlich in der Medizin zum Einsatz kommen. Neben der Bedeutung fluorierter Verbindungen in der pharmazeutischen Industrie ist auch in der universitären Forschung, vor allem im Bereich des Crystal Engineerring, das Interesse an Fluororganika gestiegen. Dem präparativ arbeitenden Chemiker ist es im Laufe der Jahre gelungen, mit einer gezielten Syntheseplanung und mit großer Zuverlässigkeit zu gewünschten molekular ausgerichteten Produkten zu gelangen[5]. Bei der Erzeugung von Feststoffen oder Materialien mit definierter Struktur ist Entsprechendes derzeit aber noch nicht möglich. Daher wird auf dem Gebiet des Crystal Engineering der Frage nachgegangen, welche Zusammenhänge zwischen der Molekülstruktur und der Kristallstruktur im Feststoff existieren[6]. In diesem Rahmen sind intra- und intermolekulare Wechselwirkungen ein aktueller Gegenstand der Forschung.

Im Gegensatz zur klassischen Wasserstoffbrücke sind die intra- und intermolekularen Wechselwirkungen der Halogene ein Thema, welches viele unbeantwortete Fragen beinhaltet. Insbesondere die Rolle des organisch gebundenen Fluoratoms im Molekülkristall ist bisher wenig verstanden und weiterhin umstritten. Auch genügen die vielen, in den letzten Jahren erworbene Ergebnisse nicht den Anforderungen des Crystal Engineering. Nun ist bekannt, dass durch den Austausch von Wasserstoff gegen Fluor die Lipophilie, pKa-Werte und die metabolische Stabilität trotz minimaler sterischer Unterschiede in positiver Art und Weise beeinflusst werden können[7]. Darüber hinaus resultiert aus einer mehrmaligen Fluorsubstitution von Aromaten eine Änderung der Quadrupol-Quadrupol-Wechselwirkung, welches zu günstigen Aren-Aren-Interaktionen führen kann. Eine gezielte Voraussage, über das Vorliegen von Kontakten zwischen den beteiligten Atomen und deren Signifikanz beim Aufbau der Festkörperstruktur, ist derzeit jedoch nicht möglich. So finden sich in der Literatur immer häufiger Studien über Aryl-Perfluoraryl-Wechselwirkungen, C-F···F- und C-F···H-Kontakte, die jedoch der Kritik unterliegen. Dem gegenüber werden aufgrund der guten Polarisierbarkeit der anderen Halogene (Chlor, Brom und Iod) deren Kontakte als stabilisierende Wechselwirkungen akzeptiert[8].

---

[4] G. Barnickel, *Chem. Unserer Zeit* **1995**, *29*, 176.
[5] M. Jansen, J. C. Schön, *Angew. Chem.* **2006**, *118*, 3484-3490; *Angew. Chem. Int. Ed.* **2006**, *45*, 3406-3412.
[6] R. Parthasarathi, V. Subramanian, *Characterization of Hydrogen Bonding: From Van der Waals Interactions to Covalency* in *Hydrogen Bonding - New Insights*, herausgegeben von S. Grabowski, 1-50, Springer **2006**.
[7] J. A. Olsen, D. W. Banner, P. Seiler, U. Obst Sander, A. D'Arcy, M. Stihle, K. Müller, F. Diederich, *Angew. Chem.* **2003**, *115*, 2611.
[8] R. K. Castellano, F. Diederich, E. A. Meyer, *Angew. Chem.* **2003**, *115*, 1244-1287; *Angew. Chem. Int. Ed.* **2003**, *42*, 1210-1250 und Zitate ebenda.

In diesem Zusammenhang untersuchten Thalladi et al.[9] im Jahre 1998 die Kristallstrukturen fluorierte Benzene. Wie aber verhält sich nun ein System, welches darüber hinaus auch Atome enthält, die andere potenzielle Interaktionen im Kristall eingehen? Wie aus den im Handel erhältlichen fluorierten Pharmazeutika hervorgeht, sind vor allem Sauerstoffe von Carbonylgruppen oder tertiär gebundene Stickstoffatome von Interesse. Es gilt daher zu erproben, inwieweit das Einbringen dieser üblichen Wasserstoffakzeptoren für das Fluor eine Konkurrenz darstellt.

Die Kombination des carbonylischen Sauerstoffs und des tertiär gebundenen Stickstoffs mit dem Fluor sollte zu Modellverbindungen führen, die es gestatten, durch Variation der Position und der Anzahl der Fluoratome diese Konkurrenz zu untersuchen.

Ein weiterer wichtiger Aspekt bei der Analyse intermolekularer Wechselwirkungen des Typs C-H⋯F, F⋯F und schließlich C-H⋯O folgt aus den Positionen, welche sowohl die Wasserstoffatome als auch die Fluoratome am Aromaten einnehmen. Um folglich eine gezielte Analyse zwischenmolekularer Interaktionen in Abhängigkeit von der Anzahl und der Position des Fluors am Aromaten durchführen zu können, wurde zunächst ein allgemeines Substitutionsmuster festgelegt (Abbildung 1-2).

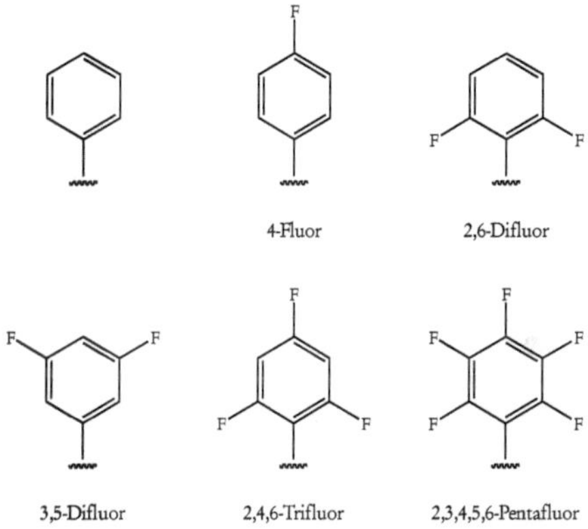

Abbildung 1-2 Allgemeines, in dieser Arbeit verwendetes Fluor-Substitutionsmuster am aromatischen Kern.

Senkrecht zur Achse, die entlang der 1,4-Position der Phenyleinheit verläuft, liegt jeweils eine Spiegelebene vor. Dies wurde als Kriterium ausgewählt, um eine Äquivalenz der noch vorhandenen Wasserstoffe zu erzielen. Daraus ergibt sich die Möglichkeit, gezielt Aussagen über deren Wechselwirkungen in Abhängigkeit ihrer Position am Aromaten zu treffen. Von besonderem Interesse sind hier die C_{Aryl}-H⋯F-Kontakte in Kombination mit C_{Aryl}-H⋯O- und C_{Aryl}-H⋯π-Interaktionen.

---

[9] V. R. Thalladi, H.-C. Weiss, D. Bläser, R. Boese, A. Nangia, G. R. Desiraju, *J. Am. Chem. Soc.* **1998**, *120*, 8702-8710.

Um im Rahmen dieser Arbeit anhand fluororganischer Verbindungen zwischenmolekulare Wechselwirkungen und den Einfluss aromatisch gebundenen Fluors auf die Molekülgeometrie und die Kristallpackung hin zu untersuchen, kommen zwei grundsätzliche Molekültypen zum Einsatz. Ihre Gemeinsamkeit besteht zunächst in der guten präparativen Zugänglichkeit. Auch tragen beide Typen die potenziell stärkere H-Akzeptorgruppe C=O wie sie auch in den eingangs dargestellten Pharmazeutika auftritt. Typ 1 zeichnet sich darüber hinaus durch eine planare Geometrie aus und soll unter anderem zur Generierung von Co-Kristallisaten unter Anwendung der Aryl-Perfluoraryl-Wechselwirkung erprobt werden. Demgegenüber werden in Typ 2 starre und verdrillte Moleküle zusammengefasst. Neben der Carbonylfunktion verfügen diese zusätzlich über ein tertiär gebundenes Stickstoffatom als weiterer potenzieller H-Akzeptor. Ein starres, sperriges Molekülgerüst mit begrenzter Flexibilität bedingt zwar einen potenziellen Kristalleinschluss, ist jedoch nötig, um konformativ bedingte Effekte und Unterschiede weitestgehend auszuschließen. Aufgrund ihrer elektronischen und konstitutionellen Beschaffenheit lassen die Substanzen des Typs 2 sich wiederum in zwei Klassen unterteilen. Während in Klasse 1 eine vollständige Konjugation der π-Elektronen möglich ist, wird diese in den Molekülen der Klasse 2 durch aliphatische Baueinheiten unterbrochen. In Abbildung 1-3 ist dies schematisch wiedergegeben, während die konkreten Konstitutionen der zugehörigen Verbindungen an späterer Stelle im inhaltlichen Zusammenhang spezifiziert sind.

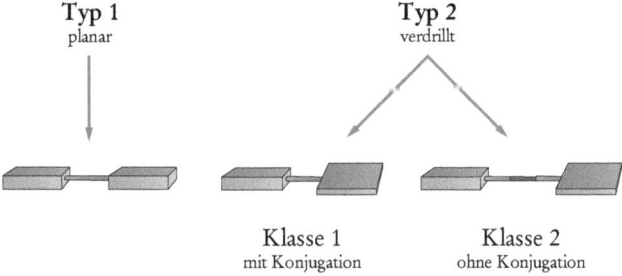

Abbildung 1-3 Schematische Darstellung der in dieser Arbeit zum Einsatz kommenden Molekültypen.

Generell bezieht sich das Ziel dieser Arbeit auf eine detaillierte Studie der in fluorierten aromatenhaltigen Verbindungen potenziell auftretenden Wechselwirkungen in Abhängigkeit von der Anzahl und der Position der Fluor- und Wasserstoffatome am Aromaten in Gegenwart von ausgewählten H-Akzeptorgruppen. Dies umfasst neben der Synthese und analytischen Charakterisierung der entsprechenden Substanzen vor allem die Züchtung von qualitativ guten Einkristallen und deren Analyse durch Beugungsexperimente. Wichtig ist hierbei die Analyse und detaillierte Auswertung lokalisierter Wechselwirkungen hinsichtlich ihrer Funktion und Signifikanz in Konkurrenz zu O und N im Molekülkristall.

2 Grundlagen und Methoden

2.1 Wechselwirkungen in Molekülkristallen

"Let us examine a crystal . . . the equality of the sides pleases us; that of the angles doubles the pleasure. On bringing to view a second face in all respects similar to the first, this pleasure seems to be squared; and bringing into view a third, it appears to be cubed, and so on." (E. A. Poe, 1843) [10]

Ziel der Kristallchemie ist die Beschreibung der Gesetzmäßigkeiten, die zur Anordnung bestimmter chemischer Bausteine unter definierten Bedingungen führen, sowie der resultierenden Eigenschaften dieser Aggregate. Nach Goldschmidt und Laves kann man von drei grundlegenden Bauprinzipien ausgehen:

Symmetrieprinzip: Bausteine streben eine Anordnung mit der höchstmöglichen Symmetrie an.

Prinzip der dichtesten Packung: Bausteine streben eine maximale Raumerfüllung an.

Wechselwirkungsprinzip: Bausteine streben eine möglichst hohe Koordination an, d.h. Wechselwirkungen mit möglichst vielen benachbarten Bausteinen.

Kitaigorodski[11] zeigte, dass das Prinzip der dichtesten Packung nicht nur für atomare „Kugelpackungen" sondern auch für Molekülkristalle gültig ist und eine maximale Raumausfüllung erreicht wird, wenn die Ausbuchtungen eines Moleküls in die Einbuchtungen eines anderen Moleküls greifen. Für dicht gepackte, identische Kugeln beträgt der Packungskoeffizient[12] 0.7405 ($\pi/\sqrt{18}$), für die meisten organischen Moleküle liegt er zwischen 0.7 und 0.8 [13].

Die Stabilität eines Kristalls spiegelt sich in der Gitterenergie wider, welche sich nach Gavezzotti aus Coulomb-, Polarisations-, Dispersions- und Abstoßungsenergien zusammensetzt. Kristallstrukturen organischer Moleküle sind vorrangig durch nichtkovalente intermolekulare Wechselwirkungen geprägt. Die auftretenden Interaktionen können nicht als isolierte Effekte, sondern nur im Zusammenspiel betrachtet werden. „Der

---

[10] E. A. Poe, *The rational of verse* in *Literary Theory and Criticism*, Dover Publications Inc., New York, **1999**.
[11] A. I. Kitaigorodskii, *Molekülkristalle*, Akademie-Verlag, DDR, Berlin, **1979**.
[12] Der Packungskoeffizient ist das Verhältnis aus dem Eigenvolumen des Moleküls und dem Volumen, das ein Molekül im Kristall einnimmt
[13] J. D. Dunitz, A. Gavezzotti, *Angew. Chem.* **2005**, *117*, 1796-1819; *Angew. Chem. Int. Ed.* **2005**, *44*, 1766-1787.

Term nicht-kovalente Bindungswechselwirkung umfasst ein breites Spektrum an attraktiven und repulsiven Kräften"[14]. Intermolekulare, nicht-kovalente Wechselwirkungen können zunächst nach isotropen (Nahordnung) und anisotropen (Fernordnung) Kräften klassifiziert werden (Abbildung 2-1). Zu den isotropen, ungerichteten Kräften zählen die van der Waals-Wechselwirkungen, die trotz ihrer geringen Energie (0.5-5 kJ/mol) Einfluss auf die Gestalt, die Größe und die Packungsdichte der Moleküle ausüben und sich aus dispersiven und repulsiven Anteilen zusammensetzen[14]. Die anisotropen Kräfte lassen sich in verschiedene Untergruppen einteilen, die klassische Wasserstoffbrückenbindung nimmt hierbei eine besondere Rolle ein.

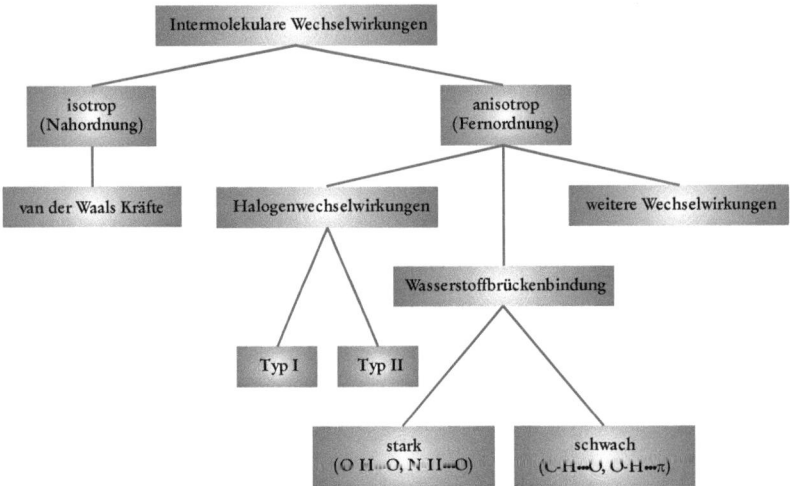

Abbildung 2-1 Einteilung intermolekularer Wechselwirkungen.

Die wohl stärksten H-Brücken sind in Fluorwasserstoff zu finden. Hier liegen im festen und flüssigen Zustand Zick-Zack-Ketten mit linearen F-H··· F-Einheiten vor (Abstände: F···F 2.50 Å; F–H 0.92 Å; H···F 1.58 Å).

Jedoch liegt der geschichtliche Ursprung der Untersuchung von H-Brücken in der Strukturanalyse von Ammoniumchloridkristallen begründet, in denen die Existenz von Wasserstoffbrückenbindungen erstmals nachgewiesen wurde[15]. „Die Eigenschaften von

---

[14] J. W. Steed, J. L. Atwood, *Supramolecular Chemistry*, Wiley-VCH Verlag, Chichester, **2000**.
[15] M. L. Huggins, *Phys. Rev.* **1922**, *19*, 346.

Substanzen mit Wasserstoffbrücken hängen von Stärke, Symmetrie und Polarität dieser Bindungen ab, und diese charakteristischen Eigenschaften stehen ihrerseits in Beziehung zu den effektiven negativen Ladungen und dem Abstand der Brückenkopfatome sowie zum Ausmaß der Kopplung mit anderen Wasserstoffbrücken"[16]. Zur Beurteilung und Klassifizierung von H-Brücken dienen daher Richtungsabhängigkeit, Energetik und Atomabstände im Verhältnis zu van der Waals-Radien und Bindungslängen[17, 18]. Einen Eindruck von der Variationsbreite der Stärke sowie der Komplexität intermolekularer Wasserstoffbrückenbindungen vermittelt Abbildung 2-2, welche die drei energetischen Extrema, nämlich kovalente Bindungen, elektrostatische Kräfte und van der Waals-Kräfte, in ihrer Balance zueinander qualitativ nach Desiraju[19] wiedergibt.

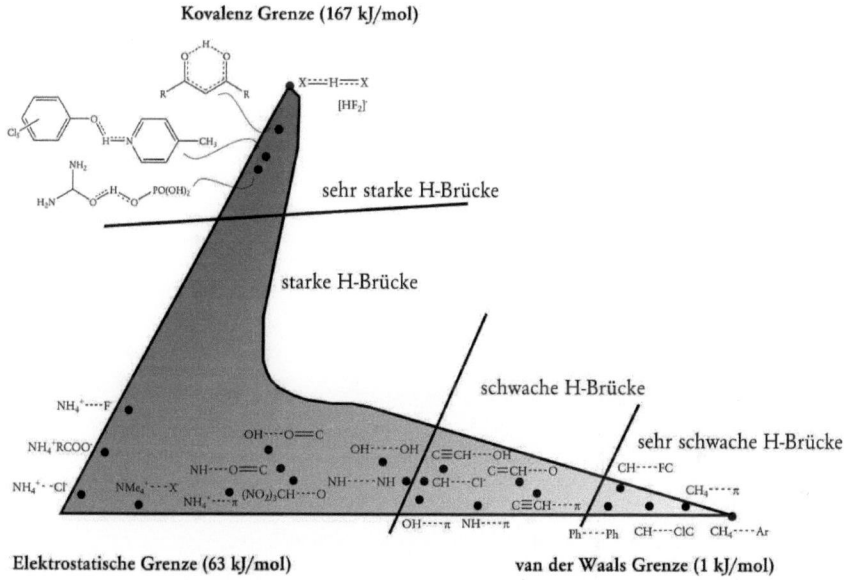

Abbildung 2-2   Qualitative Übersicht zur energetischen Beschreibung von Wasserstoffbrücken[19].

Die in dieser Arbeit hinsichtlich ihrer intermolekularen Wechselwirkungen untersuchten Verbindungen bilden in Bezug auf Wasserstoffbrückenbindungs-Situationen lediglich schwache bis sehr schwache Wechselwirkungen aus, von denen nachfolgend die C-H···O und C-H···π-Interaktionen näher erläutert werden.

---

[16] M. L. Huggins, *Angew. Chem.* **1971**, *83*, 163-168; *Angew. Chem. Int. Ed.* **1971**, *10*, 147-152.
[17] R. K. Castellano, F. Diederich, E. A. Meyer, *Angew. Chem.* **2003**, *115*, 1244-1287; *Angew. Chem. Int. Ed.* **2003**, *42*, 1210-1250.
[18] G. R. Desiraju, T. Steiner, *The Weak Hydrogen Bond*, Oxford University Press, New York, **1999**.
[19] G. R. Desiraju, *Acc. Chem. Res.* **2002**, *35*, 565-573.

C-H···O-Kontakte

Diese Art der Wechselwirkung hat insbesondere in biologischen Systemen Bedeutung, da freie Koordinationsstellen (d.h. freie Elektronenpaare elektronegativer Atome) in Nukleinsäuren und Proteinen meist mit C-H··· O-Kontakten abgesättigt werden[20]. Sie gilt als schwache Wechselwirkung vorwiegend elektrostatischer und attraktiver Natur mit großer Reichweite[21], die einen Einfluss auf die molekulare Konformation, die Kristallpackung[22], molekulare Erkennungsprozesse und Stabilisierung von Einschlussverbindungen[23] hat. Der C-O-Abstand variiert im Bereich 3.0 und 4.0 Å und ist stark von der C-H-Acidität abhängig[24].

C-H···π-Kontakte

Kürzlich zeigten Dunitz und Gavezzotti, dass für Benzen das Konzept der Rand-Kern-Wechselwirkung (mit der großen Bedeutung einer „molekularen elektronischen Quadrupol-Wechselwirkung") passender scheint als das einer C-H···π-„Bindung"[13]. Unter dem Konzept der Rand-Kern-Wechselwirkung wird ein starres aromatisches Molekül schematisch in Kernregion (C-Atome) und Randregion (H-Atome) eingeteilt. Zwei Moleküle können demnach in drei Strukturmotiven dimerisieren, die in Abbildung 2-3 schematisch dargestellt sind.

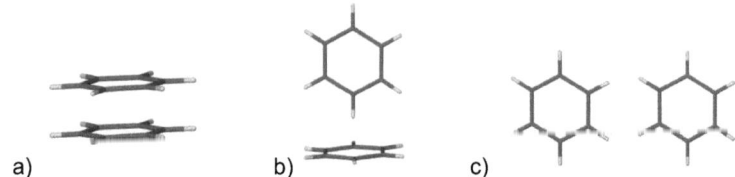

Abbildung 2-3 Orientierungsmöglichkeiten des Benzens: a) parallele Stapel, b) verkippte Ebenen (T-Struktur), c) coplanare Anordung[13].

Die gängige Betrachtungsweise des Strukturmotivs zeigt die Wechselwirkung zwischen einem elektronenarmen Proton und der elektronenreichen π-Elektronenwolke des benachbarten Moleküls als ein Wechselspiel zwischen elektrostatischen und van der Waals-Kräften[14, 25]. Zwischen starken H-Brücken-Donoren (OH, NH und Chloroform) und aromatischen π-Systemen liegen die mittleren H···$C_π$-Abstände um 2.38 Å und die

---

[20] a) G. A. Leonard, K. McAuley-Hecht, T. Brown, W. N. Hunter, *Acta Crystallogr.* **1995**, *D51*, 136-139. b) Z. S. Derewenda, L. Lee, U. Derewenda, *J.Mol. Biol.* **1995**, *252*, 248-262.
[21] R. Taylor, O. Kennard, *J. Am. Chem. Soc.* **1982**, *104*, 5063-5070.
[22] G. Desiraju, *Acc. Chem. Res.* **1996**, *29*, 441-449.
[23] T. Steiner, W. Saenger, *J. Chem. Soc., Chem. Commun.* **1995**, 2087-2088.
[24] G. R. Desiraju, *Review of General Principles* in *Comprehensive Supramolecular Chemistry Vol. 6*, Elsevier, Amsterdam, **1996**.
[25] C. A. Hunter, J. K. M. Sanders, *J. Am. Chem. Soc.* **1990**, *112*, 5525-5534.

Wechselwirkungen weisen einen starken elektrostatischen Charakter auf. Bei sehr schwachen Donoren wie Methyl (H···C_π-Abstände ca. 2.75 Å) wird eher von einer Edge-to-face-Wechselwirkung gesprochen, die in einer Fischgrätenstruktur resultiert[18]. Weder gibt es eine klare Grenze zwischen H-Bindung und Fischgräten-Muster, noch eine einheitliche Meinung über elektrostatische, repulsive, Charge-Transfer- und dispersive Anteile bei der Vielfalt an H-Bindungen[19]. Jedoch sind nach Gavezzotti und Dunitz die dispersiven Anteile bei der Edge-to-face-Orientierung deutlich größer als die elektrostatischen.
Zwar gehen die Meinungen zur Ursache der C-H···O- und C-H···π-Wechselwirkung noch auseinander, ihre Bedeutung in der organischen Chemie, der Kristallographie und der Strukturbiologie bleibt, aufgrund ihrer Fähigkeit, Kristallstrukturpackungen zu beeinflussen[19], dennoch ungebrochen.

2.2 Wechselwirkungen in fluorhaltigen organischen Molekülkristallen

„Fluor läßt niemanden gleichgültig; es weckt Empfindungen, seien es Zuneigung oder Ablehnung. Es ist sicher kein langweiliger Substituent, immer für eine Überraschung gut, oft in seinem Verhalten scheinbar nicht vorauszusagen." (M. Schlosser)[26]

Das Element Fluor mit der Ordnungszahl 9 weist eine Atommasse von 18.9984 g/mol auf und ist ein molekulares Gas (F_2) von grünlich gelber Farbe, stechendem Geruch und einem Siedepunkt von -188°C. Entdeckt wurde es 1764 durch Marggraf bei der Synthese von Fluorwasserstoff aus Fluorit und Schwefelsäure, welche 1771 von Scheele wiederholt wurde. Sein Name leitet sich vom dem lateinischen Wort fluor (Fluss) ab. Agricola setzte circa 1530 erstmals Fluorit in der Metallurgie als Flussmittel den Erzen zur Herabsetzung der Schmelztemperatur hinzu. Die erste Synthese des elementaren Fluors gelang Moissan 1886 durch Elektrolyse eines wasserfreien HF-KF-Systems.
In der Natur kommt Fluor als $^{19}_{9}F$ isotopenrein vor, in der Erdkruste zu 0.027 %, im Meerwasser mit 1.4 mg/l, meist jedoch als Flussspat, Kryolith oder Fluorapatit[27]. In der Biosphäre konnten bisher nur einige wenige fluorhaltige Metabolite identifiziert werden.
Die dem Fluor eigene, im thermodynamischen und kinetischen Sinne hohe Reaktivität ist unter anderem eine Folge der geringen Dissoziationsenergie des Fluormoleküls F_2 (158 kJ/mol) und die meist sehr hohe Affinität zu allen anderen Elementen, welche bei Zimmertemperatur mit Fluor teils explosionsartig reagieren.
Die geringe Polarisierbarkeit des Fluors und dessen höchste Elektronegativität von 4.0[28], die einen starken polaren Charakter aller Bindungen zum Fluor (induktiver Effekt) zur

---

[26] M. Schlosser, *Angew. Chem.* **1998**, *110*, 1538-1556; *Angew. Chem. Int. Ed.* **1998**, *37*, 1496-1513.
[27] P. Kirsch, *Modern Fluoroorganic Chemistry*, Wiley-VCH Verlag, Weinheim, **2004**.

Folge hat, sind die Haupteinflussfaktoren der physikalischen und chemischen Eigenschaften fluororganischer Verbindungen[27].
Nichtsdestotrotz nahm die Anwendung fluorierter Wirkstoffe in der Pharmazie in den letzen Jahren stetig zu. So sind 2004 laut World Drug Index (WDI) 128 fluorierte Substanzen mit U.S. Handelsnamen im klinischen Einsatz[29]. So wird 5-Fluoruracil als Cytostatikum in der Krebstherapie, Fluoxetin als Psychopharmaka oder Ciprofloxacin als Antibiotikum gegen bakterielle Erreger von Darmerkrankungen eingesetzt (siehe Abbildung 2-4).

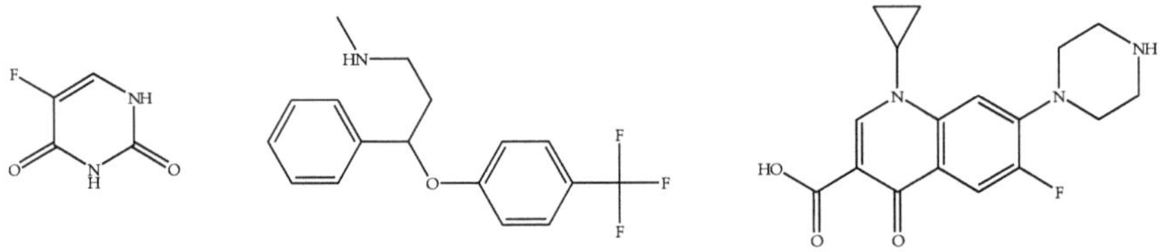

| 5-Fluoruracil | Fluoxetin | Ciprofloxacin |

Abbildung 2-4 Beispiele für in der Humanmedizin eingesetzte fluorierte Verbindungen

Darüber hinaus dienen Fluororganika als Arzneimittel für die Regulation des Fettstoffwechsels, als Blutersatz in der Chirurgie und der Notfallmedizin oder als Schmerzmittel. Aber nicht nur in der Medizin ist die Verwendung fluororganischer Verbindungen ein wachsender Zweig, auch in der Agrochemie finden sie als Insektizide, Herbizide und Fungizide oder als Flüssigkristalle in Computermonitoren oder Mobiltelefondisplays Anwendung.

Zur gezielten Nutzung der fluorbedingten Effekte beim Wirkstoffdesign ist jedoch eine grundlegende Kenntnis der Interaktionen fluororganischer Verbindungen von Nöten. Bei der Substitution von Wasserstoff gegen Fluor ändern sich die Lipophilie, der pk_A-Wert und die metabolische Wirksamkeit trotz minimaler sterischer, jedoch starker elektronischer Unterschiede.

---

[28] A. Bondi, *J. Phys. Chem.* **1964**, *68*, 441-451.
[29] a) *World Drug Index*, Version 2003/3, Thomson Derwent, **2003**. b) H.-J. Böhm, D. Banner, S. Bendels, M. Kansy, B. Kuhn, K. Müller, U. Obst-Sander, M. Stahl, *ChemBioChem* **2004**, *5*, 637-643.

2.2.1 Perfluorphenyl-Phenyl-Stapelwechselwirkung

Im Jahre 1960 gelang Patrick und Prosser[30] die Bildung eines Kristalls einer äquimolaren Mischung aus Benzen und Hexafluorbenzen. Der Schmelzpunkt dieses Co-Kristallisats liegt mit 23.7°C fast 20°C über den Schmelzpunkten der beiden reinen Verbindungen [Fp (Benzen) = 5.4°C, F p (Hexafluorbenzen) = 5°C]. Während Benzen und Hexafluorbenzen im jeweiligen Homodimer im Sinne einer Edge-to-face-Orientierung intermolekulare Wechselwirkungen ausbilden, ordnen sich im C_6H_6-C_6F_6-Dimer die Moleküle in der face-to-face-Orientierung (vgl. Abbildung 2-3 a) an. In Abbildung 2-5 sind die alternierend angeordneten Benzen- und Hexafluorbenzen-Moleküle abgebildet. Der Abstand zweier aufeinander folgender Moleküle beträgt 3.4 Å [31]. Ihr Centroid-Centroid-Abstand von 3.6 - 3.7 Å [31, 32] deutet auf eine parallele Verschiebung zwischen den Molekülen hin.

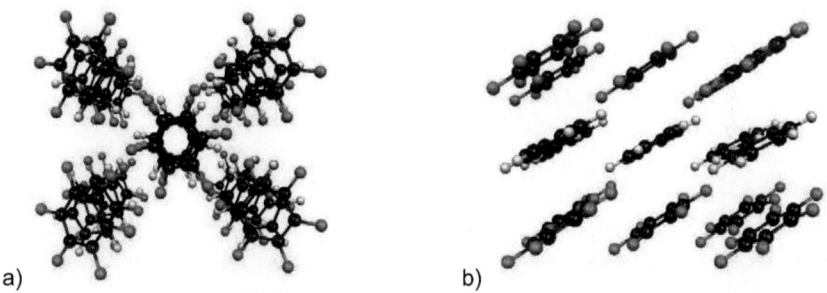

Abbildung 2-5   Struktur des $C_6H_6 \cdot C_6F_6$–Kristalls bei 30 K nach Williams et al.[31]; a) entlang der c-Achse; b) entlang der b-Achse.

In den letzten Jahren hat sich die Aryl-Perfluorarylwechselwirkung zu einem wichtigen supramolekularen Synthon entwickelt. So ist das im $C_6H_6 \cdot C_6F_6$-Addukt auftretende Packungsmotiv in vielen anderen binären äquimolaren Mischungen von aromatischen Kohlenwasserstoffen und perfluorierten aromatischen Kohlenwasserstoffen zu finden. In Abbildung 2-6 ist die fast parallele Anordnung der nahezu planaren Moleküle des 1,3,5-Tris(phenylethinyl)-benzen·1,3,5-Tris(perfluorphenylethinyl)benzen-Cokristalls illustriert. In den Kristallstrukturanalysen der beiden reinen Komponenten hingegen sind die terminalen Arylringe aus der Ebene des zentralen Ringes herausgedreht, so dass die Moleküle die Konformation eines Rotors annehmen[17].

---

[30] C. R. Patrick, G. S. Prosser, Nature **1960**, 187, 1021.
[31] J. H. Williams, J. K. Cockcroft, A. N. Fitch, Angew. Chem. **1992**, 104, 1666-1669; Angew. Chem. Int. Ed. **1992**, 31, 1655-1657.
[32] J. S. W. Overell, G. S. Pawley, Acta Cryst. Sect. B **1982**, 38, 1966-1972.

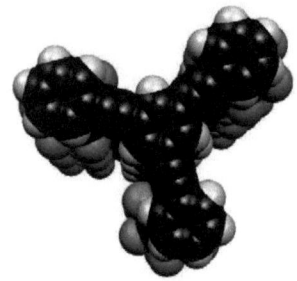 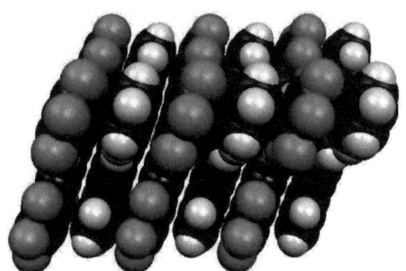

Abbildung 2-6 Stapelung des 1,3,5-Tris(phenylethinyl)-benzen · 1,3,5-Tris(perfluorphenylethinyl) benzen- Cokristalls nach Ponzini und Mitarbeiter[33]. Deutlich werden die nahezu ideal ausgerichteten alternierenden Schichten.

Kennzeichnend für diese Cokristalle ist die alternierende Stapelung der Moleküle. Dies führte zur Vermutung, dass die Stapelwechselwirkungen zwischen einem Phenyl- und einem perfluorierten Phenylring als ein allgemeines Phänomen und somit als supramolekulares Muster aufgefasst werden können[34]. Alle Schmelzpunkte der reinen Komponenten sind deutlich kleiner als die Schmelzpunkte der äquimolaren Mischungen. Dies sieht sich in der größeren Gitterenergie begründet.

Mittels theoretischer Methoden wurde daher versucht, diese Wechselwirkung zu quantifizieren. Dabei zeigte sich, dass als Ursache für die alternierende Stapelung der Benzen- und Hexafluorbenzen-Moleküle die Maximierung der elektrostatischen Anziehung verantwortlich ist, d.h. die Maximierung von günstigen Quadrupol-Quadrupol Wechselwirkungen[35, 36, 37, 38] (Tabelle 2.1).

---

[33] F. Ponzini, R. Zagha, K. Hardcastle, J. S. Siegel, *Angew. Chem.* **2000**, *112*, 2413-2415; *Angew. Chem. Int. Ed.* **2000**, *39*, 2323-2325.
[34] J. C. Collings, K. P. Roscoe, R. L. Thomas, A. S. Batsanov, L. M. Stimson, J. A. K. Howard, T. B. Marder, *New J. Chem.* **2001**, *25*, 1410-1417.
[35] J. H. Williams, *Acc. Chem. Res.* **1993**, *26*, 593.
[36] T. Dahl, *Acta Chem. Scand.* **1994**, *48*, 95-106.
[37] M. Luhmer, K. Bartik, A. Dejaegere, P. Bovy, J. Reisse, *Bull. Soc. Chim. Fr.* **1994**, *131*, 603-606.
[38] P. West, J. R. S. Mecozzi, D. A. Dougherty, *J. Phys. Org. Chem.* **1997**, *10*, 347-350.

Tabelle 2.1 Vergleich der Abstände und Energien des Benzen-Hexafluorbenzen-Dimers als parallele Stapel. Berechnungen mit unterschiedlichen Methoden.

Methode	Centroid-Centroid-Abstand / Å	E / kJ·mol^{-1}
experimentell[31,32]	3.6-3.7	~ -29.3
XEDs[39]	3.6	-23.5
ACCs[39]	3.3	-17.6
CP-MP2/6-31G**[38]	3.6	-25.5
HF/6-31G**[38]	4.1	-26.3
B3LYP/6-31G**[38]	4.0	-24.4
SCF-MP2[40]	3.7	-18.0
PIXEL[41]	3.2	-33.1
UNI[41]	3.5	-26.3

Sowohl bei Benzen als auch bei Hexafluorbenzen ist das elektrische Dipolmoment aufgrund der Symmetrie null. Stattdessen haben sie ein elektrisches Quadrupolmoment (Abbildung 2-7) in gleicher Größenordnung, aber mit entgegengesetztem Vorzeichen (C_6H_6: - 29.0·10^{-4} Cm^2; C_6F_6: 31.7·10^{-4} Cm^2)[42].

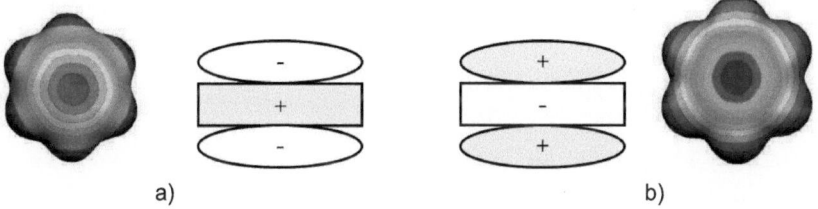

a) b)

Abbildung 2-7 Schematische Darstellung der Quadrupolmomente des a) Benzens und b) Hexafluorbenzens, sowie deren ESP[43] (rot repräsentiert negatives, blau positives Potential).

In den letzten Jahren zeigte insbesondere die SCDS- (semi-classical density sums) oder besser bekannt als PIXEL-Methode nach Gavezzotti[44], dass diese Herangehensweise eine Vereinfachung des Systems darstellt und diese Wechselwirkung nicht einzig auf elektrostatische Kräfte zurückgeführt werden kann. Tatsächlich ist der dispersive Anteil

---

[39] O. R. Lozman, R. J. Bushby, J. G. Vinter, *J. Chem. Soc. Perkin Trans. 2* **2001**, 1446-1452.
[40] J. Hernández-Trujillo, F. Colmenares, G. Cuevas, M. Costas, *Chem. Phys. Lett.* **1997**, *265*, 503-507.
[41] J. D. Dunitz, A. Gavezzotti, W. B. Schweizer, *Helv. Chim. Acta* **2003**, *86*, 4073-4092.
[42] M. R. Battaglia, A. D. Buckingham, J. H. Williams, *Chem. Phys. Lett.* **1981**, *78*, 421-423.
[43] ESP ist das elektrostatische Potential.
[44] a) A. Gavezzotti, *J. Phys. Chem. B* **2002**, *106*, 4145-4154; b) A. Gavezzotti, *J. Phys. Chem. B* **2003**, *107*, 2344-2353.

deutlich höher und bestimmt vorrangig diese Stapelwechselwirkung (Tabelle 2.2). Dieser ist jedoch in allen drei Dimeren von gleicher Größenordnung, und der energetische Unterschied, welcher letztendlich zu einem modifiziertem molekularen Packungsverhalten führt, kann auf veränderte Coulomb-Wechselwirkungen zurückgeführt werden.

Tabelle 2.2 PIXEL Wechselwirkungsenergien in aromatischen parallel gestapelten Dimeren mit einem Abstand von 3.6 Å [45].

	$E_{Coulomb}$	$E_{Polarisation}$	$E_{Dispersion}$	$E_{Repulsion}$	E_{Total}
(Benzen)$_2$	2.7	- 2.1	- 22.0	12.9	- 8.5
(C$_6$H$_6$· C$_6$F$_6$)	- 7.5	- 2.2	- 22.2	11.7	- 20.2
(Hexafluorbenzen)$_2$	2.7	- 2.1	- 22.4	10.7	- 11.2

Daraus lässt sich schließen, dass die London-Dispersionsenergie den Hauptanteil an der Stabilisierung dieser Dimer-Systeme ausmacht, die elektrostatischen Quadrupol-Quadrupol-Wechselwirkungen jedoch einen entscheidenden Einfluss auf die Geometrie des Dimers ausüben. „Beispielsweise ist die parallel-verschobene Stapelanordnung Ergebnis eines Kompromisses zwischen der Positionierung des Quadrupolmoments (Distanzabhängigkeit: r^{-5}) und der optimalen Flächenüberlappung, welche die Dispersionskräfte maximiert (r^{-6}). Repulsive Wechselwirkungen mit kurzer Reichweite (Pauli-Austausch-Abstoßungskräfte) beeinflussen ebenfalls den Abstand zwischen den Ebenen"[17].

Unabhängig von der Ursache der Wechselwirkung findet dieses Synthon vielseitig Anwendung in biologischen und chemischen Prozessen. Ein Beispiel ist der Einsatz des Aryl Perfluoraryl-Motivs zur topologischen und stereochemischen Steuerung der Photodimerisierung und -polymerisation von phenylsubstituierten 1,3-Diinen im Festkörper[46].

2.2.2 Fluor als H-Akzeptor

Fluor ist nach dem HSAB-Prinzip hart und nahezu unpolarisierbar. Demgemäß werden beim Fluor kaum Halogen-Halogen-Kontakte (F···F-Kontakte) beobachtet, schon eher treten Wasserstoffbrückenbindungen auf. Letztere sind allerdings sehr schwach. Zwar ist Fluor mit einem Elektronegativitätswert von 4.0 prinzipiell einer der besten H-Akzeptoren, in organischen Molekülen allerdings ist die C-F-Gruppe, das so genannte „organic fluorine", ein schlechter H-Akzeptor. Das organisch gebundene Fluor bildet keine

---

[45] S. Bacchi, M. Benaglia, F. Cozzi, F. Demartin, G. Filippini, A. Gavezzotti, *Chem. Eur. J.* **2006**, *12*, 3538-3546.

[46] G. W. Coates, A. R. Dunn, L. M. Henling, D. A. Dougherty, R. H. Grubbs, *Angew. Chem.* **1997**, *109*, 290-293; *Angew. Chem. Int. Ed.* **1997**, *36*, 248-251.

klassischen, starken Wasserstoffbrückenbindungen[47]. Sie sind deutlich schwächer, werden jedoch als stabilisierende Kontakte in der Kristallpackung fluorierter Verbindungen angesehen[48]. Basierend auf einer Analyse von verschiedenen fluorsubstituierten Benzen-Derivaten schlussfolgerten Thalladi et al.[49], dass mit zunehmenden Fluor-Anteil am aromatischen Ring die C-H-Acidität steigt und die C-F···H-Wechselwirkung stärker und bedeutender bei der Ausbildung der Kristallpackung wird. Bei Anwesenheit von anderen stärkeren H-Akzeptoren wie O und N können sie allerdings nur coexistieren[50] und haben dann keinen signifikanten Einfluss auf die Kristallstrukturbildung. Treten C-F···H-Kontakte auf, so liegen sie im Bereich von 2.3 - 3.0 Å mit Bindungswinkeln von 100 - 180°.

Neuere Untersuchungen von Dunitz, Gavezzotti und Schweizer[41] zeigten, dass ein organisch gebundenes Fluor keinen Einfluss auf die Kristallstrukturbildung ausübt. Sie gehen sogar noch weiter und sehen „nach wie vor keine überzeugenden Hinweise, um die C-H···X-Wechselwirkung (X = N, O, F) als dominierenden strukturbestimmenden Faktor für Kristallstrukturen betrachten zu können" [13].

2.2.3 Fluor-Fluor-Wechselwirkung

Fluor-Fluor-Kontakte sind, ebenso wie C-F···H- oder C-X···π^F-Kontakte, ein stark umstrittenes Thema. Organisch gebundenes Fluor neigt in Kristallen weniger zur Ausbildung von Halogen-Halogen-Kontakten im Gegensatz zu den schwereren Halogenen (Cl···Cl, Br···Br, I···I). Diese Hal-Hal-Wechselwirkungen werden in Abhängigkeit von den Bindungslängen und Bindungswinkeln in zwei Wechselwirkungstypen unterteilt (Abbildung 2-8). Im Typ I („head on") sind die Halogen···Halogen-Winkel Θ_1 und Θ_2 identisch und die Atome sind über ein Inversionszentrum miteinander verknüpft, während in Typ II („side on", „electrophile-nucleophile-pairing") die Winkel differieren: $\Theta_2 = 90 \pm 10°$ und $\Theta_1 = 170 \pm 10°$.

a)   b)

Abbildung 2-8   Unterscheidung von Hal···Hal-Wechselwirkungen in a) Typ I und b) Typ II.

---

[47] J. D. Dunitz, R. Taylor, Chem. Eur. J. **1997**, 3, 89.
[48] B. E. Smart, J. Fluorine Chem. **2001**, 109, 3.
[49] V. R. Thalladi, H.-C. Weiss, D. Bläser, R. Boese, A. Nangia, G. R. Desiraju, J. Am. Chem. Soc. **1998**, 120, 8702-8710.
[50] P. Murray-Rust, W. C. Stallings, C. T. Monti, R. K. Preston, J. P. Glusker, J. Am. Chem. Soc. **1983**, 105, 3206-3214.

Bei der Beurteilung der Natur der Halogen-Halogen-Wechselwirkungen gibt es unterschiedliche Meinungen in der wissenschaftlichen Literatur. Während einerseits die Geometrie des Hal···Hal-Kontaktes den van der Waals-Wechselwirkungen (nichtspäherische Atome) zugeschrieben wird, gehen andere Meinungen von der Polarisation der beteiligten Atome als Ursache aus[51, 52, 53].
Typ I wird vorrangig bei Chlor gefunden, was für eine elektrostatische Betrachtung der Wechselwirkung spricht. Hingegen wird Typ II hauptsächlich bei Iod nachgewiesen, welches aufgrund seiner starken Polarisierbarkeit Dispersionswechselwirkungen eingehen kann. Tatsächlich steigen mit zunehmender Größe der Halogene die Polarisierbarkeit sowie die Stabilisierungsenergien dieses Strukturmotivs[53]. Schließlich konnten Ramasubbu et al.[54] mittels einer CSD-Recherche weitestgehend belegen, dass Typ II durch Dispersionswechselwirkungen bestimmt wird. Ihre Ergebnisse zeigen, dass Halogen-Halogen-Kontakte durch induzierte Atompolarisation verursacht werden und vergleichen diese mit einer Nukleophil-Elektrophil-Paarung.
Schlussfolgernd scheint es plausibel, dass Typ II vorrangig durch Dispersionskräfte, Typ I hingegen in erster Linie durch elektrostatische Kräfte bestimmt wird[55].
Fluor weist eine sehr geringe Polarisierbarkeit auf und ist daher für Dispersionswechselwirkungen ungeeignet. Werden F···F-Wechselwirkungen im Bereich von 2.75 bis 3 Å beobachtet, sind sie eher als Resultat der dichtesten Packung oder gar als repulsiv anzusehen und üben keinen stabilisierenden Einfluss auf die Kristallstruktur aus[54].

2.2.4 π^F Akzeptor-Wechselwirkungen

Im Jahre 1998 beschrieben Hayashi und Mitarbeiter[56] durch kristallographische und thermische Analysen von fluorierten Triphenylmethanol-Clathraten erstmals einen C-F···π^H-Kontakt. Hierbei zeigte sich, dass die elektrostatische Abstoßung zwischen Fluor-Atomen und der π-Wolke des unfluorierten Aromaten zur Destabilisierung des

---

[51] a) V. R. Pedireddi, D. S. Reddy, B. S. Goud, D. C. Craig, A. D. Rae, G. R. Desiraju, *J. Chem. Soc., Perkin Trans. 2* **1994**, 2353. b) G. R. Desiraju, R. Parthasarathy, *J. Am. Chem. Soc.* **1989**, *111*, 8725. c) W. Jones, C. R. Theocharis, J. M. Thomas, G. R. Desiraju, *J. Chem. Soc., Chem. Commun.* **1983**, 1443-1444. d) T. Sakurai, M. Sundaralingam, G. A. Jeffrey, *Acta Crystallogr.* **1963**, *16*, 354-363. e) S. C. Nyburg, W. Wong-Ng, *Proc. R. Soc. London Ser. A* **1979**, *367*, 29-45. f) D. E. Williams, L. Y. Hsu, *Acta Crystallogr. Sect. A* **1985**, *41*, 296-301. g) S. L. Price, A. L. Stone, J. Lucas, R. S. Rowland, A. E. Thornley, *J. Am. Chem. Soc.* **1994**, *116*, 4910-4918.
[52] G. R. Desiraju, *Crystal Engineering - The Design of Organic Solids*, Materials Science Monographs, Elsevier, Amsterdam, **1989**.
[53] O. Navon, J. Bernstein, V. Khodorkovsky, *Angew. Chem.* **1997**, *109*, 640-642; *Angew. Chem. Int. Ed.* **1997**, *36*, 601-603.
[54] N. Ramasubbu, R. Parthasarathy, P. Murray-Rust, *J. Am. Chem. Soc.* **1986**, *108*, 4308-4314.
[55] C. M. Reddy, M. T. Kirchner, R. C. Gundakaram, K. A. Padmanabhan, G. R. Desiraju *Chem. Eur. J.* **2006**, *12*, 2222-2234.
[56] N. Hayashi, T. Mori, K. Matsumoto, *Chem. Commun.* **1998**, 1905.

Kristallgitters führt. Mit steigendem Fluoranteil am Aromaten und dem einhergehenden Verlust an C-H···π-Wechselwirkungen fällt die Austrittstemperatur der Gastmoleküle Methanol.

Kann aber ein perfluorierter Aromat als Elektronendonor im Sinne einer C-X···π^F-Wechselwirkung fungieren? Dieser Frage gingen Gallivan und Dougherty[57] nach und legten dar, dass Hexafluorbenzen mit diversen elektronenreichen Atomen im Sinne einer atom-to-face-Wechselwirkung agieren sollte. Als Beispiel berechneten sie die Interaktion zwischen Wasser und Hexafluorbenzen sowie Benzen (Abbildung 2-9). Der Abstand zwischen Sauerstoff und dem Zentrum des fluorsubstituierten Phenylringes sollte demgemäß 3.20 Å betragen.

Abbildung 2-9 Wechselwirkung des Wassers mit a) Benzen und b) Hexafluorbenzen nach Gallivan und Dougherty.[57]

Kürzlich zeigten auch kristallographische Studien intermolekulare O···π^F-Wechselwirkungen an chiralen Aminoalkoholen mit C_6F_5-Einheiten[58]. Hier wurden O-Centroid-Abstände von 3.05 Å gefunden. Die für die Struktur entscheidenden Faktoren sind jedoch O-H···N-Kontakte.

Da nach Vangala et al.[59] der C-F···π^F-Kontakt als Analogon der CN···π^F-Wechselwirkung[60] gesehen werden kann, ist die hier vorliegenden „Dipol-Quadrupol-Wechselwirkung zwischen einem elektronegativen Donoratom und dem positiven Quadrupolmoment des perfluorierten Ringes stabilisierend". Da es sich in Analogie zur C-H···π-Wechselwirkung um eine schwache intermolekulare Interaktion handelt, sollte sie einen analogen Einfluss auf die Strukturbildung ausüben.

2.3 Polymorphie von Molekülkristallen

„*In spite of the fact that different polymorphs of a given compound are, in general, as different in structure and properties as the crystals of two different compounds, most chemists are almost completely unaware of the nature of polymorphism and the potential usefulness of knowledge of this phenomenon in research.*"

---

[57] J. P. Gallivan, D. A. Dougherty, *Org. Lett.* **1999**, *1*, 103-105.
[58] T. Korenaga, H. Tanaka, T. Ema, T. Sakai, *J. Fluorine Chem.* **2003**, *122*, 201-205.
[59] V. R. Vangala, A. Nangia, V. M. Lynch, *Chem. Commun.* **2002**, 1304-1305.
[60] A. D. Bond, J. Griffiths, J. M. Rawson, J. Hulliger, *Chem. Commun.* **2001**, 2488.

"Every compound has different polymorphic forms, and that, in general, the number of forms known for a given compound is proportional to the time and money spent in research on that compound."

(W. C. McCrone)[61]

2.3.1 Allgemeines

Polymorphie von Feststoffen hat sich in den letzten Jahren besonders in der pharmazeutischen Industrie und letztlich auch in der universitären Forschung zu einem bedeutenden Thema entwickelt. Als Polymorphie (griech.: πολυ, poly = viel; μορφη, morphe = Form) wird im Allgemeinen die Eigenschaft einer Verbindung bezeichnet, in mindestens zwei verschiedenen kristallinen Phasen aufzutreten, die sich hinsichtlich der Anordnung der Moleküle unterscheiden. Die Kenntnis über die Entstehung und die Eigenschaften einzelner Polymorphe ist von entscheidender Bedeutung bei der Verwendung einer Substanz als Wirkstoff in der Human- oder Tiermedizin. Zu diesen Eigenschaften, die in Tabelle 2.3 stichpunktartig wiedergegeben sind, zählen beispielsweise basierend auf der Löslichkeit und Auflösungsgeschwindigkeit auch die Bioverfügbarkeit und Bioaktivität, welche für die Dosierung von Medikamenten bedeutend sind.

---

[61] W. C. McCrone, *Polymorphism in Physics and Chemistry of the Organic Solid State*, Vol. 2, ed. D. Fox, M. M. Labes, A. Weissberger, Wiley Interscience, New York, USA, **1965**, 725-767.

2 Grundlagen und Methoden

Tabelle 2.3 Unterschiedliche physikalische Eigenschaften bei Polymorphen[62].

Kinetische Eigenschaften:	Auflösungsgeschwindigkeit
	Festphasenreaktionsgeschwindigkeit
	Stabilität
Mechanische Eigenschaften:	Härte
	Zugfestigkeit
Oberflächeneigenschaften:	freie Oberflächenenergie
	Grenzflächenspannung
	Habitus
Packungseigenschaften:	Molares Volumen und Dichte
	Brechungsindex
	elektrische und thermische Leitfähigkeit
	Hygroskopie
Spektroskopische Eigenschaften:	elektronische Übergänge (UV-Absorption)
	Schwingungsübergänge (d.h. IR- oder Raman-Absorption)
	Rotationsübergänge (d.h. ferne IR- oder Mikrowellen-Absorption)
	Nuklearspinübergänge (d.h. NMR)
Thermodynamische Eigenschaften:	Schmelz- und Sublimationstemperatur
	Innere Energie (d.h. strukturelle Energie)
	Enthalpie, Entropie
	Wärmekapazität
	Freie Energie und chemisches Potential
	Thermodynamische Aktivität
	Dampfdruck
	Löslichkeit

Polymorphe Strukturen sind unterschiedliche Phasen einer genau definierten Einheit, deren Bildung und Zusammenhang durch die klassischen Werkzeuge des Phasengesetztes, der Thermodynamik und der Kinetik näher untersucht werden können[63]. Daher soll im Folgenden die Thermodynamik im Kontext polymorpher Systeme kurz erläutert werden.

---

[62] H. J. Brittain, *Polymorphism in Pharmaceutical Solids*, M. Dekker, New York, USA, **1999**.
[63] J. Bernstein, *Polymorphism in Molecular Crystals*; IUCr Monographs on Crystallography, Vol. 14; Oxford Science Publications, Oxford, U.K., **2002**.

2.3.2 Thermodynamische Grundlagen

Im Jahre 1897 formulierte Ostwald die Stufenregel, die aussagt, „dass beim Verlassen irgend eines Zustandes und dem Übergang in einen stabileren nicht der unter den vorhandenen Verhältnissen stabilste aufgesucht wird, sondern der nahe liegende" [64]. Erst anschließend wandelt sich der Stoff in die beständigeren Formen und schließlich in die energieärmste, stabilste Modifikation um. Da die Umwandlung von der energiereichsten in die energieärmste Form kinetisch gehemmt sein kann, ist es mitunter möglich diese „Zwischenstufen" zu isolieren.
Wie aber sind die auftretenden Modifikationen nun thermodynamisch miteinander verknüpft und welche ist die thermodynamisch stabilste? Hierzu gilt es zunächst zwischen monotrop und enantiotrop zu differenzieren.
Ist die Umwandlung eines Polymorphs A in ein Polymorph B bei einer Atmosphäre reversibel, so wird dies als enantiotrop bezeichnet. Bei einem irreversiblen Prozess handelt es sich um ein monotropes System. In Abbildung 2-10 sind die Enthalpie und die freie Energie als Funktion der Temperatur wiedergegeben. Im enantiotropen System schneiden sich die G-Graphen von A und B vor dem Schmelzpunkt von B, wohingegen im monotropen Fall kein Schnittpunkt von G_A und G_B vor dem Schmelzpunkt von B auftritt.

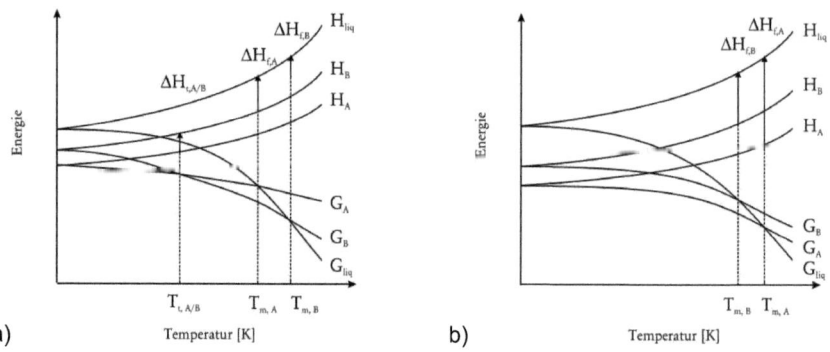

Abbildung 2-10 Energie-Temperatur-Diagramm eines a) enantiotropen und b) monotropen Systems nach Burger und Ramberger [65]. G ist die freie Energie, H ist die Enthalpie, T ist die Temperatur; die Indizes A, B und liq beziehen sich auf die Polymorphe A und B sowie die flüssige Phase, wohingegen f, t und m für fusion (Schmelzen), t transition (Umwandlung) und melting point (Schmelzpunkt) stehen.

Im Laufe der Zeit wurden die thermodynamischen Aspekte polymorpher Systeme genauer untersucht und schließlich konnten verschiedene Regeln aufgestellt werden, die eine Aussage über die relative thermodynamische Stabilität von Polymorphen ermöglichen.

---

[64] W. Ostwald, *Z. Phys. Chem.* **1897**, 22, 289-330.
[65] A. Burger, R. Ramberger, *Microchim. Acta II* **1979**, 259-271.

Auch eine Differenzierung zwischen monotrop oder enantiotrop verknüpften Polymorphen ist möglich[66].

Umwandlungswärme-Regel

Tritt bei einer gegebenen Temperatur ein endothermer Phasenübergang auf, liegt der thermodynamische Übergangspunkt $T_{t, A/B}$ unterhalb dieser Temperatur und die Phasen sind enantiotrop verknüpft. Wird jedoch bei einer bestimmten Temperatur (experimentelle oder kinetische Übergangstemperatur) ein exothermer Übergang beobachtet, so gibt es keinen thermodynamischen Übergangspunkt unterhalb dieser Temperatur und die Polymorphe sind entweder monotrop miteinander verknüpft oder enantiotrop mit einem thermodynamischen Übergangspunkt oberhalb des beobachteten Übergangspunktes. Burger und Ramberger zeigen, dass dies in 99 % aller Fälle zutrifft und die Ausnahmen mit starken Konformationsänderungen der Moleküle, folglich mit Konformationspolymorphie, einhergehen.

Schmelzwärme-Regel

Besitzt die höher schmelzende Form die niedrigere Schmelzenthalpie, so liegt ein enantiotropes System vor, andernfalls ist es monotrop. Diese Regel ergibt sich direkt aus dem Verlauf der H-Kurven in Abbildung 2-10. Divergieren diese oder ist die Differenz der Schmelzpunkt größer als 30 K, so ist die Regel unzulässig.

Schmelzentropie-Regel

Der Schmelzpunkt einer Verbindung ist definiert als die Temperatur, bei der die flüssige Phase mit der festen Phase im Gleichgewicht steht, und daher die freie Energie null ist. Die Schmelzentropie lässt sich folgendermaßen ausdrücken:

$$\Delta S_f = \frac{\Delta H_f}{T_f}$$

Gleichung 2-1

Daraus ergibt sich für die Polymorphe A und B folgender Sachverhalt: weist das Polymorph mit dem höheren Schmelzpunkt die niedrigere Schmelzentropie auf, so sind sie enantiotrop verknüpft. Hat das Polymorph mit dem niedrigeren Schmelzpunkt die niedrigere Schmelzentropie, so stehen sie im monotropen Verhältnis.

---

[66] a) A. Burger, R. Ramberger, *Microchim. Acta II* **1979**, 273-316. b) L. Yu, *J. Pharm. Sci.* **1995**, *84*, 966-974. c) A. Grunenberg, J. O. Henck, H. W. Siesler, *Int. J. Pharm.* **1996**, *129*, 147-158. d) G. H. J. A. Tammann, *The State of Aggregation*, Constable and Company, London, **1926**.

Tabelle 2.4 Zusammenfassung der Eigenschaften zur Differenzierung zwischen enantiotroper und monotroper Polymorphie nach Burger[67], Giron[68] und Hilfiker[69].

enantiotrop	monotrop
A ist stabil unterhalb von T_t	A ist immer stabil
B ist stabil oberhalb von T_t	B nicht bei jeder Temperatur stabil
Umwandlung ist reversibel	Umwandlung ist irreversibel
Umwandlung von B zu A ist endotherm	Umwandlung von B zu A ist exotherm
$\Delta H_{f,A} < \Delta H_{f,B}$	$\Delta H_{f,A} > \Delta H_{f,B}$

All diese Regeln sind Richtlinien. Sie geben in guter Näherung einen Einblick über die relative Stabilität der Polymorphe bei unterschiedlichen Bedingungen. Auch die Differenzierung zwischen enantiotropen und monotropen System ist hiernach möglich (Tabelle 2.4).

2.3.3 Methoden zur Untersuchung polymorpher Systeme

Polymorphe differieren in ihren Kristallstrukturen, die unterschiedliche physikalische und chemische Eigenschaften zur Folge haben. Bei der Untersuchung polymorpher Systeme, resp. bei der Suche nach Polymorphen sind daher alle Techniken zur qualitativen oder quantitativen Messung von Eigenschaften fester Stoffe einsetzbar.
Die in Tabelle 2.3 wiedergegebenen Eigenschaften fester Stoffe lassen daher eine Vielzahl von Messtechniken mit unterschiedlicher Messgenauigkeit, Ergebnissen und Relevanz für Polymorphe zu. In dieser Arbeit werden jedoch vorrangig die in Abbildung 2-11 schematisch aufgezeigten Methoden eingesetzt und im Folgenden hinsichtlich der Charakterisierung polymorpher Systeme näher erläutert.

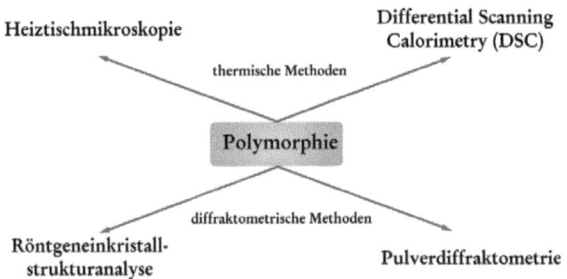

Abbildung 2-11 Verwendete Techniken zur Untersuchung polymorpher Systeme.

---

[67] A. Burger, *Acta Pharm. Technol.* **1982**, *28*, 1-20.
[68] D. Giron, *Thermochim. Acta* **1995**, *248*, 1-59.
[69] R. Hilfiker, *Polymorphism in the Pharmaceutical Industry*, Wiley-VCH Verlag, Weinheim, **2006**.

2.3.3.1 Thermische Methoden

Heiztischmikroskopie

Die Heiztischmikroskopie ist eine Methode zur Beobachtungen auftretender Inhomogenitäten in einer kristallinen Probe, die eine Temperaturänderung erfährt. Sie stellt keine quantitative Technik dar und ist von der subjektiven Betrachtung abhängig. Dennoch ist es möglich, bei der Beobachtung von Veränderungen der Größe, Form und Farbe einer Probe, Hinweise auf Polymorphie zu erhalten und weitere, quantitative Untersuchungen anzuregen.

Der Einsatz polarisierten Lichtes ermöglicht es, diskontinuierliche Änderungen der Polarisationsfarben während des Heizvorganges zu ermitteln und Polymorphe zu erkennen, da Diskontinuität in einer Eigenschaft immer auf einen Phasenübergang hindeutet[63]. Dies ist insbesondere bei der Suche nach Polymorphen von Bedeutung, da z.B. DSC-Messungen optisch erkannte Phasenübergänge nicht zwangsläufig detektieren müssen[70].

Differential Scanning Calorimetry

Zur Quantifizierung der Phasenübergänge dient die Differential Scanning Calorimetry (DSC), die Dynamische Differenzkalorimetrie, die ein Verfahren zur Messung von abgegebener oder aufgenommener Wärme einer Probe bei isothermer Arbeitsweise, Aufheizung oder Abkühlung ist.
Unabhängig von der verwendeten Methode wird die Differenz der Wärmeströme vom Heizelement zur Probe und vom Heizelement zu einer Referenzprobe als Funktion der Temperatur oder der Zeit gemessen. Bei der Darstellung des Wärmestromes in Abhängigkeit von der Zeit weist das Messsignal, d.h. die Fläche unter dem Peak, eine direkte Proportionalität zur aufgenommenen oder abgegebenen Wärmemenge auf. Es ist folglich möglich, Wärmeeffekte (Enthalpien) und deren Temperaturen quantitativ mittels DSC-Messungen zu bestimmen.
Prinzipiell wird bei der DSC zwischen zwei Varianten unterschieden: die Leistungskompensierte DSC (engl. „power compensation DSC") und die Wärmefluss-DSC (engl. „heat flow DSC"). An dieser Stelle soll lediglich die Wärmefluss-DSC nach Tian-Calvet näher erläutert werden, da sie in dieser Arbeit Anwendung findet.
Bei der Tian-Calvet-Wärmefluss-DSC sind Proben- und Referenzzelle von einer möglichst großen Anzahl von Thermoelementen umhüllt. Vom mit konstanter Rate beheizten Ofen fließen Wärmeströme in die Probe und in die Vergleichsprobe. Tritt ein Wärmeeffekt in der Probenzelle auf, wird er von den zugehörigen Thermoelementen in Form einer Thermospannung registriert. Der Vorteil dieser Systeme liegt in dem großen Nutzvolumen, was jedoch eine große thermische Trägheit zur Folge hat.

---

[70] A. Burger, J.-O. Henck, M. N. Dunser, *Microchim. Acta* **1996**, *122*, 247-257.

Im Kontext der Untersuchung polymorpher Systeme dient die DSC-Messung vor allem zur Quantifizierung des Phasenüberganges. So wird aus der gemessenen Wärmedifferenz ersichtlich, ob es sich um einen endothermen oder exothermen Vorgang handelt, so dass zwischen enantiotropen und monotropen Übergängen unterschieden werden kann.

2.3.3.2 Diffraktometrische Methoden

Allen diffraktometrischen Methoden ist gemein, dass sie Unterschiede in der Kristallstruktur verdeutlichen und daher eindeutig Polymorphe identifizieren und charakterisieren. Während die pulverdiffraktometrischen Methoden eine qualitative Identifizierung von einzelnen Polymorphen oder Phasenmischungen ermöglichen, gibt die Einkristallstrukturanalyse detaillierten Aufschluss über die Molekül- und Kristallstruktur[63].

Pulverdiffraktometrie

Eine der gängigsten Methoden zur Identifizierung polymorpher Strukturen ist die Pulverdiffraktometrie. Sie erlaubt es, einen Eindruck über die Unterschiede der Strukturen zu erhalten, wenn keine qualitativ guten Einkristalle für die Einkristalldiffraktometrie zur Verfügung stehen.

Pulverdiffraktogramme resultieren aus der Erfüllung der Bragg'schen Bedingung (Gleichung 2-2); hier ist λ die Wellenlänge, θ der Winkel zwischen einfallender Strahlung und der Gitterebene, d ist der Abstand zwischen den Gitterebenen und n sind ganze Zahlen, die die Ordnung der Reflexe angeben.

$$n\lambda = 2d \sin\theta$$ Gleichung 2-2

Das erhaltene Pulverdiffraktogramm ist somit ein Plot der Intensität über 2θ resp. d. Während die Werte von d (2θ) die Zelldimensionen eines kristallinen Feststoffes wiedergeben, ist die Intensität vom Inhalt, folglich den Atomen und deren Anordnung im Gitter abhängig. Da sich polymorphe Strukturen zum einen in den Zelldimensionen, aber vor allem in dem Aufbau der Struktur unterscheiden, liefert jede kristalline Substanz ein charakteristisches Pulverdiffraktogramm, die als „Fingerabdruck" der einzelnen Polymorphe gesehen werden[63, 71].

Stehen jedoch Einkristallstrukturdaten zur Verfügung, lässt sich daraus das Pulverdiffraktogramm berechnen. Dies ermöglicht einen direkten Vergleich einer erhaltenen Phase mit einem bereits einkristallographisch untersuchten Polymorph. In Abbildung 2-12 ist die Gegenüberstellung eines experimentellen und berechneten XRD-Plots am Beispiel von 6,6-Bis(4-fluorphenyl)fulven (**C**) dargestellt.

---

[71] A. R. Wets, *Solid State Chemistry and its Applications*, Wiley Verlag, Chichester, **1984**.

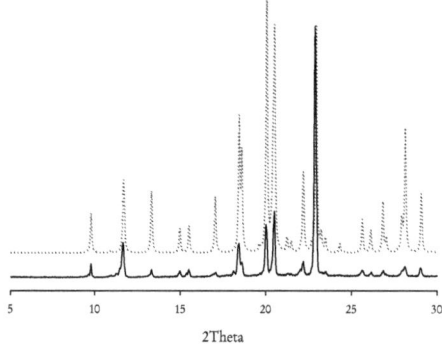

Abbildung 2-12 Experimentelles (durchgezogene Linie) und aus den Einkristallstrukturdaten berechnetes (gepunktete Linie) Pulverdiffraktogramm von 6,6-Bis(4-fluorphenyl)fulven (**C**).

Bei der Aufnahme von Pulverdiffraktogrammen sind verschiedene Parameter zu berücksichtigen, um adäquate Daten zu erhalten. Ein Hauptproblem der XRD ist die Ausrichtung der Kristalle in einer Vorzugsrichtung (Textureffekte), die einen starken Einfluss auf die Intensität der Bragg Reflexe hat und zur Auslöschung dieser führen kann. Eine Möglichkeit dies weitestgehend einzuschränken, ist das Mahlen der Probe vor der eigentlichen Messung. Weitere Probleme können beim Mahlen der Probe auftreten, welches Reaktionen in Form von Polymerisationen, Festphasenreaktionen oder Phasenumwandlungen verursachen kann. Einen ebensolchen Einfluss kann auch die verwendete Röntgenstrahlung haben. Darüber hinaus sind Faktoren wie Temperatur und Luftfeuchtigkeit zu berücksichtigen, die entweder zur Aufnahme oder Abgabe von Lösungsmitteln oder zur Sublimation der Probe, und somit zu einer erneuten Ausrichtung der Kristalle oder Phasenumwandlungen führen können[63]. Letzteres ist vor allem bei Aufnahme von temperaturabhängigen XRDs von Bedeutung.

Idealerweise werden daher die aus den Einkristallstrukturdaten gewonnenen Pulverdiffraktogramme als Referenz für weitere Analysen herangezogen.

Röntgeneinkristallstrukturanalyse

Eine der wohl wichtigsten und aufschlussreichsten Möglichkeiten, das polymorphe Verhalten organischer Verbindungen zu untersuchen, ist die Röntgeneinkristallstrukturanalyse, da sie nicht nur das Vorhandensein mehrerer Modifikationen bestätigt, sondern darüber hinaus einen Einblick in die packungsbedingten Unterschiede gewährt.

Zur Bestimmung der Atom- und Molekülanordnung im Kristallverband, die in dieser Arbeit wesentlicher Bestandteil der Untersuchung von fluorbedingten Effekten in Kristallen ausgewählter organischer Verbindungen ist, dient die Einkristallröntgenstrukturanalyse (RKSA). Als Strahlungsquelle dient meist eine Röntgenröhre (teilweise wird auch

Synchrotronstrahlung genutzt), da deren Wellenlänge in der Größenordnung der Atomabstände (10^{-10} m) liegt. In RKSA-verwandten Beugungsexperimenten kommen Elektronen- und Neutronenstrahlung zum Einsatz. In all diesen Fällen ist das Kristallgitter das Beugungsgitter und erzeugt Strahlungsinterferenzen. Da die meisten Kristalle dreidimensionale Gebilde sind, weisen diese richtungsabhängig unterschiedliche Gitterkonstanten auf und führen daher zur Entstehung einer Schar von Beugungsreflexen. Aus den Winkelwerten (2θ) und der relativen Lage einiger aufgenommener Interferenzmaxima zueinander sind bereits die Gitterkonstanten (a, b, c, α, β, γ) der Elementarzelle ableitbar, während aus der Gesamtheit aller Reflexe in einem bestimmten Winkelbereich und dem Auftreten systematischer Auslöschungen auf die Symmetrie innerhalb der Elementarzelle geschlussfolgert werden kann. Die Lage und Sorte der Atome in der Elementarzelle hat Einfluss auf die relative Elektronendichte in den Gitternetzebenen dieses dreidimensionalen Gitters und daher auf die relativen Intensitäten der Beugungsreflexe. Somit kann aus diesen Daten die Lage der Atome im Kristall bestimmt werden. Aufgrund der Wechselwirkung der Röntgenstrahlung mit den Elektronen der Atome wird aus den Reflexintensitäten eine Elektronendichteverteilung im Kristall erhalten und die Maxima der Elektronendichte mit den Atomlagen gleichgesetzt. Diese Annahme beruht jedoch auf einer starken Vereinfachung, da die Elektronenverteilung um den Kern oft asymmetrisch ist, wie bei sp-hybridisierten Atomen oder kovalent gebundenen Wasserstoffatomen. Letztere sind wegen dem lediglich einen vorhandenen Elektron, welches sich nicht als Core-Elektron symmetrisch um den H-Atomkern befindet, sondern stark über die gesamte kovalente Bindung verteilt ist, mit Röntgenstrahlung schwer lokalisierbar. Daher werden die Positionen der H-Atome mittels geometrischen und chemischen Faktoren (sog. Restraints) idealisiert in das Strukturmodell einbezogen

Wie aber kann aus einem aufgenommenen Datensatz eine Kristallstruktur entstehen? Prinzipiell kann die Kristallstruktur aus den so genannten Strukturfaktoren F bestimmt werden, die sich als komplexe Zahlen verstehen und aus der Strukturamplitude und dem Phasenwinkel mathematisch mittels Fouriertransformation berechnet werden könnten. Allerdings ist es nicht möglich aus den gemessenen Intensitäten der Reflexe neben den Strukturamplituden auch deren Phasen zu ermitteln. Dieses so genannte Phasenproblem kann durch verschiedene Methoden gelöst werden. Eines dieser Verfahren sind die Direkten Methoden, wo Zusammenhänge zwischen den Intensitäten innerhalb von Reflexgruppen und den Phasen ausgenutzt werden. So lassen sich die ungefähren Lagen einiger Atome bestimmen und daraus theoretische Amplituden und Phasen berechnen. Dies kann als Simulation des Experimentes aufgefasst werden und liefert einen zweiten virtuellen Datensatz. Um diese Datensätze anzugleichen, werden solange Veränderungen resp. Verfeinerungen am virtuellen Datensatz vorgenommen bis eine maximale Übereinstimmung zwischen virtuellem und realem Datensatz vorliegt. Der so genannte R-Wert (residual factor) gibt eine prozentuale Abweichung der beiden Datensätze an und stellt daher ein Gütesiegel der vorgeschlagenen Struktur dar. Verständlicher Weise sind bei gleicher Kristallstruktur (gleiche Anzahl zu verfeinernder Parameter) Datensätze mit wenigen Reflexen besser in Übereinstimmung zu bringen als Datensätze mit wesentlich mehr Reflexen. Somit wird zwar der R-Wert bei Erweiterung des Datenumfangs größer, das Strukturmodell hingegen besser. Dies spiegelt sich in der mit der Erweiterung des Datenumfangs verbundenen Steigerung der Bindungslängenpräzision wider.

Wie bereits dargelegt, sind H-Atome schwer lokalisierbar und werden daher nicht der beschriebenen Verfeinerung unterzogen. Hingegen werden bei schwereren Atomen zusätzliche Temperaturfaktoren eingeführt. Hier besteht die Möglichkeit der isotropen Verfeinerung, bei der eine einheitliche Amplitude angenommen wird, oder der gängigen anisotropen Verfeinerung von Nicht-Wasserstoff-Atomen, bei der die Bewegung in jede Raumrichtung zugelassen wird.

Ein für die Betrachtung von nicht-zentrosymmetrischen Kristallen wichtiger Faktor ist der sog. Flack-Parameter, der Aufschluss über die gefundene absolute Konfiguration des Moleküls gibt. Der Wert liegt zwischen 0 und 1, wobei 0 auf eine korrekte absolute Konfiguration, 1 auf eine invertierte hindeutet. Werte zwischen 0 und 1 können sowohl auf einen racemischen Zwilling hinweisen als auch einer unzureichend starken „anomalen Dispersion" des Datensatzes zuzuschreiben sein, welche für die Bestimmung des Flack-Parameters essenziell ist. Letzteres ist bei Strukturen mit ausschließlich Atomen aus der 1. und 2. Periode als Hauptursache in Betracht zu ziehen, da eine merkliche anomale Dispersion erst bei der Präsenz von Si, P oder schwereren Atomen auftritt.

Bei der Bewertung einer Struktur sind nicht nur der R-Wert und die Bindungspräzisionen von Bedeutung, auch physikalisch unsinnige Werte für die anisotropen thermischen Parameter können Hinweise für eine falsche oder unvollständige Strukturverfeinerung sein. Es sollte neben der Kenntnis des R-Wertes folglich auch immer ein Blick auf die thermischen Parameter, Bindungslängen und -winkel und deren Standardabweichungen erfolgen.

3 Untersuchungen und Ergebnisse

3.1 Kristallstrukturen von substituierten Dibenzalacetonen

Im Jahre 2004 konnte am Beispiel fluorierter Benzophenone gezeigt werden[72], dass bei Anwesenheit eines perfluorierten Aromaten nicht zwingend das in der supramolekularen Chemie häufig eingesetzte Motiv Ar-Ar^F am Aufbau von kristallinen Strukturen beteiligt sein muss. Stattdessen wurden, in Abhängigkeit von Anzahl und Position der Fluoratome, F⋯F und F⋯H-Wechselwirkungen vorgefunden, deren Signifikanz bezüglich der Strukturbildung allein durch die kristallographischen Untersuchungen und die qualitativen Berechnungen der elektrostatischen Potenziale nicht geklärt werden konnte. Obwohl scheinbar eine starke Bevorzugung, resp. Beteiligung der *meta*-ständigen Fluoratome vorzuliegen schien, konnte nicht dargelegt werden, ob die gefundenen Kontakte lediglich Resultat der dichtesten Packung oder tatsächlich signifikant am Aufbau der Struktur beteiligt sind.

In Folge dessen wurde ein fluoriertes molekulares System gesucht, welches in Analogie zum Benzophenon durch das Carbonyl-O-Atom zu schwachen Wasserstoffbrücken befähigt ist. Insbesondere die Konkurrenz des Fluros zum carbonylischen Sauerstoff bei Ausbildung zwischenmolekularer Interaktionen ist hierbei von besonderem Interesse. Im Gegensatz zu den fluorierten Benzophenonen sollte sich das System jedoch durch eine deutlich vergrößerte Planarität auszeichnen, welche die Konjugation von π-Elektronen ermöglicht. Diese Überlegungen und die gute präparative Zugänglichkeit führten zu Dibenzalaceton als molekulares Grundgerüst (Abbildung 3-1).

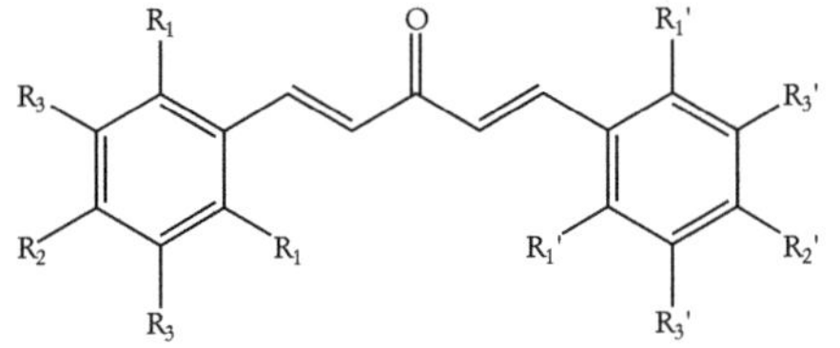

1: $R_1 = R_2 = R_3 = R_1' = R_2' = R_3' = H$
2: $R_1 = R_3 = R_1' = R_3' = H; R_2 = R_2' = F$
3: $R_1 = R_1' = F; R_2 = R_3 = R_2' = R_3' = H$
4: $R_1 = R_2 = R_1' = R_2' = H; R_3 = R_3' = F$
5: $R_1 = R_2 = R_3 = H; R_1' = R_2' = R_3' = F$
6: $R_1 = R_2 = R_3 = R_1' = R_2' = R_3' = F$

Abbildung 3-1 Fluorsubstituierte Dibenzalacetone des Typ 1 zur Untersuchung intermolekularer Fluor-Wechselwirkungen mit konkurrierenden Wasserstoff-Akzeptoren.

Darüber hinaus ist die Ausbildung von Co-Kristallen durch die Anwendung der Aryl-Perfluoraryl-Wechselwirkung von gesondertem Interesse bei der Analyse fluorbedingter

---

[72] A. Schwarzer, W. Seichter, E. Weber, H. Stoeckli-Evans, M. Losada, J. Hulliger, *CrystEngComm* **2004**, *6*, 567-572.

Effekte im Molekülkristall. Kristallisationen äquimolarer Mischungen der Derivate mit perfluorierten, resp. perhydrogenierten aromatischen Arylen sollten diese Co-Kristallisate ergeben.

3.1.1 Synthese der Modellverbindungen

Dibenzalacetone zählen zu den α,β-ungesättigten Carbonyl-Verbindungen, welche über die Claisen-Schmidt-Reaktion zugänglich sind[73, 74]. Grundlage dieser Reaktion ist die Addition von C-H-aciden Verbindungen an Carbonylgruppen und anschließende Dehydratisierung. Die Claisen-Schmidt-Reaktion ist ein Spezialfall der Aldol-Kondensation, die eine der bekanntesten Methoden zur Knüpfung von Kohlenstoff-Kohlenstoff-Bindungen darstellt. Zur Steigerung der Selektivität der klassischen Aldol-Reaktion wird bei der Claisen-Schmidt-Reaktion ein nicht-enolisierbarer Aldehyd mit einem Keton als Methylenkomponente umgesetzt. Im Speziellen wurden in dieser Arbeit Aceton als Methylenkomponente und als nicht-enolisierbare Carbonyl-Verbindung Benzaldehyd, respektive deren fluorsubstituierte Analoga eingesetzt. Klassischerweise wird diese Reaktion durch eine Base katalysiert (Abbildung 3-2).

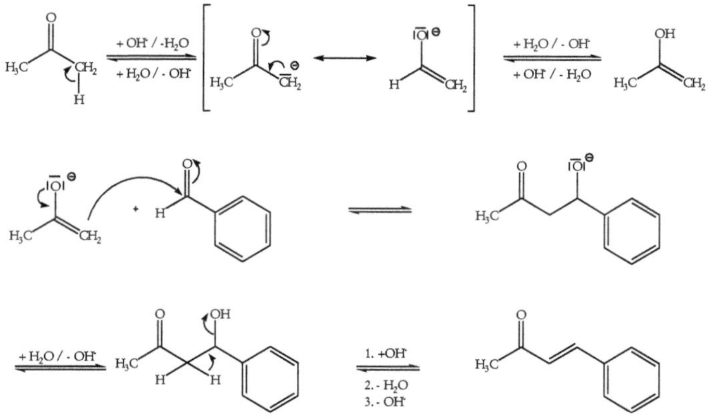

Abbildung 3-2 Basenkatalysierte Claisen-Schmidt-Reaktion[75].

Bei perfluorierten aromatischen Ringen ist aufgrund des starken Elektronenzugs des Fluors die nukleophile Substitution am Ring, insbesondere durch die eingesetzte Base Natriumhydroxid, stark begünstigt. Aldol-Reaktionen und im Speziellen die Claisen-

---

[73] L. Claisen, A. Claparede, *Chem. Ber.* **1881**, *14*, 2460.
[74] J. G. Schmidt, *Chem. Ber.* **1881**, *14*, 1459.
[75] H. R. Christen, F. Vögtle *Organische Chemie - Von den Grundlagen zur Forschung Band 1* Otto Salle Verlag Frankfurt am Main, **1988**.

Schmidt-Reaktion können jedoch auch säurekatalysiert durchgeführt werden (Abbildung 3-3). Auf die von Mikhalina und Fokin[76] beschriebene Synthese zur Darstellung von **6** mit gasförmigen Chlorwasserstoff, der über die Reaktionskomponenten für mehrere Tage geleitet wird, wurde aus praktischen Gründen verzichtet und stattdessen in konzentrierter Schwefelsäure gearbeitet. Diese fungiert zum einen als Protonendonator und zum anderen als wasserziehendes Mittel. Ein Nachteil der säurekatalysierten Kondensation sind die deutlich geringeren Ausbeuten relativ zur basenkatalysierten Reaktion.

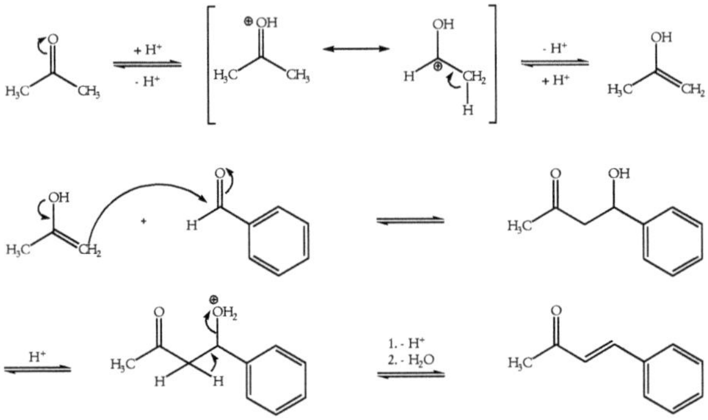

Abbildung 3-3   Säurekatalysierte Claisen-Schmidt-Reaktion[75].

Darüber hinaus ergaben sich Schwierigkeiten bei der Handhabung und Aufbewahrung der Produkte. So konnte bei einigen Substanzen sowohl in Lösung als auch im festen Zustand eine lichtinduzierte [2+2]-Cycloaddition beobachtet werden (Abbildung 3-4). Am Beispiel des 2,6-difluorierten Dibenzalacetons (**3**) wurde verfolgt, inwieweit diese Reaktion von den äußeren Bedingungen abhängig ist.

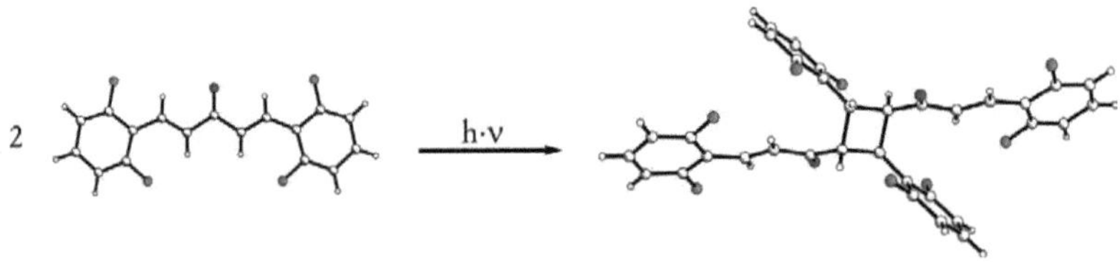

Abbildung 3-4   Dimerisierung von **3** in der festen Phase.

Bereits Cesarin-Sobrinho und Mitarbeiter[77, 78] zeigten am Beispiel fluorierter Chalcone, die sich von den Dibenzalacetonen um das Fehlen einer Doppelbindung unterscheiden, dass

---

[76] T. W. Mikhalina, E. P. Fokin, *Izv. Sib. Otd. Akad. Nauk SSR Ser. Khim.* **1986**, 119-122.
[77] D. Cesarin-Sobrinho, J. C. Netto-Ferreira, R. Braz-Filho, *Quim. Nova* **2001**, *24*, 604-611.

diese Verbindungen photochemisch induzierte [2+2]-Cycloadditionen eingehen. Deren Versuche wurden in Dichlormethan-Lösung durchgeführt und die Produkte hauptsächlich durch NMR-spektroskopische Methoden hinsichtlich ihrer Konformation analysiert. Versuche im festen Zustand oder einkristallographische Analysen, insbesondere bezüglich des Einflusses der Fluoratome auf die Molekülgeometrie oder die Kristallpackung, sind jedoch nicht erwähnt.

Bei den hier synthetisierten Dibenzalacetonen wurde zunächst in Anlehnung an die Arbeiten von Cesarin-Sobrinho et al.[77, 78] die Dimerisierung in Lösung durchgeführt. Allerdings konnte in einer sauerstoff- und wasserfreien Dichlormethan-Lösung nach halbstündiger Bestrahlung mit einer Hg-Hochdrucklampe (500 W) keine Substanz isoliert werden, die einem Dimerisierungsprodukt der Verbindung **3** entspricht. Stattdessen wurde ein Gemisch aus Oligo- und Polymeren vorgefunden. Hingegen konnte bei der Bestrahlung der festen Substanz mit einer Hg-Hochdrucklampe mit 100 W über einen Zeitraum von drei Tagen ein Dimer ohne weitere Isolierung NMR-spektroskopisch nachgewiesen werden. Hierzu sind in Abbildung 3-5 relevante Bereiche des ^{13}C-NMR-Spektrums wiedergeben. Zum einen sind die deutliche Verschiebung der Carbonyl-Gruppe und die leichte Veränderung der fluorsubstituierten C-Atome erkennbar, zum anderen sind die resultierenden aliphatischen C-Atome des Cyclobutanringes des Dimers ersichtlich.

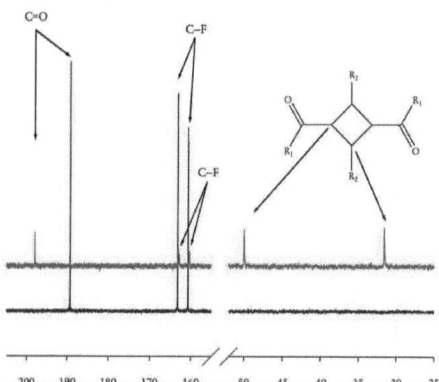

Abbildung 3-5   Auf wesentliche Bereiche reduziertes ^{13}C-NMR-Spektrum von **3** (dunkelblau) und dem entsprechenden Dimer (dunkelgrün); R_1 = HC=CH-2,6-$F_2C_6H_3$; R_2 = 2,6-$F_2C_6H_3$.

Einkristalle guter Qualität konnten durch Kristallisation dieses Dimers in einem lichtundurchlässigen Gefäß aus einer Essigsäureethylester-Lösung erhalten werden. Die kristallographische Untersuchung zeigte, dass das Dimer **3· 3** in der Raumgruppe $P2_1/n$ mit einem halben Molekül in der asymmetrischen Einheit kristallisiert. Am Cyclobutanring wird eine Molekülkonformation vorgefunden, die einer so genannten syn head-tail

---

[78] D. Cesarin-Sobrinho, J. C. Netto-Ferreira, *Quim. Nova* **2002**, *25*, 62-68.

Anordnung der Substituenten entspricht. Als Kopf (head) wird der Aryl-Rest bezeichnet, während die Carbonyl-Gruppierung als Schwanz (tail) angesehen wird. In der Kristallpackung des Cyclobutan-Derivates **3· 3** sind vorrangig C-H···O- und C-H···F-Kontakte im Bereich d = 3.28-3.48 Å (θ = 124.6-147.3°) und d = 3.26-3.32 Å (θ = 126.6-130.9°) zu finden. Mit einem Abstand von 3.64 Å zwischen den Phenylringen ergeben sich keine signifikanten Stapelwechselwirkungen, auch die erwarteten C-H···π-Kontakte sind nicht am Aufbau der Struktur beteiligt. In Abbildung 3-6 ist das Packungsdiagramm des Dimers **3· 3** wiedergegeben.

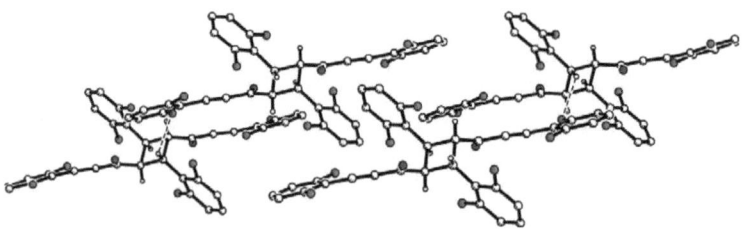

Abbildung 3-6 Packungsdiagramm des Dimers **3· 3** in Blickrichtung der kristallographischen *b*-Achse.

Unter Berücksichtigung einer sorgfältigen Aufarbeitung und vor allem der dunklen Lagerung der Dibenzalacetone konnten für die basenkatalysierten Claisen-Schmidt-Reaktionen Ausbeuten im Bereich 32 - 87 % erreicht werden. Erwartungsgemäß war die Ausbeute der säurekatalysierten Variante mit 33 % am unteren Limit angesiedelt. Um für die Einkristallstrukturanalyse der Dibenzalacetone geeignete Kristalle zu erhalten, wurden verschiedene Versuche durchgeführt. Bei allen Kristallisationsexperimenten musste jedoch auf strengen Lichtausschluss geachtet werden, um die Dimerisierung zu unterdrücken. Als erste Methode wurde die Verdampfungskristallisation aus einer breiten Palette an Lösungsmitteln wie Methanol, Ethanol, *n*-Butanol, Essigsäureethylester, Aceton, Butanon, Benzen, Toluen, Xylen, Mesitylen, Dichlormethan, Chloroform und Tetrachlorkohlenstoff angewandt. Dadurch konnten Einkristalle von **3** (CH_2Cl_2), **5** (Ethanol), **6** ($CHCl_3$) und dem äquimolaren Co-Kristall aus **1** und **6**, **1· 6** ($CHCl_3$) erhalten werden. Ferner wurde für die Verbindungen **1**, **2** und **4** die Abkühlungsmethode angewandt. Eine mit der Verbindung kalt gesättigte Chloroform-Lösung wurde auf 60°C erhitzt und anschließend mit einer Kühlrate von 1 K/h auf 15°C abgekühlt. Für **1**, **2** und **4** konnten dadurch Einkristalle erhalten und der Röntgenbeugung unterworfen werden. Die Strukturlösung jedoch gelang nur für **4** zufriedenstellend.

3.1.2 Strukturanalyse

Die Dibenzalacetone **3 - 5** kristallisieren mit jeweils einem unabhängigen Molekül in der asymmetrischen Einheit, wobei für **3** die monokline Raumgruppe $P2_1/n$, für **4** P-1 (triklin) und für **5** $P2_1/c$ ermittelt wurden. Mit zwei unabhängigen Molekülen kristallisieren **6** (monoklin, $P2_1/c$) und der Co-Kristall aus **1** und **6** (**1· 6**, triklin, P-1). In Abbildung 3-7 sind die ORTEP-Plots mit der verwendeten Nummerierung der Moleküle wiedergegeben.

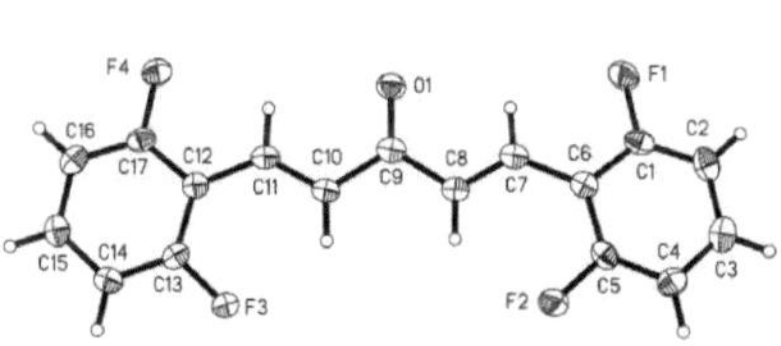

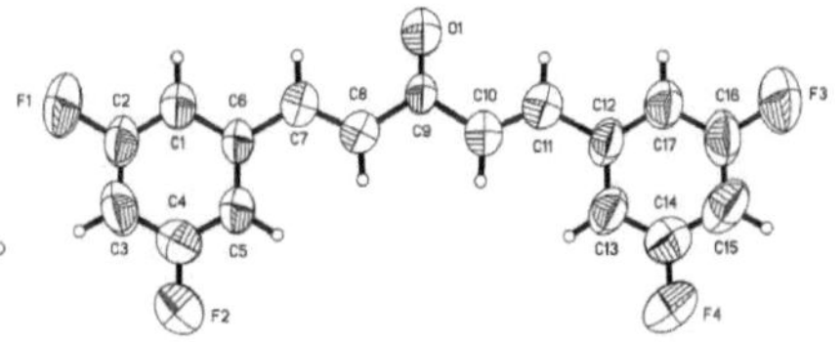

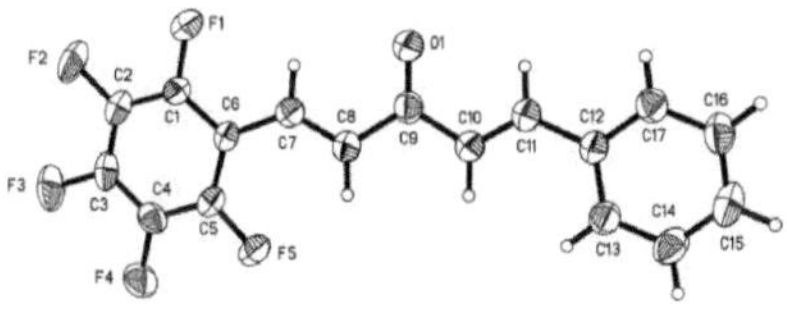

Abbildung 3-7   Asymmetrische Einheiten der Verbindungen **3 - 6** und **1· 6** als Ellipsoid-Plots mit 50 % Wahrscheinlichkeit, sowie das verwendete Nummerierungsschema der Nicht-Wasserstoffatome.

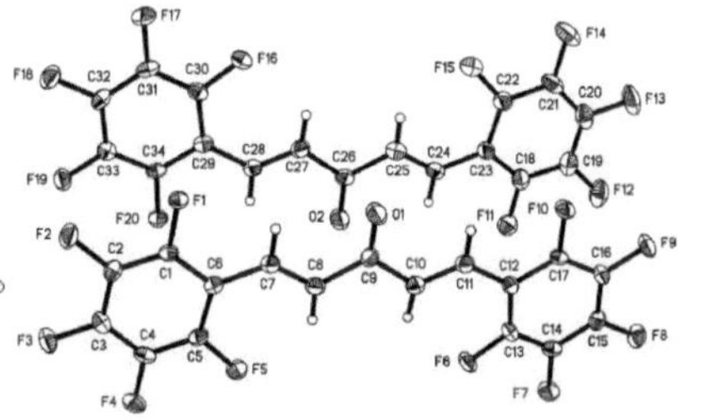

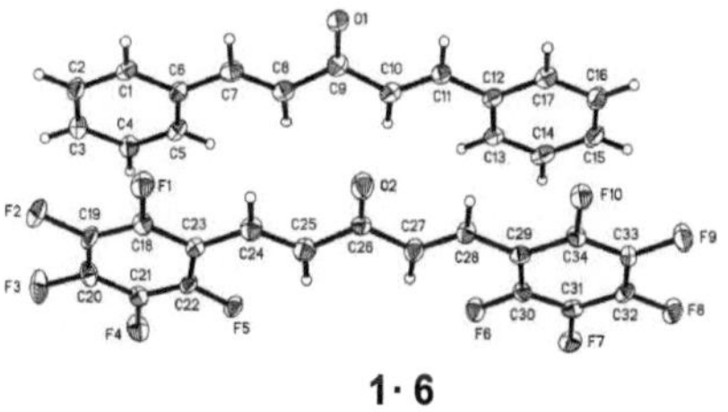

Wie in den Moleküldarstellungen angedeutet, weisen die fluorierten Dibenzalacetone eine nahezu planare Gestalt auf, deren Abweichung von dieser sich im Bereich 0.049 - 0.079 Å bewegt. Die stärksten Abweichungen treten bei den 2,6-di- und 2,3,4,5,6-pentafluorsubstituierten Verbindungen **3** und **5** auf.

Bei der Untersuchung wasserstoffinvolvierter Kontakte zeigte sich, dass neben den C-H···O-Wechselwirkungen starke C-H···F-Interaktionen in diesen Kristallverbänden auftreten. Von den lokalisierten Kontakten, deren geometrische Daten in Tabelle 3-1 wiedergegeben sind, gehen mehr als die Hälfte vom aromatisch gebundenen Fluor aus.

Tabelle 3-1 Wasserstoff-Kontakte der fluorsubstituierten Dibenzalacetone 3 - 6 und 1·6.

Verbindung	beteiligte Atome	r/Å	d/Å	D/Å	θ°	Symmetrie	Funktion
3	C16-H16···O1	0.95	2.31	3.255(3)	174.2	1.5-x,1/2+y,1.5-z	Zickzackkette
	C2-H2···O1	0.95	2.32	3.256(3)	168.3	2.5-x,-1/2+y,1.5-z	Zickzackkette
	C14-H14···F2	0.95	2.49	3.314(2)	144.5	1.5-x,1/2+y,1/2-z	Kombination
	C4-H4···F3	0.95	2.58	3.429(2)	148.7	1.5-x,-1/2+y,1/2-z	Zickzackkette
4	C17-H17···O1	0.95	2.47	3.326(5)	150.0	-x,2-y,1-z	Kombination
	C11-H11···O1	0.95	2.53	3.394(6)	151.6	-x,2-y,1-z	Kette
	C8-H8···F4	0.95	2.54	3.485(5)	171.5	2-x,1-y,1-z	Dimer
5	C11-H11···O1	0.95	2.52	3.420(3)	159.1	1-x,-1-y,-z	einzeln: Dimere;
	C17-H17···O1	0.95	2.68	3.531(3)	149.0	1-x,-1-y,-z	Kombination: Kette
	C14-H14···F2	0.95	2.58	3.526(3)	175.6	x,1/2-y,-1/2+z	
	C10-H10···F4	0.95	2.48	3.422(3)	173.6	-x,1-y,-z	einzeln: Dimere;
	C13-H13···F4	0.95	2.64	3.544(3)	158.6	-x,1-y,-z	Kombination: Zickzackkette
6	C11-H11···O2	0.95	2.63	3.566(3)	170.4	-1+x, y, z	Dimer
	C28-H28···O1	0.95	2.65	3.590(3)	168.8	1+x, y, z	
	C24-H24···F10	0.95	2.52	3.455(3)	167.6	1+x, y, z	einzeln: Dimere;
	C7-H7···F20	0.95	2.54	3.475(3)	169.2	-1+x, y, z	Kombination:
	C27-H27···F8	0.95	2.67	3.554(3)	155.8	x, 1/2-y, -1/2+z	Zickzackkette
1·6	C28-H28···O2	0.95	2.44	3.362(5)	165.0	1-x,2-y,1-z	Dimer
	C11-H11···O1	0.95	2.53	3.420(4)	157.6	2-x,2-y,1-z	Dimer
	C8-H8···F7	0.95	2.41	3.339(4)	166.3	1-x,1-y,1-z	Dimer
	C24-H24···F10	0.95	2.49	3.400(4)	161.1	1-x,2-y,1-z	Dimer
	C1-H1···F2	0.95	2.60	3.250(4)	125.7	2-x,2-y,-z	Dimer

Diese C-H··· F-Wechselwirkungen sind unter Berücksichtigung der H··· F-Abstände signifikant kürzer als die Summe der van-der-Waals Radien (H: 1.20 Å, F: 1.47 Å nach Bondi[79]). Isoliert betrachtet formen diese Kontakte vorrangig Dimere. In Kombination miteinander folgen aus ihnen Ketten oder Zickzackketten. Zum Beispiel führt in 3 die Verknüpfung der Kontakte C14-H14···F2 und C4-H4···F3 (d = 2.49 Å, θ = 144.5°, resp. d = 2.58 Å, θ = 148.7°) zu einer Schicht von Zickzackketten entlang der kristallographischen b-Achse. Parallel zu dieser Schicht A formt der C16-H16···O1-Kontakt (d = 2.31 Å, θ = 174.2°) eine Schicht B, während der Kontakt C2-H2···O1 (d = 2.32 Å, θ = 168.3°) eine dritte Schicht C bildet. In Abbildung 3-8 a) ist die aus den C-H···F-Kontakten gebildete Schicht A in 3 wiedergegeben, Abbildung 3-8 b) hingegen zeigt die Packung in Blickrichtung der kristallographischen c-Achse.

---

[79] A. Bondi, *J. Phys. Chem.* **1964**, *68*, 441-451.

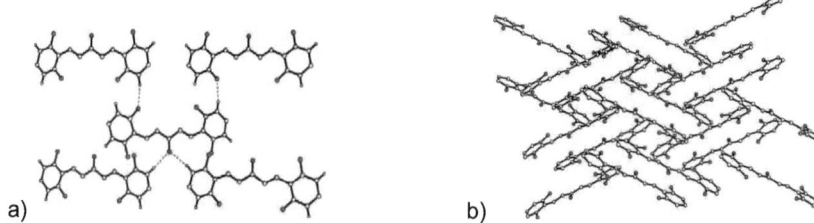

Abbildung 3-8 Kristallpackungen von **3** a) entlang der kristallographischen a-Achse und b) entlang der kristallographischen c-Achse.

Im Dibenzalaceton **5** führen die Kontakte C10-H10···F4 und C13-H13···F4 (d = 2.48 Å, θ = 173.6°, resp. d = 2.65 Å, θ = 158.6°) zu Zickzackketten entlang der kristallographischen b-Achse. Diese Ketten sind darüber hinaus durch F···F-Kontakte verstärkt. Während in den Verbindungen **3**, **4** und im Co-Kristall **1·6** keine F···F-Kontakte gefunden wurden, konnten die in Tabelle 3-2 aufgeführten Kontakte für **5** und **6** lokalisiert werden.

Tabelle 3-2 F···F-Kontakte der fluorsubstituierten Dibenzalacetone **5** und **6**.

Verbindung	beteiligte Atome	r/Å	F···F/Å	θ°	Symmetrie	Typ	Funktion
5	C5-F5···F5-C5	1.340(3)	2.700(3)	168.79(18)	-x,1-y,-z	I	Dimer
6	C5-F5···F5-C5	1.338(3)	2.531(3)	156.45(17)	3-x,-y,2-z	I	Dimer
	C2-F2···F14-C21	1.345(3)	2.735(2)	126.32(15)	1-x,-1/2+y,1.5-z	II	Trimer
		1.337(3)		170.42(18)			
	C4-F4···F6-C13	1.347(3)	2.768(2)	126.44(15)	1-x,1/2+y,1.5-z	II	Dimer
		1.342(3)		166.32(15)			
	C20-F13···F17-C31	1.343(3)	2.776(2)	139.56(19)	-1+x,1/2-y,1/2+z	II	Zickzackkette
		1.339(3)		109.17(15)			

Die im pentafluorierten Dibenzalaceton **5** ermittelten F···F-Kontakte sind signifikant kürzer als die Summe der van-der-Waals Radien, und der Winkel von 168.8° spricht für eine Halogen-Halogen-Wechselwirkung des Typs I aus dem eine Dimerenbildung folgt. Deren Bedeutung für den Aufbau der Kristallpackung scheint jedoch zweitrangig. Vielmehr unterstützen sie stabilisierend die Schichten der Moleküle, die durch Ar-Ar^F-Wechselwirkungen aufgebaut werden. Erstaunlicherweise sind diese Stapelwechselwirkungen schwacher Natur, obwohl das Molekül sowohl über einen perhydrogenierten, als auch über einen perfluorierten aromatischen Ring verfügt. Der Abstand zwischen benachbarten Zentren der Aryle beträgt lediglich 3.81 Å, resp. 4.03 Å mit einem Winkel von jeweils 4.36° zwischen den Ebenen (Abbildung 3-9).
In den Kristallpackungen der Verbindungen **3**, **4** und **6** finden sich keine Stapelwechselwirkungen, obwohl gerade in **6** die Moleküle in Schichten angeordnet sind,

deren Abstand jedoch mit 4.41 Å zu weit reichend für eine stabilisierende Wechselwirkung zwischen den aromatischen Einheiten ist.

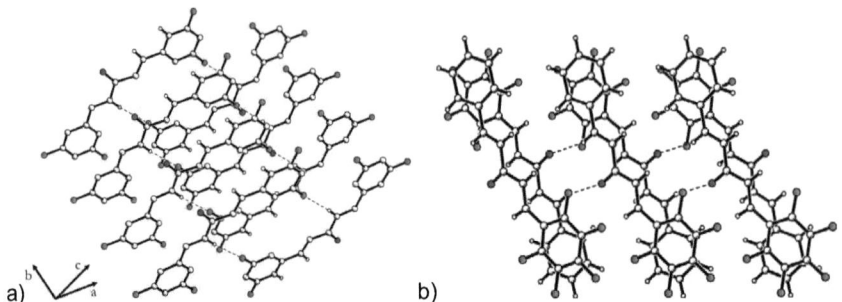

Abbildung 3-9   Kristallpackungen von a) **4** und b) **5** entlang der kristallographischen *a*-Achse.

In allen untersuchten Strukturen der fluorierten Dibenzalacetone lassen sich keine Wechselwirkungen des Typs C-X···π/π^F mit X = H, F lokalisieren, die einen Einfluss auf die Kristallstrukturbildung ausüben.
In der Literatur[8] ist die Perfluoraryl-Aryl-Gruppe als dirigierendes Motiv bei der Bildung von π^F-π-Stapelwechselwirkungen beschrieben. Um nun gezielt an den in dieser Arbeit synthetisierten Dibenzalacetonen, die über perfluorierte und perhydrogenierte aromatische Ringe verfügen, diese Wechselwirkung zu untersuchen, wurden die Verbindungen **1**, **5** und **6** in äquimolaren Verhältnissen in Chloroform zur Kristallisation gebracht. Die eingesetzten Verbindungen und die Resultate der Kristallisation sind in Tabelle 3-3 aufgeführt. Durch einkristallographische Messung der Elementarzellen bei T = 93 K von fünfzehn Kristallen pro Probe, die teils unterschiedlich wirkende Habita aufwiesen, erfolgte der Nachweis der einzelnen Kristalle und deren Zuordnung.

Tabelle 3-3   Tabellarische Übersicht über die eingesetzten und erhaltenen Dibenzalacetone **1**, **5** und **6**.

	1	5	6
1	×	×	×
5	1 und 5	×	×
6	1 · 6	5 und 6	×

Deutlich wird vor allem, dass einzig diejenigen Dibenzalacetone Co-Kristalle aufbauen, die ausschließlich perhydrogenierte oder perfluorierte Aromaten aufweisen. Das Dibenzalaceton **5**, welches über beide Typen an aromatischen Ringen verfügt, konnte nicht zur Co-Kristallisation mit **1** und **6** gebracht werden. In Abbildung 3-10 sind die elektrostatischen Potenziale des perhydrogenierten und decafluorierten Dibenzalacetons **1** und **6** wiedergegeben. Es werden die inversen elektronischen Verhältnisse der Moleküle ersichtlich, die eine mögliche Ar-Ar^F-Wechselwirkung repräsentieren. Darüber hinaus ist die Abnahme der Elektronendichte am Carbonyl-O-Atom ersichtlich, die in Strukturen der einzelnen Komponente **6** zu schwächeren C-H···O-Kontakten führen sollte. Zwar liegt die Kristallstruktur des unfluorierten Dibenzalacetons nicht vor, innerhalb der Reihe der untersuchten Derivate zeigt sich jedoch mit steigendem Fluorierungsgrad eine abnehmende Stärke der zwischenmolekularen C-H···O-Bindung (siehe Tabelle 3-1).

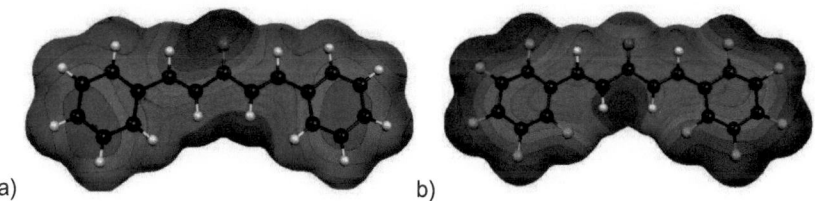

Abbildung 3-10 Mittels ab initio berechnete ESP der Dibenzalacetone a) **1** und b) **6**; rot repräsentiert negatives, blau positives Potenzial.

Im Co-Kristall **1· 6** liegen die erwarteten Schichten vor, die durch π···π^F-Wechselwirkungen gebildet wurden. In Abbildung 3-11 b) ist die Packung dieses Co-Kristallisates mit der leichten Verschiebung der Moleküle gegeneinander gezeigt, während Abbildung 3-11 a) die Packung des Decafluordibenzalacetons **6** wiedergibt.

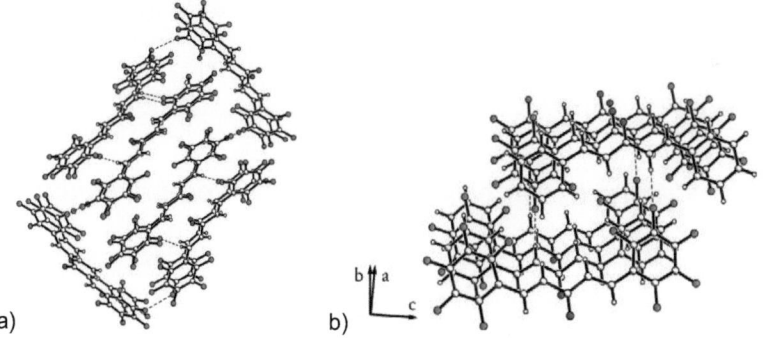

Abbildung 3-11 Kristallpackungen von a) **6** entlang der kristallographischen *a*-Achse und b) des Co-Kristalls **1· 6**.

Die Kristallstruktur des 1:1-Adduktes der Dibenzalacetone **1** und **6** wird hauptsächlich durch die Ar-Ar^F-Wechselwirkung aufgebaut. Zwischen den Ebenen liegt ein Abstand von 3.64 Å, resp. 3.79 Å vor, die jeweils um 1.91° gegeneinander verdreht sind. Aufgrund der in der Literatur[8] beschriebenen Stärke der Face-to-Face-Wechselwirkungen liegt die

Schlussfolgerung nahe, dass alle weiteren bereits aufgeführten Kontakte des Typs C-H···O und C-H···F **1· 6** lediglich unterstützend auf die Verknüpfung der Moleküle innerhalb einer Ebene wirken.

Zusammenfassend zeigte die Analyse, dass bezogen auf alle lokalisierten intermolekularen Wechselwirkungen mit 39 % vorrangig C-H···F-Kontakte ausgebildet werden, während die C-H···O-Kontakte 32 % und die F···F-Wechselwirkungen 16 % ausmachen. Gerade aber in **5** und **1· 6** sind die auftretenden Ar-Ar^F-Kontakte, die unter Einbeziehung aller Interaktionen lediglich 13 % darstellen, von deutlich stärkerer Natur. Daher ist die Funktion der hier zahlreich gefundenen C-H···F-Kontakte in der zusätzlichen Stabilisierung der Ebenen zu sehen. Im Gegensatz zu den fluorierten Benzophenonen[72] werden die Dibenzalacetone nicht gezwungen, die Planarität aufzugeben. In der Folge bleibt die Ar-Ar^F-Wechselwirkung als wichtiges Synthon zur Generierung von Stapeln in einem Molekülkristall weitestgehend erhalten.

Eingangs wurde die Modellverbindung des Dibenzalacetons zur Untersuchung der intermolekularen Wechselwirkungen des aromatisch gebundenen Fluors in Konkurrenz zum carbonylischen Sauerstoff ausgewählt. Die Analyse dieses Systems zeigte, dass mit steigender Fluorsubstitution die Ausbildung zu Stapel-Stapel-Wechselwirkungen steigt und die resultierenden C-H···F-Kontakte zur Stabilisierung der Schichten nötig sind. Dem gegenüber sind in den weniger stark fluorsubstituierten Substanzen relevante C-H···F-Interaktionen bei Generierung von Dimeren, vor allem jedoch Ketten und Zickzackketten involviert. Eine Bevorzugung der in *meta*-Position substituierten Fluoratome kann bei den hier einkristallographisch untersuchten Substanzen **3 - 6**, sowie **1· 6** nicht erkannt werden. Deren Stärke unterscheidet sich nur geringfügig von denen der *ortho*-Fluroatome. Einzig die *para*-Position scheint keinen bedeutsamen Einfluss auf die Strukturbildung auszuüben.

3.2 N-Phenylmaleinimide, -phthalimide und -tetrafluorphthalimide

Wie eingangs dargelegt, wird im pharmazeutischen Bereich Wasserstoff erfolgreich gegen Fluor substituiert, um eine bessere Effizienz der eingesetzten Wirkstoffe zu erreichen. Ursache und Natur dieses Phänomens konnten allerdings noch nicht vollständig geklärt werden. Auch die bereits angesprochene Polymorphie ist ein wesentliches Thema in der Pharmazie. Um in diesem Kontext verifizierbare fluorbedingte Effekte in organischen Molekülen näher zu untersuchen, die eine potenzielle Fähigkeit zur Ausbildung mehrerer Strukturen besitzen, wurde ein System gesucht, welches darüber hinaus stärkere Wasserstoff-Akzeptoren wie zum Beispiel N und O aufweist. Wechselwirkungen fluororganischer Verbindungen gelten als schwache Wechselwirkungen und sollten daher bei starken H-Akzeptoren nur eine untergeordnete Rolle beim Aufbau von Kristallstrukturen spielen.

Anders könnte es sich verhalten, wenn die eingesetzten H-Akzeptoren N und O durch ihre kovalenten Bindungen am fluorierten organischen Molekül für zwischenmolekulare Wechselwirkungen abgeschwächt sind und folglich keine klassischen Wasserstoffbrücken aufbauen. Als funktionelle Gruppen eignen sich Carbonyl-Gruppen und tertiäre Amine, deren unmittelbare Kombination in einem Strukturelement zum Imid führt. Als System der Wahl zur Untersuchung fluorbedingter Effekte und polymorphen Verhaltens dienen daher die in Abbildung 3-12 gezeigten fluorierten *N*-Phenylmaleinimide (**8 - 12**), *N*-Phenylphthalimide (**14 - 18**) und *N*-Phenyltetrafluorphthalimide (**19 - 24**). Die unfluorierten Stammverbindungen *N*-Phenylmaleinimid (**7**) und *N*-Phenylphthalimid (**13**) werden als Referenz verwendet.

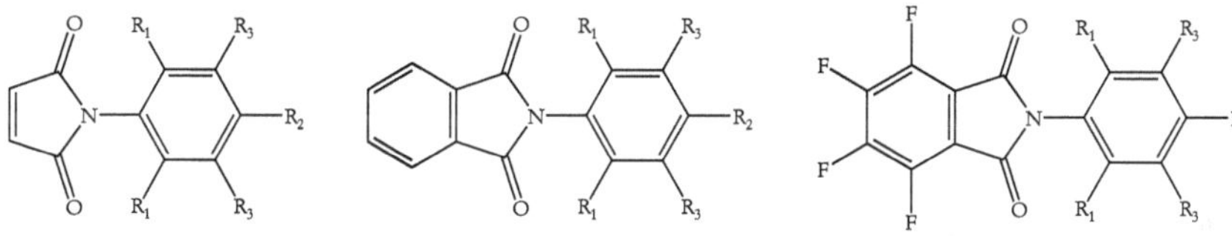

7: $R_1 = R_2 = R_3 = H$
8: $R_1 = R_3 = H; R_2 = F$
9: $R_1 = F; R_2 = R_3 = H$
10: $R_1 = R_2 = H; R_3 = F$
11: $R_1 = R_2 = F; R_3 = H$
12: $R_1 = R_2 = R_3 = F$

13: $R_1 = R_2 = R_3 = H$
14: $R_1 = R_3 = H; R_2 = F$
15: $R_1 = F; R_2 = R_3 = H$
16: $R_1 = R_2 = H; R_3 = F$
17: $R_1 = R_2 = F; R_3 = H$
18: $R_1 = R_2 = R_3 = F$

19: $R_1 = R_2 = R_3 = H$
20: $R_1 = R_3 = H; R_2 = F$
21: $R_1 = F; R_2 = R_3 = H$
22: $R_1 = R_2 = H; R_3 = F$
23: $R_1 = R_2 = F; R_3 = H$
24: $R_1 = R_2 = R_3 = F$

Abbildung 3-12 Ausgewählte Modellverbindungen des Typ 2, der Klasse 1 zur Untersuchung intermolekularer Fluor-Wechselwirkungen mit konkurrierenden Wasserstoff-Akzeptoren.

Ein weiterer Aspekt bei der Untersuchung fluorbedingter Effekte im organischen Kristall ist die Ausbildung von Co-Kristallen unter Anwendung der π-π^F-Stapelwechselwirkung. Durch die Kristallisation äquimolarer Mischungen der Verbindungen, die über einen perfluorierten, resp. perhydrogenierten aromatischen Ring verfügen, sollten diese Co-Kristalle zugänglich sein.

3.2.1 Synthese der Modellverbindungen

Die Synthese der *N*-Phenylimide erfolgte durch Kondensation eines Carbonsäureanhydrids mit entsprechend substituierten Anilinen nach von Searle[80] und Barrales-Rienda[81] entwickelten Methode, deren Mechanismus in Abbildung 3-13 wiedergegeben ist. Bei dieser zweistufigen Synthese wird zunächst das

---

[80] a) M. P. Cava, A. A. Deana, K. Muth, M. J. Mitchell, *Org. Synth.* **1961**, *41*, 93. b) N. E. Searle (E. I. du Pont de Nemours and Co., Inc.), US-2444536 **1948** [*Chem. Abstr.* **1948**, *42*, 7340c].
[81] J. M. Barrales-Rienda, J. G. Ramos, M. S. Chaves, *J. Fluorine Chem.* **1977**, *9*, 293-308.

Carbonsäureanhydrid mit dem Anilin in Diethylether in nahezu quantitativem Umsatz zur entsprechenden Amidsäure umgesetzt. Reinigungsschritte sind vor der sich anschließenden Abspaltung des Wassers in Essigsäureanhydrid nicht erforderlich. Für die N-Phenylmaleinimide variierten die Ausbeuten, bezogen auf das entsprechende Anilinderivat, zwischen 53 - 77 %, während für die N-Phenylphthalimide Ausbeuten von 37 - 73 % und für N-Phenyltetrafluorphthalimide 26 - 67 % ermittelt wurden.

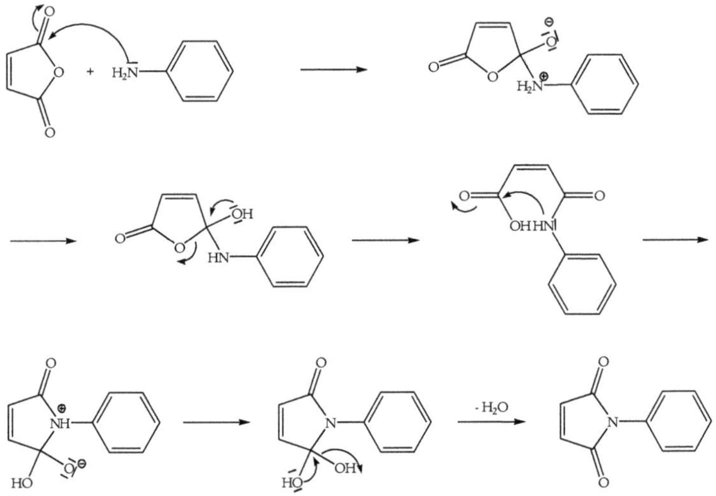

Abbildung 3-13   Reaktionsmechanismus der Kondensation des Maleinsäureanhydrids mit Anilin[75].

Geeignete Kristalle für die Einkristallstrukturanalyse konnten durch Verdampfungskristallisation aus Cyclohexan (N-Phenylmaleinimide), Ethanol (N-Phenylphthalimide) und einem äquimolaren Cyclohexan-Aceton-Gemisch (N-Phenyltetrafluorphthalimide) gewonnen werden. Die Einkristallstrukturen der Imide wurden bei 93 K bestimmt, ausgenommen sind **22**, **18-B** und **24**, welche bei 293 und 298 K röntgenographisch untersucht wurden.

3.2.2 Strukturanalyse

N-aliphatische Maleinimide sind nützliche Photoinitiatoren für Polymerisationsreaktionen, jedoch aufwendig und kostspielig herzustellen. Im Gegensatz dazu sind N-Arylmaleinimide leicht zugänglich und darüber hinaus deutlich weniger toxisch. Von besonderem Interesse sind hierbei jene Imide, bei denen aufgrund der *ortho*-Substitution die beiden Ringe eine

nahezu senkrechte Lage zueinander einnehmen[82], da nur diese als Photoinitiatoren geeignet scheinen. Miller *et al.* zeigten anhand 2- und 2,6-substituierter *N*-Phenylmaleinimide (Alkyl, F, Cl, Br, I), dass mit steigender Größe der Substituenten der Interplanar-Winkel zwischen dem Phenylring und dem Imidring zunimmt. Einen Zusammenhang zwischen der Bindungslänge C_{Aryl}-N und dem Interplanarwinkel schließen sie allerdings aus, obwohl ein großer Rotationswinkel die Konjugation der π-Elektronensysteme über die C_{Aryl}-N-Bindung unterbindet[83]. Die zum Imid-Stickstoff benachbarten Carbonyl-Gruppen bedingen durch ihren negativen induktiven Effekt eine Abnahme der Elektronendichte am Stickstoffatom. Dies führte bei Miller[83] zu einer leicht verkürzten N-C(=O)-Bindung mit 1.395 Å im Gegensatz zu dem von Burgi und Dunitz ermittelten Wert von 1.409 für ungesättigte Imide (16 Fälle)[84].
Bei einer CSD-Recherche[85] für aliphatische, cyclische Imide wurde für die Länge der N-C(=O)-Bindung ein Mittelwert von 1.395 Å gefunden (1.313 - 1.436 Å, 662 Fälle), für die $C_{aliphat.}$-N-Bindung ergab sich ein Mittelwert von 1.457 (1.387 - 1.587 Å, 331 Fälle). Auch demgegenüber erfahren die von Miller[83] publizierten Strukturen eine geringfügige Verkürzung der N-C(=O)-Bindung.
In diesem Zusammenhang stellt sich die Frage, welchen Einfluss die Anwesenheit stark elektronenziehender Substituenten an der aromatischen Einheit von *N*-Phenyl-maleinimiden auf Bindungsverhältnisse sowie Molekülgeometrien nimmt? Am Beispiel der Verbindungen **7 - 11** zeigt sich, dass mit steigender Zahl der Fluoratome am Arylteil der Rotationswinkel zwischen den beiden Ringen zunimmt (Abbildung 3-14).

| 7 | 8 | 9 | 10 | 11 |

Abbildung 3-14 Graphische Darstellung der Moleküle **7 - 11** in Blickrichtung entlang der Imid-Ebene.

---

[82] C. W. Miller, C. E. Hoyle, E. J. Valente, D. H. Magers, S. S. Jönsson, *J. Phys. Chem. A* **1999**, *103*, 6406-6412.
[83] C. W. Miller, C. E. Hoyle, E. J. Valente, J. D. Zubkowski, E. S. Jönsson, *J. Chem. Cryst.* **2000**, *30*, 563-571.
[84] H.-B. Bürgi, J. D. Dunitz, *Structure Correlation*, Appendix A, Wiley-VCH Verlag, New York, **1994**.
[85] Cambridge Structural Database; CSD (Version: 5.27 (November 2005); Fragment: Succinimid-ring mit C-Atom am N (min. 4 Bindungen des C-Atoms), Bindung zwischen den C=O-Gruppen: olefinisch oder aromatisch; Kriterien: keine Fehlordnungen, keine Ionen, keine Pulverstrukturen, nur Organika.

Aufgrund der stark ausgeprägten Polarisierung der C-F-Bindung führt der zunehmende Substitutionsgrad des Phenylringes mit Fluoratomen zu einer Abnahme an negativer Ladungsdichte innerhalb des aromatischen Ringes, so dass Zahl und Position der Fluoratome am Aromaten die C_{Aryl}-N-Bindungslängen beeinflussen dürfte. Die N-C(=O)-Bindung sollte aufgrund der Entfernung vom Fluoraromaten und deren Ausschluss vom konjugierten System des Pyrrolidinringes wenig beeinflusst werden. In Abhängigkeit von Anzahl und Position der Fluoratome ist jedoch eine Änderung der C_{Aryl}-N-Bindung zu erwarten.

Tabelle 3-4 Ausgewählte geometrische Parameter der *N*-Phenylmaleinimide **7 - 11**[86].

	7 (Lit.:[88])	8	9	10	11
2'- und 6'-Substitution	H	H	F	H	F
Imid-Phenyl-Interplanarwinkel (°)	48.60	48.95	58.96	52.33	66.45
Abweichung vom Mittelwert 55.06° (°)	-6.46	-6.11	3.90	-2.73	11.39
N-C(=O) (Å)	1.400	1.405	1.408	1.403	1.404
	1.402	1.408		1.406	
Abweichung vom Mittelwert 1.404 Å (Å)	0.004	-0.001	-0.004	0.001	0
	0.002	-0.004		-0.002	
C_{Aryl}-N (Å)	1.434	1.432	1.416	1.427	1.414
Abweichung vom Mittelwert 1.425 Å (Å)	0.009	0.007	-0.009	0.002	-0.011
Abweichung von Imid-Planarität[87]	0.004	0.005		0.002	0.003

In Tabelle 3-4, in der die ermittelten relevanten Bindungslängen und -winkel wiedergegeben sind, zeigt sich bei den *ortho*-substituierten *N*-Phenylmaleinimiden **9** und **11** tendenziell eine Verkürzung der C_{Aryl}-N-Bindung im Vergleich zu den an 2,6-Position unsubstituierten Vertretern. Ein möglicher Grund für dieses Verhalten ist die durch die Fluorsubstituenten bedingte Abnahme an Elektronendichte der *ortho*-Kohlenwasserstoffatome, die durch das Stickstoffatom ausgeglichen wird.
Innerhalb der Gruppe der Maleinimide zeigt sich kein erkennbarer Trend für die N-C(=O)-Bindungslängen. Der Mittelwert von 1.404 Å macht jedoch eine unwesentliche Verkürzung dieser Bindung gegenüber dem von Bürgi und Dunitz aufgezeigten Wert von 1.409 Å[84] deutlich. Im Vergleich mit dem aus der CSD-Recherche erhaltenen Wert von 1.395 Å ist eine geringfügige Verlängerung festzustellen
Ein der C_{Aryl}-N-Bindungslänge analoger Trend hinsichtlich der Molekülgeometrien kann bei den untersuchten Maleinimiden nicht beobachtet werden. Eine Zunahme des Interplanarwinkels zwischen den beiden cyclischen Moleküleinheiten ist bei den fluorsubstituierten Derivaten jedoch offensichtlich. Einzig das 3,5-disubstituierte Imid **10** bildet eine Ausnahme und nähert sich eher dem *para*-substituierten Maleinimid **8** an. Unter

---

[86] Auf Standardabweichungen wurde für die Übersichtlichkeit verzichtet; Abstände: ≤ 0.003 Å, Winkel: ≤ 0.07°.
[87] Der Imidring ist für **8-12** definiert durch die Atome N1,C2,C1,C10,C9.

Einbezug der von Miller et al.[82] publizierten Struktur des N-(2-Fluorphenyl)maleinimids in diese Reihe zeigt sich, dass die Interplanar-Winkel 54.2° und 66.8° (Mittelwert: 60.5°) im Bereich der 2,6- und 3,5-substituierten Maleinimide liegen. Sie sind geringfügig größer, was auf einen intramolekularen Kontakt des ortho-Wasserstoffs mit dem Carbonyl-Sauerstoff zurückgeführt werden kann. Die C_{Aryl}-N-Bindung erfährt keine signifikanten Änderungen in dieser Reihe und entspricht der von Miller[82, 83] angedeuteten Unabhängigkeit dieser Bindung vom Rotationswinkel.

Hierbei sei allerdings angemerkt, dass die Ausbildung von Molekülkonformationen nicht einzig durch intramolekulare Faktoren bestimmt wird. Vielmehr ist sie das Ergebnis eines komplexen Zusammenwirkens zwischenmolekularer Kräfte in der kristallinen Phase und der Neigung von Molekülen, eine möglichst dichte Packung auszubilden.

Neben der Molekülgeometrie sind daher vor allem die intermolekularen Wechselwirkungen im Kristall von besonderem Interesse. Die fluorierten N-Phenylmaleinimide kristallisieren in der monoklinen Raumgruppe $P2_1/c$ (**8** und **10**) und in der orthorhombisch Raumgruppe $Pbcn$ (**9** und **11**), während das bereits bekannte N-Phenylmaleinimid **7** von Kajfež et al.[88] in der monoklinen Raumgruppe $P2_1/n$ beschrieben ist. Während **7**, **8** und **10** ein Molekül in der asymmetrischen Einheit aufweisen, besteht diese für **9** und **11** lediglich aus einem halben Molekül (Abbildung 3-15).

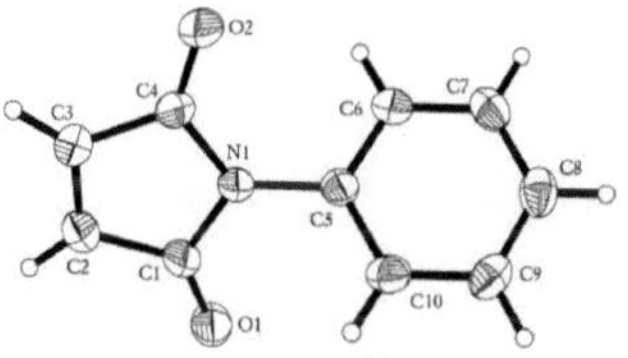

7[88] 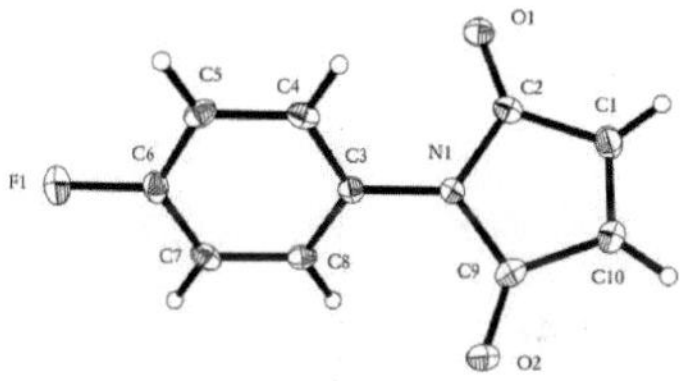 **8**

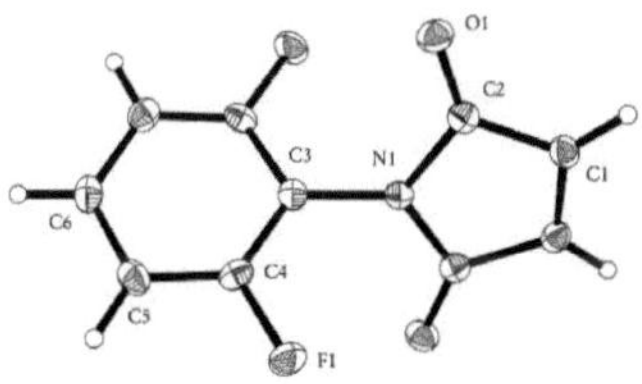

9 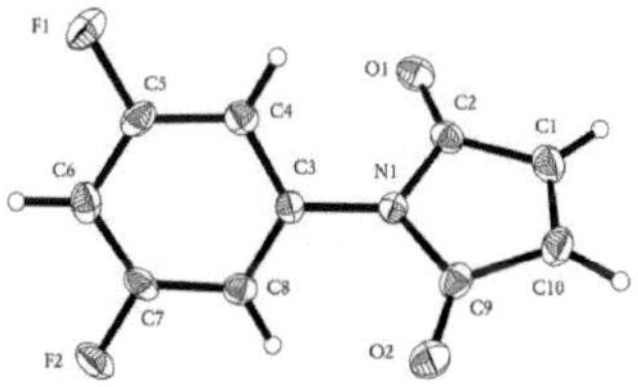 **10**

---

[88] T. Kajfež, B. Kamenar, V. Piliotaž, D. Fleš, *Croat. Chem. Acta* **2003**, *76*, 343.

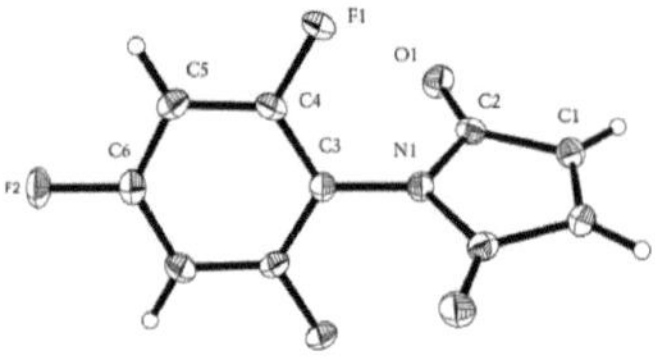

11

Abbildung 3-15 Verbindungen **7 - 11** als Ellipsoid-Plots mit 50 % Wahrscheinlichkeit, sowie die verwendete Nummerierung der Nicht-Wasserstoffatome.

In allen Packungsstrukturen finden sich C-H···O-Kontakte im Bereich d = 2.38 - 2.65 Å, θ = 136.5 - 164.5°. Jedoch treten mit zunehmendem Fluor-Anteil auch C-H···F-Kontakte (d = 2.39 - 2.62 Å, θ = 115.9 - 166.0°) in Erscheinung, deren Abstände teils deutlich unterhalb der Summe der van-der-Waals Radien nach Bondi[79] liegen (Tabelle 3-5).

Tabelle 3-5 Wasserstoff-Kontakte der *N*-Phenylmaleinimide **7 - 11**[89].

Verbindung	beteiligte Atome[1]	r/Å	d/Å	D/Å	θ/°	Symmetrie	Funktion
7 (Lit.:[88])	C2-H2···O1	0.93	2.54	3.37	148.5	-x,1-y,-z	Dimer
	C6-H6···O2	0.93	2.64	3.37	136.1	-1+x,y,z	Kette
	C7-H7···O1	0.93	2.64	3.41	140.4	-1/2-x,-1/2+y,1/2-z	Zickzackkette
8	C5-H5···O1	0.93	2.57	3.440(2)	156.9	1-x,-1/2+y,1/2-z	Zickzackkette
	C10-H10···O2	*0.93*	*2.63*	*3.470(2)*	*151.2*	*-x,-y,-z*	*Dimer*
	C8-H8···O2	0.93	2.65	3.382(2)	136.5	x,1+y,z	Kette
9	C1-H1···F1	0.95	2.55	3.4664(17)	161.3	1/2-x,1/2-y,1/2+z	Zickzackkette
	C5-H5···F1	0.95	2.62	3.5473(18)	166.0	-x,1-y,1-z	Dimer
10	C1-H1···F2	0.95	2.39	3.1526(16)	136.7	-1+x,1/2-y,-1/2+z	Kette
	C4-H4···O1	0.95	2.49	3.4121(16)	164.5	-x,-y,1-z	Dimer
	C6-H6···O2	0.95	2.52	3.4203(17)	158.9	1-x,-1/2+y,3/2-z	Zickzackkette
	C8-H8···Cg2[a]	0.95	2.91	3.8124	158	x, 1/2-y, -1/2+z	Kette
11	C5-H5···O1	0.95	2.38	3.2121(14)	145.5	1/2+x,1/2-y,1-z	Netzwerk
	C1-H1···F2	0.95	2.52	3.0559(16)	115.9	x,-1+y,z	Kette
	C1-H1···F1	0.95	2.55	3.2458(14)	130.2	1-x,-y,1-z	Zickzackkette

1 a) Cg2 ist definiert als der Ringmittelpunkt des Ringes C3-C8.

In der Packung des unfluorierten *N*-Phenylmaleinimid (**7**) bilden sich über zwei C-H···O-Kontakte vermittelte molekulare Ketten, die in Richtung der kristallographischen *a*- und *b*-Achsen verlaufen und über die stärkste Wechselwirkung (C-H···O: d = 2.54 Å und θ = 148°) miteinander verknüpft sind. Letztere ist in Abbildung 3-16 wiedergegeben. Bei der Einführung von aromatisch gebundenem Fluor in das Molekül ändert sich die Packung nicht wesentlich. Wechselwirkungen wie C-H···O bauen auch hier primär Ketten auf.

---

[89] Die Kontakte der olefinischen Wasserstoffatome sind kursiv angegeben.

Darüber hinaus bilden sich jedoch C-H···F-Kontakte, die sowohl Ketten und Zickzackketten als auch Dimere ausbilden.

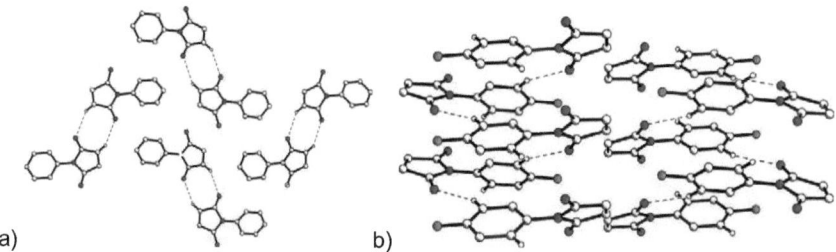

Abbildung 3-16   Kristallpackungen von a) **7**[88] und b) **8** entlang der kristallographischen a-Achsen.

Bei allen untersuchten Maleinimiden sind die Wasserstoffatome der HC=CH-Einheit (H2 und H3 für **7**, resp. H1 und H10 für **8 - 11**) an der Ausbildung von C-H···O- und C-H···F-Wechselwirkungen am stärksten involviert, wobei mit steigendem Fluoranteil eher Kontakte zum Fluor ausgebildet werden (Abbildung 3-17). Während die C-H···O-Kontakte der olefinischen Wasserstoffatome Dimere bilden, führen die anlogen C-H···F-Kontakte zu Ketten resp. Zickzackketten entlang der kristallographischen Achsen. Ferner sind vorrangig die *meta*-ständigen H-Atome an stärkeren Wechselwirkungen beteiligt, die bei Kontakten zum Carbonyl-O-Atom Zickzackketten aufbauen. Kontakte von einem *ortho*-ständigen Wasserstoffatom zu einem Fluoratom treten in den Imiden **7 - 11** nicht auf.

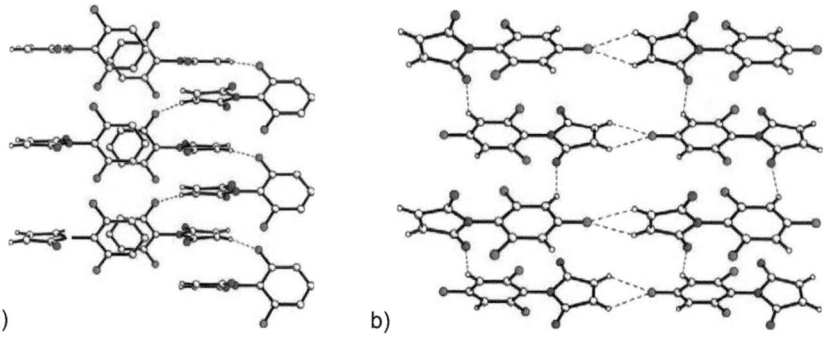

Abbildung 3-17   Kristallpackungen von a) **9** und b) **11** entlang der kristallographischen c-Achsen.

Die Struktur des *N*-(3,5-Difluorphenyl)maleinimids (**10**) nimmt in dieser Verbindungsklasse eine Sonderstellung ein. In dieser Reihe ist **10** die einzige kristallographisch untersuchte Verbindung, in der die *meta*-Wasserstoffe durch Fluoratome substituiert sind. Ebenso bildet **10** die einzige Struktur, in der die aromatischen Einheiten an zwischenmolekularen Wechselwirkungen beteiligt sind (Tabelle 3-5 und Abbildung 3-18). Das *ortho*-ständige

Wasserstoffatom ist an der Ausbildung von C-H···π-Kontakten beteiligt, wobei molekulare Ketten entstehen, die in Richtung der c-Achse verlaufen (C-H···π: d = 2.91 Å, θ = 158°). Des Weiteren sind hier auch die stärksten C-H···O-Kontakte lokalisierbar, die von *ortho*-ständigen Wasserstoffatomen ausgehen (C-H···O: d = 2.49 Å, θ = 164.5° und d = 2.52 Å, θ = 158.9°). Während in **7** und **9** die *para*-ständigen H-Atome unkoordiniert sind, bilden sie in **10** schwache C-H···O-Kontakte (d = 2.52 Å, θ = 158.9°) aus. Stapelwechselwirkungen zwischen den aromatischen Einheiten (Centroid-Centroid-Abstände: 3.98-5.24 Å), respektive F···F-Kontakte (d > 2.94 Å) sind in keiner Struktur der hier untersuchten Maleinimide vorzufinden.

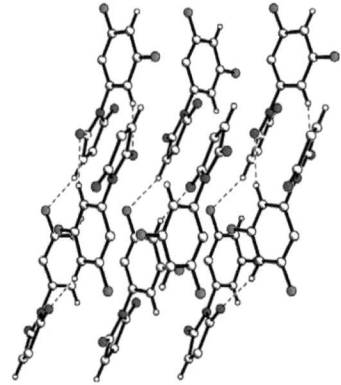

Abbildung 3-18   Kristallpackung des *N*-(3,5-Difluorphenyl)maleinimid (**10**) mit Blickrichtung entlang der kristallographischen *b*-Achse.

Bei den *N*-Phenylmaleinimiden zeigte sich kein signifikanter Einfluss der Fluorsubstituenten auf die Molekülgeometrie hinsichtlich der N-C(=O)-Bindungslänge, während die C$_{Aryl}$-N-Bindung bei den *ortho*-substituierten Imiden **9** und **11** deutlich abnimmt. Auch konnte ein starke Verdrillung im Falle der fluorierten Derivate festgestellt werden, die offensichtlich auf die spezifischen elektronischen Eigenschaften der fluorsubstituierten Phenylringe im Molekül zurückzuführen ist. Darüber hinaus stellt sie auch ein Wechselspiel der maximalen Konjugation des Pyrrolidin-Systems und den Abstoßungs-, respektive Anziehungskräften der *ortho*-ständigen Substituenten dar. Durch weitere Variation des Basisgerüstes, etwa durch Einbringen eines zusätzlichen Arenringes wie bei den *N*-Phenylphthalimidderivaten **13 - 18**, soll aufgeklärt werden, welchen Einfluss diese weitere strukturelle Modifizierung auf die Molekülgeometrien der verschiedenen Imide ausübt.

Durch den zusätzlichen Elektronenschub des substituierten Phenylrings an den Pyrrolidinring, dem Phthalimidring, sollten die Carbonylkohlenstoffatome etwas an Elektronendichte zurückgewinnen. Folglich erfahren die N-C(=O)-Bindungen bezüglich der

Maleinimide eine Verlängerung (1.411 Å, resp. 1.404 Å). Aus der nachfolgenden Tabelle 3-6 wird darüber hinaus deutlich, dass innerhalb der Gruppe keine Abhängigkeit der C-N-Bindungen von den Rotationswinkeln existiert. Einzig die pentafluorierten Imide **18-A** und **18-B** zeigen eine größere Verdrillung der Ringe zueinander. Die C_{Aryl}-N-Bindung ist erneut bei den 2,6-fluorsubstituierten Phthalimiden gegenüber den hydrogenierten verkürzt, analog den Verhältnissen in den Maleinimiden.

Tabelle 3-6 Ausgewählte geometrische Parameter der *N*-Phenylphthalimide **13 - 18**[90].

	13	14	15	16-1	16-2	17	18-A	18-B-1	18-B-2
2'- und 6'-Substitution	H	H	F	H	H	F	F	F	F
Imid-Phenyl-Interplanarwinkel (°)	56.73	58.79	58.90	60.68	60.37	59.13	65.90	66.59	64.05
Abweichung vom Mittelwert 61.24° (°)	-4.51	-2.45	-2.34	-0.56	-0.87	-2.11	4.66	5.37	2.81
N-C(=O) (Å)	1.400	1.412	1.412	1.404	1.412	1.414	1.415	1.405	1.409
	1.410	1.416	1.415	1.420	1.415	1.416	1.420	1.406	1.410
Abweichung vom Mittelwert 1.411 Å (Å)	0.011	-0.001	-0.001	0.007	-0.001	-0.003	-0.004	0.006	0.002
	0.001	-0.005	-0.003	-0.009	-0.003	-0.005	-0.009	0.005	0.001
C_{Aryl}-N (Å)	1.432	1.434	1.416	1.437	1.428	1.418	1.418	1.426	1.420
Abweichung vom Mittelwert 1.425 Å (Å)	0.007	0.009	-0.009	0.012	0.003	-0.007	-0.007	0.001	-0.005
Abweichung von Imid-Planarität[91]	0.009	0.013	0.009	0.006	0.005	0.005	0.006	0.003	0.005

---

[90] Auf Standardabweichungen wurde für die Übersichtlichkeit verzichtet; Abstände: ≤ 0.004 Å, Winkel: ≤ 0.15°.
[91] Der Imidring ist definiert durch die Atome N1,C2,C1,C10,C9, resp. N2,C16,C15,C24,C23.

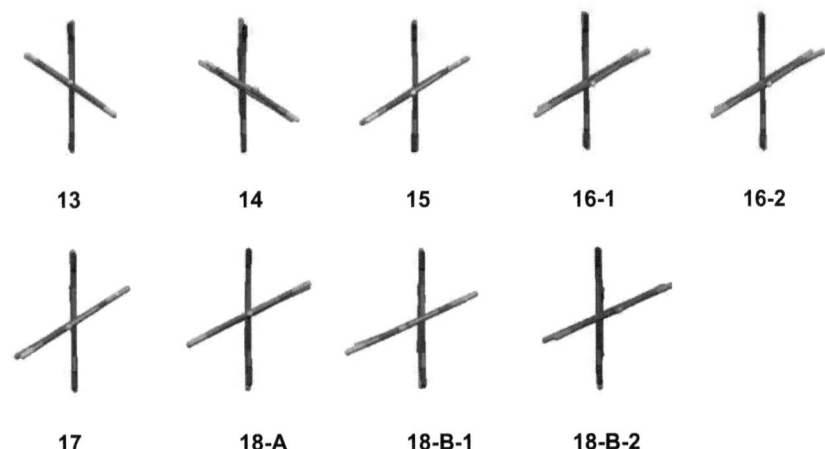

Abbildung 3-19 Graphische Darstellung der Moleküle **13 - 18** in Blickrichtung entlang der Imid-Ebene.

Auch liegt eine geringe Variationsbreite hinsichtlich der Torsionswinkel um die C_{Aryl}-N-Achse vor. Es kann ein geringfügiger Anstieg mit der Zahl der Fluoratome am aromatischen Ring beobachtet werden. Einzig das 3,5-fluorsubstituierte Imid **16** ordnet sich nicht in diese Reihe ein. Im Mittel ist die Verdrehung der Ringe jedoch in den N-Phenylphthalimiden **13 - 18** mit 62.2° größer als in den N-Phenylmaleinimiden **7 - 11** mit 55.1°. In Abbildung 3-19 sind die Verdrillungen der Phthalimide graphisch wiedergegeben. Die Kristallstruktur des unfluorierten N-Phenylphthalimid (**13**) wurde bereits von Magomedova und Mitarbeitern in den Jahren 1976 und 1981 veröffentlicht[92]. Da jedoch keine Informationen zur Verifizierung der Daten zur Verfügung standen, wurde diese Verbindung erneut vermessen. Alle folgenden Auswertungen dieser Struktur beziehen sich auf diese im Rahmen dieser Arbeit ermittelten Daten. Vom N-(2,3,4,5,6-Pentafluorphenyl)phthalimid (**18**) konnten mehrere Modifikationen (**18-A**, **18-B**) kristallographisch untersucht werden. Deren Gewinnung und Unterschiede aus Sicht polymorpher Strukturen soll später Gegenstand der Diskussion sein (Kapitel 3.2.3.1) und an dieser Stelle einzig im Rahmen substituierter Phthalimide aufgezeigt werden.
Die von den Verbindungen **13**, **14** und **15** bestimmten Kristallstrukturen wurden in der orthorhombischen Raumgruppe *Pbca* ermittelt. Das Imid **17** wurde in der triklinen Raumgruppe *P*-1 und **18-A** im monoklinen Kristallsystem (*C2/c*) mit jeweils einem Molekül in der asymmetrischen Einheit gefunden. Die Phthalimide **16** und **18-B** kristallisierten mit zwei unabhängigen Molekülen in der asymmetrischen Einheit in den Raumgruppen *P*-1

---

[92] a) M. S. Magomedova, B. V. Kotov, O. V. Kolninov, S. Yu. Stefanovich, Z. V. Zvonkova, *Zh. Fiz. Khim.* **1976**, *50*, 2003. b) M. S. Magomedova, M. G. Neigauz, V. E. Zavodnik, *Kristallografiya* **1981**, *26*, 841.

(triklin) und *Pca*2_1 (orthorhombisch). In Abbildung 3-20 sind die Moleküle als ORTEP-Plot mit Nummerierungsschema dargestellt.

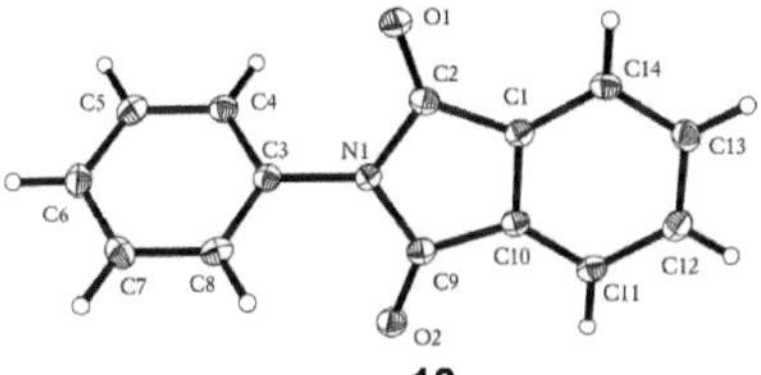

13

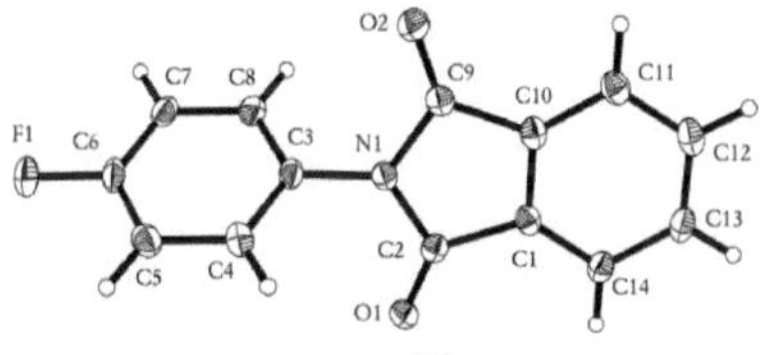

14

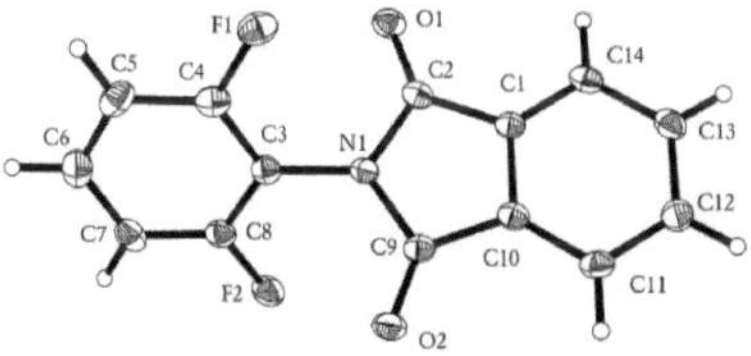

15

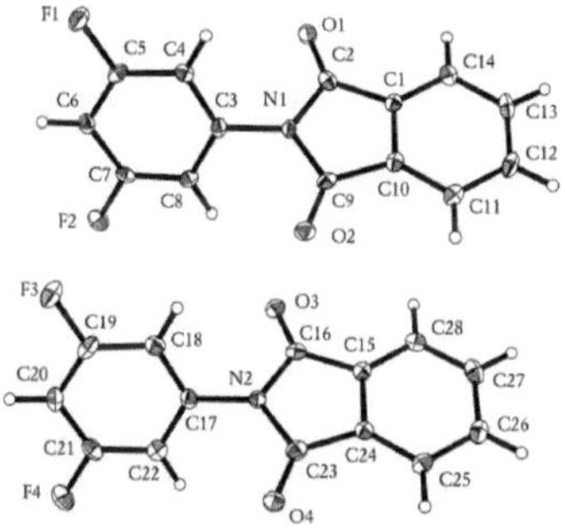

16

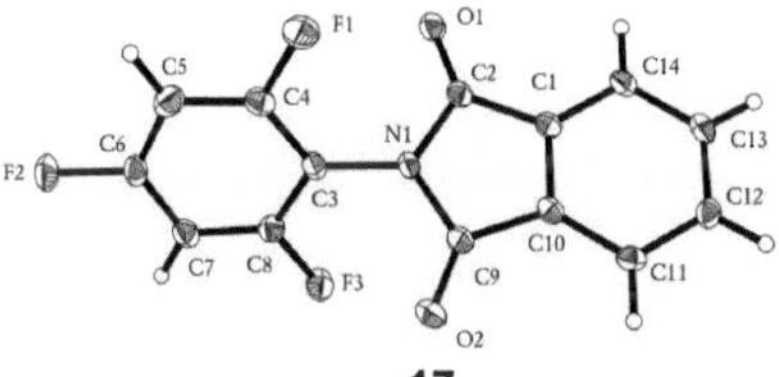

17

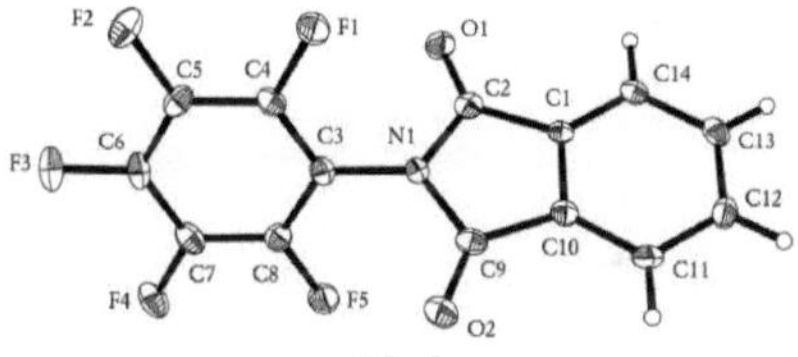

18-A

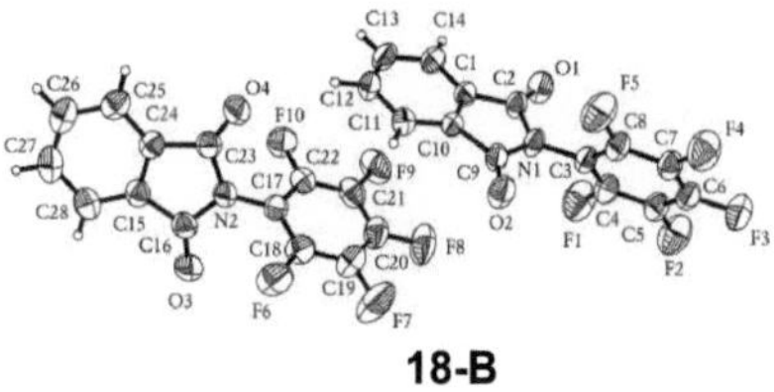

18-B

Abbildung 3-20 Asymmetrische Einheiten der Verbindungen **12 - 18** als Ellipsoid-Plots mit 50 % Wahrscheinlichkeit, sowie die verwendete Nummerierung der Nicht-Wasserstoffatome.

Der in den Maleinimiden aufgezeigte Trend, dass mit zunehmendem Fluorsubstitutionsgrad der Anteil an C-H···F-Kontakten steigt, ist innerhalb der Molekülklasse der Phthalimide nicht vorzufinden. Prozentual ist der Anteil an Fluor in den Maleinimiden mit maximal

25 % größer als in den Phthalimiden mit lediglich 19 % beim Pentafluorphenylderivat. Beide Klassen berücksichtigt, sollte daher mit dieser Abnahme des Fluor-Anteils auch die Anzahl an C-H···F-Kontakten geringer werden. Tatsächlich sind dementsprechend deutlich mehr Wasserstoffatome in Wechselwirkungen mit Sauerstoff integriert als in Kontakten mit Fluor (Tabelle 3-7).

In den Kristallpackungen der *N*-Arylmaleinimide zeigte sich, dass vor allem die olefinischen Wasserstoffatome am Zustandekommen von schwachen H-Brücken beteiligt sind. Wie wird sich nun eine analoge Verbindung im Kristall verhalten, wenn eben diese Positionen durch eine aromatische Einheit blockiert sind?

Tabelle 3-7   Wasserstoff-Kontakte der *N*-Phenylphthalimide **13 - 18**[93].

Verbindung	beteiligte Atome	r/Å	d/Å	D/Å	θ/°	Symmetrie	Funktion
13	C6-H6···O1	0.95	2.64	3.314(2)	128.3	2-x,1/2+y,1.5-z	Zickzackkette
	C14-H14···O2	*0.95*	*2.64*	*3.375(2)*	*134.2*	*1/2+x,1.5-y,1-z*	*Zickzackkette*
14	C12-H12···F1	0.95	2.49	3.326(2)	147.2	x,1.5-y,-1/2+z	Zickzackkette
	C11-H11···O2	*0.95*	*2.59*	*3.340(3)*	*136.3*	*1-x,2-y,1-z*	*Dimer*
	C13-H13···F1	0.95	2.63	3.455(2)	145.2	x,1/2-y,-1/2+z	Zickzackkette
15	C13-H13···F2	0.95	2.47	3.0503(17)	119.2	1-x,1-y,1-z	Dimer
	C5-H5···F2	0.95	2.61	3.1008(17)	112.8	1/2+x,y,1.5-z	Zickzackkette
16	*C11-H11···O4*	*0.95*	*2.45*	*3.2903(18)*	*148.1*	*1-x,1-y,2-z*	*Kette*
	C8-H8···O3	0.95	2.47	3.3963(19)	163.5		Dimer
	C25-H25···O2	0.95	2.48	3.3600(18)	153.3	1-x,1-y,2-z	Kette
	C22-H22···O2	0.95	2.53	3.2704(18)	134.6	-1+x,y,z	Kette
	C14-H14···O3	*0.95*	*2.53*	*3.4062(18)*	*153.4*	*2-x,1-y,1-z*	*Kette*
	C28-H28···O1	0.95	2.53	3.4121(18)	154.5	2-x,1-y,1-z	Dimer
	C6-H6···O1	0.95	2.66	3.4313(19)	138.8	2-x,2-y,1-z	Dimer
17	*C13-H13···O2*	*0.95*	*2.43*	*3.187(2)*	*136.5*	*x,1+y,z*	*Kette*
	C12-H12···F2	0.95	2.51	3.212(2)	130.7	1+x,1+y,1+z	Dimer
	C7-H7···O1	0.95	2.56	3.2484(19)	129.6	1-x,-y,-z	Dimer
	C5-H5···F2	0.95	2.62	3.150(2)	115.7	-x,-1-y,-z	Dimer
	C12-H12···F3	0.95	2.64	3.2309(19)	120.8	2-x,1-y,1-z	Dimer
18-A	C12-H12···F2	0.95	2.47	3.292(3)	145.0	-1/2+x,1/2+y,z	Dimer
	C13-H13···O2	*0.95*	*2.56*	*3.171(3)*	*122.5*	*x,1+y,z*	*Kette*
	C14-H14···O2	*0.95*	*2.56*	*3.160(3)*	*121.1*	*x,1+y,z*	*Kette*
	C13-H13···F5	0.95	2.58	3.394(3)	143.7	-x,1+y,1/2-z	Zickzackkette
18-B	C12-H12···F3	0.93	2.48	3.116(4)	125.6	x,1+y,z	Kette
	C14-H14···O2	*0.93*	*2.50*	*3.362(4)*	*155.0*	*-1/2+x,1-y,z*	*Kette*
	C11-H11···O1	*0.93*	*2.56*	*3.438(5)*	*157.7*	*1/2+x,1-y,z*	*Kette*
	C12-H12···O4	*0.93*	*2.62*	*3.489(5)*	*156.0*	*x,y,z*	*Dimer*
	C28-H28···O4	0.93	2.65	3.572(5)	171.0	1-x,2-y,1/2+z	Kette

---

[93] Die Kontakte der Phthalimid-Wasserstoffatome sind kursiv angegeben.

Erwartungsgemäß zeigte sich, dass nun der Phthalimidring primär in Wechselwirkungen involviert ist. Diese Kontakte formen vorrangig Zickzackketten entlang der kristallographischen Achsen, aber auch Dimere und Ketten werden gebildet. Die wenigen von dem Phenylring ausgehenden Kontakte sind eher schwach und verknüpfen die durch die stärkeren Kontakte geformten Ketten. In Abbildung 3-21 sind die Packungen der Imide **13** und **14** wiedergegeben. Letzteres zeigt die durch C-H···F-Kontakte geformten Zickzackketten entlang der kristallographischen a-Achse.

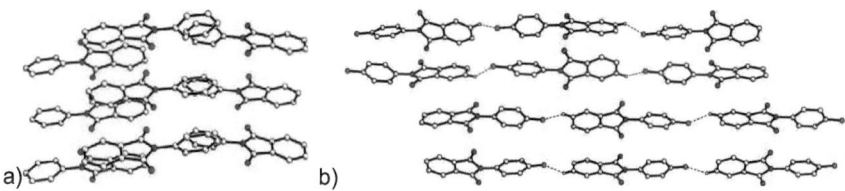

Abbildung 3-21 Kristallpackungen von a) **13** entlang der kristallografischen a-Achse und b) **14** entlang der kristallographischen b-Achse.

Erneut nimmt das 3,5-difluorsubstituierte N-Phenylphthalimid (**16**) eine gesonderte Stellung in dieser Reihe ein. So sind hier die einzigen stärkeren Wechselwirkungen zu finden, die vom Phenylring, speziell den ortho-Wasserstoffen, ausgehen (C-H$_{ortho}$···O: d = 2.47 Å, θ = 163.5° und d = 2.53 Å, θ = 134.6°). Diese verbrücken jeweils zwei Moleküle miteinander und formen in Kombination miteinander Ketten entlang der kristallographischen a-Achse (Abbildung 3-22). Im Kristallverband von **16** ist darüber hinaus auch die stärkste F···F-Wechselwirkung zu finden.

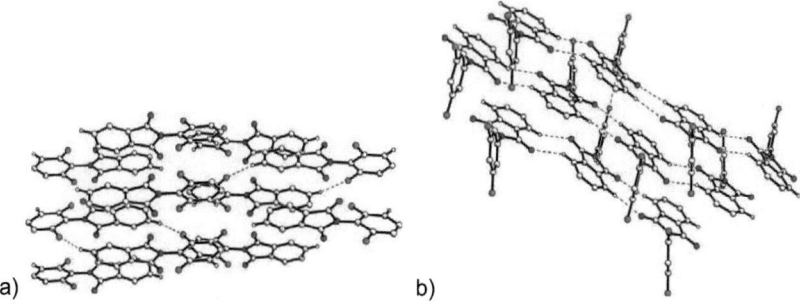

Abbildung 3-22 Kristallpackungen von a) **15** entlang der kristallografischen a-Achse und b) **16** entlang der kristallographischen b-Achse.

Ferner treten in **17**, **18-A** und **18-B** Kontakte dieser Art auf (Tabelle 3-8). Die gefundenen Halogenabstände und Bindungsgeometrien sind charakteristisch für diesen Typ von

Wechselwirkungen. Abbildung 3-23 zeigt die in **17** lokalisierten F···F- und C-H···F-Kontakte, die jeweils Ketten entlang der kristallographischen *b*-Achse generieren.

Tabelle 3-8   F··· F-Kontakte der fluorsubstituierten *N*-Phenylphthalimide **16**, **17**, **18-A** und **18-B**.

Verbindung	beteiligte Atome	r/Å	F···F/Å	θ°	Symmetrie	Funktion
16	C5-F1···F2-C7	1.3552(16)	2.6921(12)	119.22(9)	1+x,y,z	Kette
		1.3559(16)		177.27(8)		
17	C4-F1···F3-C8	1.3490(18)	2.7846(13)	151.30(10)	-1+x,y,z	Kette
		1.3442(19)		139.65(9)		
18-A	C5-F2···F3-C6	1.342(3)	2.785(2)	110.94(13)	1/2-x,-1/2-y,-z	Dimer
		1.339(3)		92.69(12)		
18-B	C19-F7···F9-C21	1.336(5)	2.711(4)	152.5(3)	1/2+x,1-y,z	Zickzackkette
		1.338(4)		169.2(3)		
	C4-F1···F6-C18	1.314(5)	2.715(4)	149.8(3)	1/2+x,1-y,z	Dimer
		1.331(4)		122.5(3)		
	C8-F5···F6-C18	1.334(4)	2.733(4)	134.5(3)	1-x,1-y,-1/2+z	Dimer
		1.331(4)		156.1(3)		
	C5-F2···F4-C7	1.322(4)	2.811(5)	107.6(2)	1/2-x,y,1/2+z	Zickzackkette
		1.328(5)		178.48		
	C6-F3···F10-C22	1.322(4)	2.817(4)	129.8(3)	1/2-x,-1+y,-1/2+z	Dimer
		1.337(4)		99.9(2)		
	C4-F1···F4-C7	1.314(5)	2.842(4)	107.9(2)	1/2-x,y,1/2+z	Zickzackkette
		1.328(5)		123.5(2)		
	C8-F5···F8-C20	1.334(4)	2.913(4)	132.5(2)	1/2-x,y,-1/2+z	Dimer
		1.335(4)		166.5(3)		
	C4-F1···F5-C8	1.314(5)	2.922(5)	133.7(3)	1/2-x,y,1/2+z	Zickzackkette
		1.004(4)		120.6(2)		

Vor allem in **18-B** ist eine Vielzahl an diesen Kontakten zu finden, die größtenteils wenig kürzer als die Summe der van-der-Waals Radien sind. Da jedoch stärkere Kontakte des Typs C-H···O(F) am Aufbau der Strukturen beteiligt sind, ist deren Gewicht zur Stabilisierung des Packungsverbandes eher gering. Daher ist die Schlussfolgerung naheliegend, sie stellen einzig das Resultat der anderen Kontakte, resp. der dichtesten Packung dar.

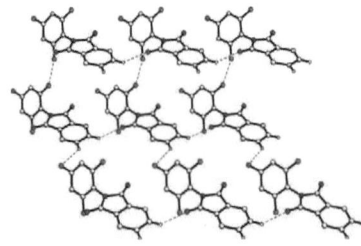

Abbildung 3-23   Kristallpackung von **17** entlang der kristallographischen *c*-Achse.

Ein weiterer wichtiger Aspekt bei der Betrachtung der intermolekularen Wechselwirkungen in Molekülkristallen neben den diskutierten C-H···O- und C-H···F-Kontakten sind die meist stärkeren Interaktionen der aromatischen Einheiten. Während in den N-Phenylmaleinimiden 7 - 9 und 11 keine Kontakte dieser Art auftreten, sind sie bei den N-Phenylphthalimiden 13, 15 und 18-A vorhanden. Stapelwechselwirkungen zwischen den aromatischen Baueinheiten sind allerdings auch hier abwesend (3.64 - 4.01 Å). Einzig in 18-A liegt der kürzeste Abstand zwischen den Zentren des Phenylringes und des Phthalimidringes eines benachbarten Moleküls bei 3.64 Å. Allerdings tritt dieser Kontakt nicht in Form von Stapelwechselwirkungen auf, die sich im Gitter fortsetzen. Vielmehr ist er im Sinne einer Dimerenbildung zu sehen. In Tabelle 3-9 sind alle Kontakte, die zwischen den Atomen H, F und O und einem Zentrum eines Ringes lokalisiert wurden, aufgeführt.

Tabelle 3-9 C-X/H··· π^F/π-Kontakte der N-Phenylphthalimide 13, 15 und 18-A.

Verbindung	beteiligte Atome[1]	X···Cg/Å	C···Cg/Å	C-X···Cg/°	Symmetrie	Funktion
13	C9-O2···Cg1[a]	2.91	3.886	136.6	3/2-x, 1/2+y, z	Zickzackkette
	C11-H11···Cg2[b]	2.94	3.792	150.0	3/2-x, 1/2+y, z	Zickzackkette
15	C2-O1···Cg1[a]	2.98	3.908	132.8	3/2-x, 1/2+y, z	Zickzackkette
18-A	C6-F3···Cg3[c]	3.47	4.287	119.6	1/2-x, -1/2+y, 1/2-z	Zickzackkette
	C7-F4···Cg3[c]	3.16	4.171	132.0	1/2-x, -1/2+y, 1/2-z	Zickzackkette

1 Cg ist definiert als Ringmittelpunkt der Ringe: a) Cg1: N1, C2, C1, C10, C9; b) Cg2: C1,C10-C14; c) Cg3: C3-C8.

Wechselwirkungen vom Typ C-H···π sind einzig im unfluorierten Imid 13 zwischen benachbarten Phthalimidringen vorzufinden. Mit einem C-H···π-Abstand von d = 2.94 Å, θ = 150° werden Zickzackketten entlang der kristallographischen b-Achse aufgebaut. Ferner sind hier Kontakte zwischen dem Imidring (C1, C2, N1, C9, C10) und dem Carbonyl-O-Atom zu beobachten. Dieser Kontakt (C-O···π: d = 2.91, θ = 136.6°) formt ergänzend Ketten entlang der b-Achse. In Tabelle 3-10 sind die Abstände zwischen dem koordinierenden Sauerstoff und den im Imidring beteiligten Atomen wiedergegeben. Bemerkenswert ist hier die Lokalisierung des Sauerstoffatoms über den Carbony-C-Atomen C2 und C9, sowie dem N-Atom. Dies deutet auf einen Elektronenmangel ebenda hin (d = 3.009 Å, d = 3.189 Å, resp. 3.007 Å). Eine analoge Situation findet sich im Kristall der Verbindung 15 (C-O···π: d = 2.98, θ = 132.8°). Auch hier bildet diese Art des Kontaktes Ketten entlang der b-Achse.

Tabelle 3-10 Ausgewählte Bindungsabstände in **13** und **15** der Kontakte C-O···π, sowie in den Kontakten C6-F3···π^F und C7-F4···π^F in **18-A**.[94]

Atome	13 d/Å	13 θ/°	15 d/Å	15 θ/°	Atome	18-A C6-F3···π^F r/Å	θ/°	18-A C7-F4···π^F r/Å	θ/°
O2(1) N1	3.0072	144.51	3.0414	139.81	F3(4) C3	3.271	126.58	3.528	117.40
O2(1) C2	3.0087	159.11	3.3972	117.64	F3(4) C4	3.950	108.79	3.128	138.52
O2(1) C1	3.2299	132.80	3.5144	114.87	F3(4) C5	4.332	103.68	3.033	157.11
O2(1) C10	3.3376	116.50	3.2307	130.80	F3(4) C6	4.138	110.76	3.364	139.21
O2(1) C9	3.1889	120.67	2.9057	156.26	F3(4) C7	3.507	128.00	3.745	119.58
					F3(4) C8	3.004	142.56	3.799	111.43

Wechselwirkungen des Typs C-F···π^F (C7-F4···π^F: d = 3.16 Å, θ = 132° und C6-F3···π^F: d = 3.47 Å, θ = 119°) sind im Polymorph **18-A** an Ausbildung von Ketten entlang der kristallographischen *b*-Achse beteiligt (Abbildung 3-24). Aus Tabelle 3-10 wird deutlich, dass sich F4 eher zu C8 orientiert, während F4 sich C5 nähert, folglich nicht zum Ringmittelpunkt ausgerichtet sind. Dies verdeutlicht auch hier die verminderte Elektronendichte an den Kohlenstoffatomen perfluorierter Aromaten.

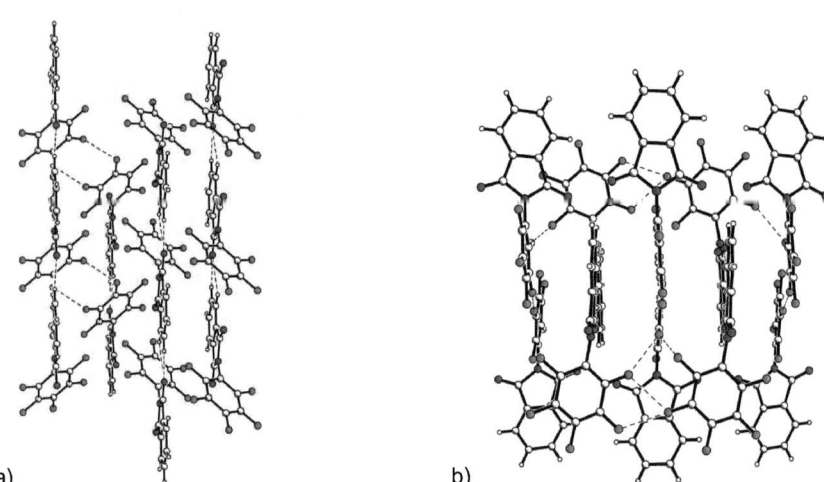

a)   b)

Abbildung 3-24 Kristallpackungen von a) **18-A** und b) **18-B** entlang der kristallographischen *a*-Achsen.

Die *N*-Phenyltetrafluorphthalimide **19 - 24** sollten aufgrund der polarisierenden Wirkung der Fluoratome andere Molekülgeometrien aufweisen als die *N*-Phenylphthalimide **13 - 18** und sich strukturell eher den *N*-Phenylmaleinimiden **7 - 11** annähern. Abbildung 3-25 zeigt

---

[94] Auf Standardabweichungen wurde für die Übersichtlichkeit verzichtet; Abstände: ≤ 0.003 Å, Winkel: ≤ 0.15°

die Verdrillung der Phenylringe gegenüber den Pyrrolidinringen. Hier zeigen sich jedoch den Phthalimiden analoge Geometrien.

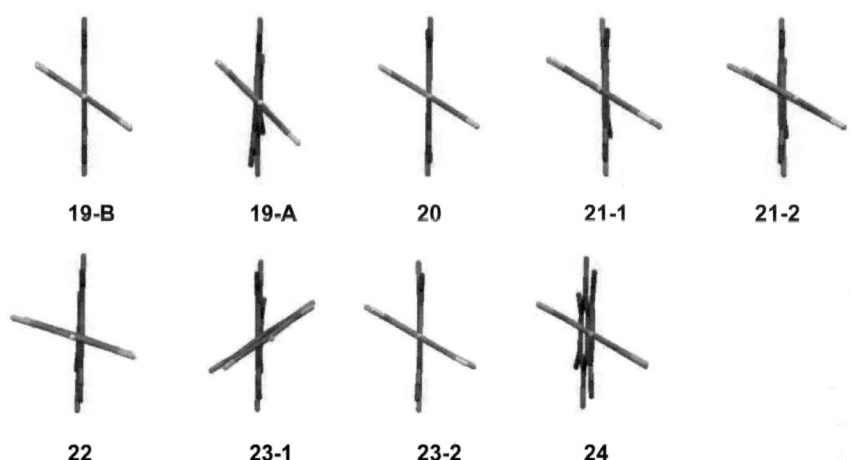

Abbildung 3-25   Graphische Darstellung der Moleküle **19 - 24** in Blickrichtung entlang der Imid-Ebene.

Die Längen der C-N-Bindungen (Tabelle 3-11) in den Tetrafluorphthalimiden ähneln denen der Maleinimide. Allerdings sind die N-C(=O)-Bindungslängen im Mittel (1.407 Å) etwas länger als jene der Maleinimide (1.404 Å) und kürzer als jene der Phthalimide (1.411 Å). Diese Verkürzung der N-C(=O)-Bindung gegenüber den *N*-Phenylphthalimiden kann durch die elektronenziehende Wirkung der Fluoratome am Phthalimidring und die dadurch bedingte Abnahme der Elektronendichte an den Carbonylkohlenstoffatomen erklärt werden.

Die C_{Aryl}-N-Bindung ist ähnlich derer der Malein- und Phthalimide **7 - 18**, und erneut zeigen die *ortho*-substituierten Tetrafluorphthalimide kürzere Bindungsabstände.

Zusammenfassend lässt sich aus den Molekülgeometrien der untersuchten Imide **7 - 24** keine klare Tendenz der Auswirkungen auf die Molekülgeometrie bei der Substitution der Wasserstoffatome durch Fluoratome feststellen. Einzig bei den *ortho*-fluor-substituierten Imiden lassen sich verkürzte C_{Aryl}-N-Bindungen nachweisen. Gründe hierfür liegen in der am entsprechenden Kohlenstoffatom reduzierten Elektronendichte und dem dadurch bedingten Ladungsausgleich durch das Stickstoffatom.

Ebenso verhält es sich bei den Torsionswinkeln um die C_{Aryl}-N-Achse der *N*-Phenylmaleinimide und *N*-Phenyltetrafluorphthalimide, die darüber hinaus auf repulsive Kräfte zwischen F- und O-Atom schließen lassen. Die Verdrillung der Ringe gegeneinander wird daher eine Balance zwischen diesen Kräften und der Konjugation der π-Elektronen über das gesamte Molekül darstellen. Im System der Tetrafluorphthalimide wirkt im Gegensatz zu den Phthalimiden ein stärkerer Elektronenzug auf den Pyrrolidinring.

Tabelle 3-11 Ausgewählte geometrische Parameter der N-Phenyltetrafluorphthalimide **19 - 24**[95].

	19-A	19-B	20	21-1	21-1	22	23-1	23-2	24
2'- und 6'-Substitution	H	H	H	F	F	H	F	F	F
Imid-Phenyl-Interplanarwinkel (°)	48.72	56.46	59.18	59.07	61.23	74.23	57.33	62.27	62.38
Abweichung vom Mittelwert 60.10° (°)	-11.38	-3.64	-0.92	-1.03	1.13	14.13	-2.77	2.17	2.28
N-C(=O) (Å)	1.405	1.402	1.408	1.407	1.407	1.397	1.404	1.406	1.406
		1.410		1.408	1.411	1.403	1.420	1.412	1.411
Abweichung vom Mittelwert 1.407 Å (Å)	0.002	0.005	-0.001	0	0	0.010	0.003	0.001	0.001
		-0.003		0.001	-0.004	0.004	-0.013	-0.005	-0.004
C$_{Aryl}$-N (Å)	1.429	1.438	1.428	1.419	1.415	1.434	1.412	1.414	1.416
Abweichung vom Mittelwert 1.423 Å (Å)	0.006	0.015	0.005	-0.004	-0.008	0.011	-0.011	-0.009	-0.007
Abweichung von Imid-Planarität[96]	0.015	0.002	0.097	0.009	0.010	0.005	0.012	0.009	0.010

Mit jeweils einem Molekül in der asymmetrischen Einheit kristallisieren die Tetrafluorphthalimide **19-A** (orthorhombisch $P2_12_12_1$), **22** (monoklin $P2_1/n$) und **24** (orthorhombisch *Pbca*). Hingegen wurden zwei unabhängige Moleküle in den asymmetrischen Einheiten der Imide **21** (monoklin $P2_1/c$) und **23** (triklin *P*-1) gefunden. Mit nur einem halben Molekül kristallisieren **19-B** und **20** in der orthorhombischen Raumgruppe $C222_1$. Alle Ellispoid-Plots und deren Atomnummerierung sind in Abbildung 3-26 wiedergegeben.

---

[95] Auf Standardabweichungen wurde für die Übersichtlichkeit verzichtet; Abstände: ≤ 0.006 Å, Winkel: ≤ 0.17°.
[96] Der Imidring ist definiert durch die Atome N1,C2,C1,C10,C9, resp. N2,C16,C15,C24,C23.

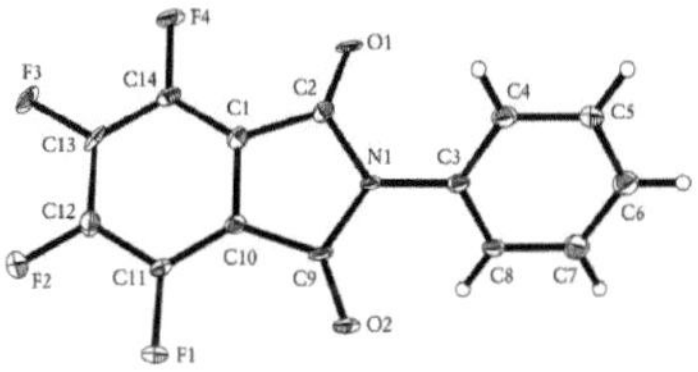

3 Untersuchungen und Ergebnisse   57

19-A 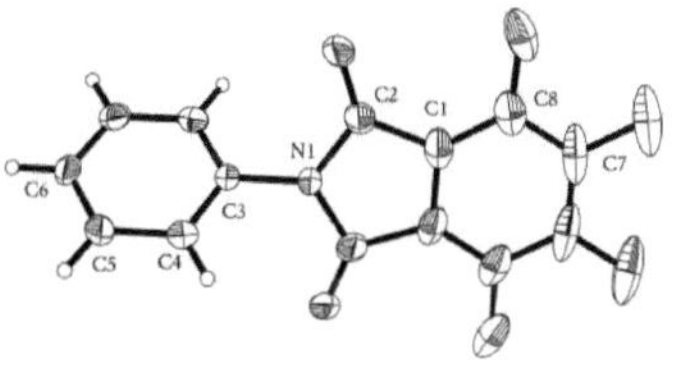   **19-B**

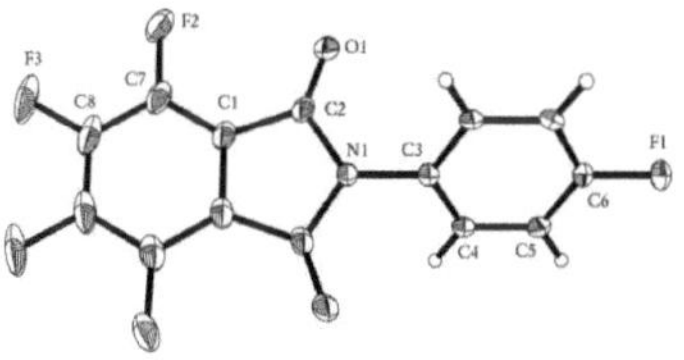

20 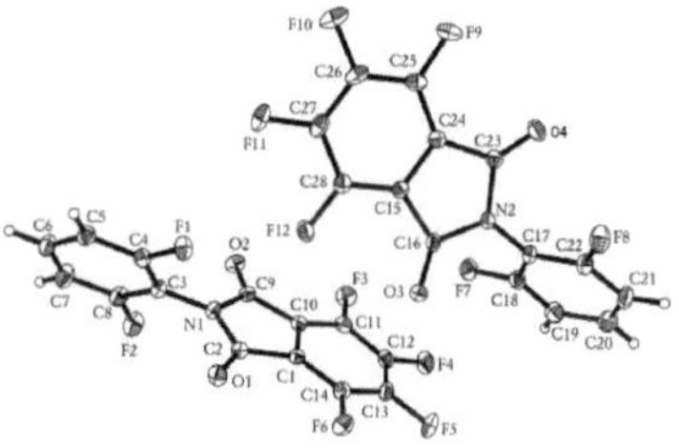   **21**

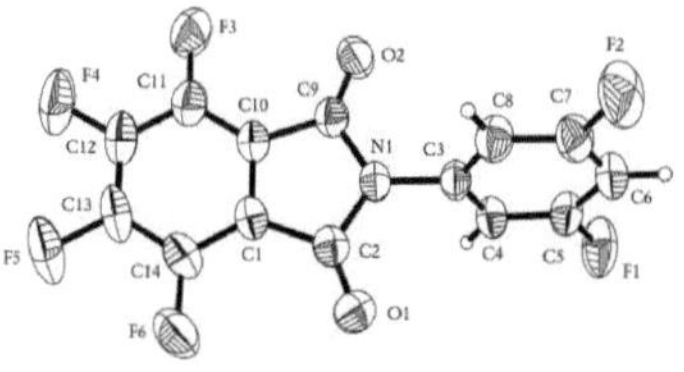

22 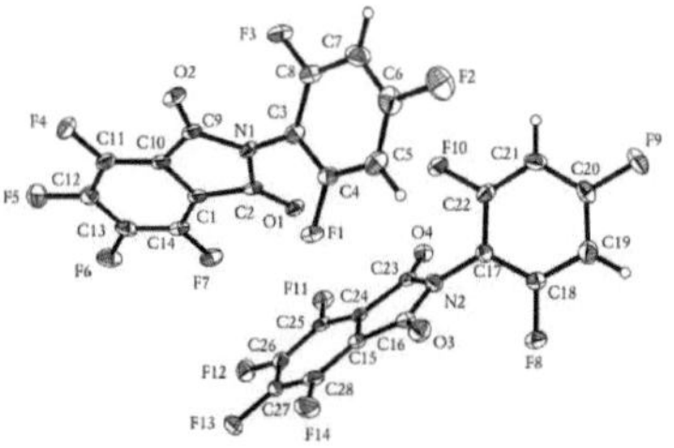   **23**

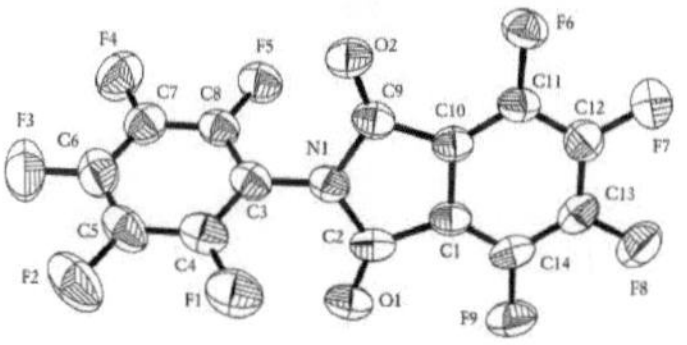

24

Abbildung 3-26   Verbindungen **19 - 24** als Ellipsoid-Plots mit 50 % Wahrscheinlichkeit, sowie die verwendete Nummerierung der Nicht-Wasserstoffatome der asymmetrischen Einheiten.

Vom *N*-Phenyltetrafluorphthalimid (**19**) konnten mehrere Kristallmodifikationen durch Beugungsexperimente charakterisiert werden. Auf die strukturellen Unterschiede hinsichtlich polymorpher Strukturen soll an späterer Stelle näher eingegangen werden (Kapitel 3.2.3.2). Erneut sollen diese Strukturen hier im Rahmen substituierter Tetrafluorphthalimide diskutiert werden.

Wie bereits dargelegt sind in den *N*-Phenylmaleinimiden **7 - 11** vorrangig die olefinischen Wasserstoffatome in intermolekulare Wechselwirkungen einbezogen. In den Kristallstrukturen der *N*-Phenylphthalimide **13 - 18** zeigte sich, dass zunehmend Kontakte zwischen den π-Elektronensystemen an der Stabilisierung der Kristallstrukturen beteiligt sind. Zudem sind die H-Atome des Phthalimidringes in die Bildung von C-H···O(F)-Kontakten involviert. Durch Austausch dieser H-Atome durch Fluor sollte daher eine größere Beteiligung der *N*-substituierten Phenyl-H-Atome an C-H···O(F)-Kontakten sowie ein höherer Anteil an C-H···π-Wechselwirkungen zu erwarten sein.

Zunächst sei allerdings ein Blick auf die C-H···O(F)-Kontakte in den Strukturen der Verbindungen **19 - 23** gewährt. Dazu sind in Tabelle 3-12 die Abstände und Winkel der gefundenen Wechselwirkungen und deren Funktion im Kristallverband wiedergegeben.

Tabelle 3-12   Wasserstoff-Kontakte der *N*-Phenyltetrafluorphthalimide **19 - 23**.

Substanz	beteiligte Atome	r/Å	d/Å	D/Å	θ°	Symmetrie	Funktion
19-A	C4-H4···F1	0.95	2.51	3.392(5)	153.8	-1/2+x,1.5-y,2-z	Zickzackkette
	C6-H6···O1	0.95	2.56	3.426(6)	152.1	2-x,1/2+y,1.5-z	Zickzackkette
	C7-H7···F2	0.95	2.63	3.417(6)	140.9	2.5-x,1-y,-1/2+z	Zickzackkette
	C7-H7···O1	0.95	2.66	3.247(6)	120.4	1+x,y,z	Kette
	C8-H8···O1	0.95	2.65	3.231(6)	120.3	1+x,y,z	Kette
19-B	C6-H6···F2	0.95	2.64	3.401(5)	137.5	1.5-x,1/2+y,1/2-z -1/2+x,1/2+y,z	Kette
	C4-H4···O1	0.95	2.71	3.372(5)	127.1	-1+x,2-y,1-z	Zickzackkette
20	C5-H5···F2	0.95	2.61	3.528(2)	162.3	1+x,2-y,-z	Kette
	C4-H4···O1	0.95	2.64	3.270(3)	124.6	1+x,2-y,-z	Kette
	C4-H4···O1	0.95	2.67	3.577(2)	159.1	1+x,y,z	Kette
21	C7-H7···F8	0.95	2.36	3.2253(14)	150.7	1+x,1/2-y,1/2+z	Dimer
	C21-H21···O3	0.95	2.57	3.3462(15)	138.6	-x,1-y,1-z	Dimer
22	C4-H4···O2	0.93	2.51	3.345(2)	149.6	x,1+y,z	Kette
	C6-H6···F1	0.93	2.64	3.508(3)	155.1	1.5-x,-1/2+y,1.5-z	Dimer
23	C7-H7···F8	0.95	2.38	3.294(4)	160.8	x,-1+y,z	Dimer
	C5-H5···O3	0.95	2.48	3.304(4)	145.5	2-x,1-y,1-z	Dimer
	C19-H19···O4	0.95	2.59	3.305(4)	132.0	1-x,1-y,1-z	Dimer

Durch die Blockierung der Wasserstoffatome am Phthalimidring sind nun die H-Atome der *N*-substituierten Phenylringe in C-H···O(F)-Kontakte involviert. Bei den zum Sauerstoff orientierten Wechselwirkungen bilden die *ortho*-Wasserstoffatome vorrangig Ketten aus. *Meta*-Wasserstoffe bilden mit dem Carbonyl-O-Atom Dimere aus, deren Stärke schwächer ist als die C-H···F-Kontakte der entsprechenden H-Atome. Letztere führen sowohl zu linearen Ketten und Zickzackketten, als auch zur Bildung von Dimeren. Bei beiden Bindungsmustern spielt die *para*-Position des Aromaten eine untergeordnete Rolle. Allerdings nimmt sie gegenüber den Phthalimiden **13 - 18** hinsichtlich ihrer Stärke zu. In Abbildung 3-27 sind die Kristallpackungen der polymorphen Strukturen von **19-A** und **19-B** mit den stärksten intermolekularen Wechselwirkungen wiedergegeben. Während in **19-A** die C-H···F-Kontakte des *ortho*-ständigen Wasserstoffatoms H4 (C-H$_{ortho}$···F:

d = 2.51 Å, θ = 153.8°) und die daraus resultierende Zickzackkette deutlich wird, sind im Packungsdiagramm von **19-B** die F···F-Kontakte (C-F···F-C: d = 2.83 Å, θ_1 = 147.2°, resp. θ_2 = 111.67°) dargestellt. Der C-H$_{ortho}$···F-Kontakt in **19-A** ist in allen untersuchten Imiden **7 - 11** und **13 - 24** der einzige Kontakt eines Fluoratoms zu einem *ortho*-ständigen Wasserstoff eines benachbarten Moleküls.

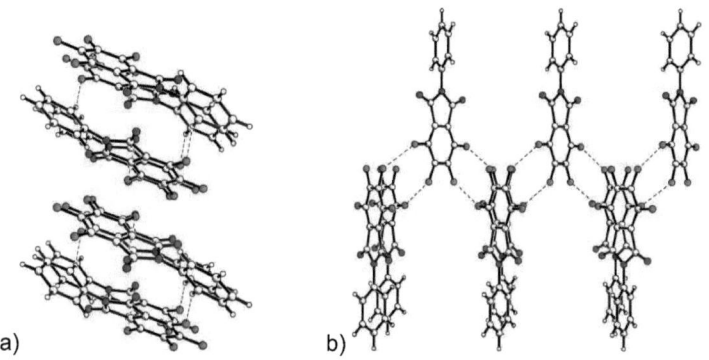

Abbildung 3-27 Kristallpackungen der Polymorphe a) **19-A** entlang der kristallographischen *a*-Achse und b) **19-B** entlang der kristallographischen *b*-Achse.

Durch den gestiegenen Anteil an Fluoratomen im Molekül sind nun auch eine größere Anzahl an F···F-Kontakten in den Kristallpackungen der Verbindungen **19-B**, **20**, **21**, **23** und **24** zu finden. In allen Strukturen bilden sich F···F-verbrückte molekulare Zickzackketten. Einzig der in **19-B** aufgefundene Kontakt C8-F1···F2-C7 (F··· F: d = 2.834, θ_1 = 147.2, θ_2 = 111.7°) bildet aufgrund der Symmetrie ein Netzwerk aus. In allen Kontakten sind die Abstände nur geringfügig kleiner als die Summe der van-der-Waals Radien (2.96 Å) und sind daher eher schwacher Natur. Einzig in den Tetrafluorphthalimiden **23** und **24** ist eine deutliche Verkürzung festzustellen (Tabelle 3-13).

Tabelle 3-13 F··· F-Kontakte der fluorsubstituierten N-Phenyltetrafluorphthalimide **19-B, 20 - 24**.

Verbindung	beteiligte Atome	r/Å	F···F/Å	θ°	Symmetrie	Funktion
19-B	C8-F1···F2-C7	1.343(5)	2.834(3)	147.2(2)	1/2+x,1.5-y,1-z	Netzwerk
		1.341(4)		111.67(2)		
20	C6-F1···F3-C7	1.360(3)	2.8328(16)	140.48(3)	1.5-x,1/2+y,1/2-z	Zickzackkette
		1.345(2)		146.05(13)	1/2+x,1/2+y,z	
21	C11-F3···F10-C26	1.3364(12)	2.8359(11)	152.64(7)	1+x,1/2-y,1/2+z	Kette
		1.3388(13)		92.71(6)		
22	C7-F2···F3-C11	1.354(3)	2.8313(18)	163.54(15)	-1/2+x,1/2-y,-1/2+z	Zickzackkette
		1.340(2)		131.80(13)		
23	C13-F6···F10-C22	1.338(4)	2.736(3)	83.42(18)	1-x,-y,-z	Dimer
		1.346(4)		124.9(2)		
	C25-F11···F11-C25	1.341(4)	2.793(4)	84.33(17)	1-x,1-y,-z	Dimer
	C20-F9···F12-C26	1.347(4)	2.849(3)	133.1(2)	x,y,1+z	Kette
		1.332(4)		156.4(2)		
24	C5-F2···F8-C13	1.338(3)	2.736(2)	170.51(18)	1/2-x,1-y,1/2+z	Zickzackkette
		1.333(3)		139.20(16)		
	C4-F1···F2-C5	1.344(3)	2.791(2)	92.76(14)	1/2-x,1/2+y,z	Zickzackkette
		1.338(3)		81.87(14)		
	C6-F3···F7-C4	1.336(3)	2.796(2)	109.71(15)	x,1.5-y,1/2+z	Zickzackkette
		1.336(3)		146.06(15)		

In Abbildung 3-28 a) ist das Packungsbild von **20** wiedergegeben, welches den gegabelten F···F-Kontakt zum Aufbau einer Zickzackkette zeigt, die entlang der kristallographischen b-Achse verläuft. In Abbildung 3-28 b) sind die F···F-Kontakte in der Packung von **22** veranschaulicht, welche die kettenstrukturaufbauende C-H···O-Wechselwirkung unterstützen.

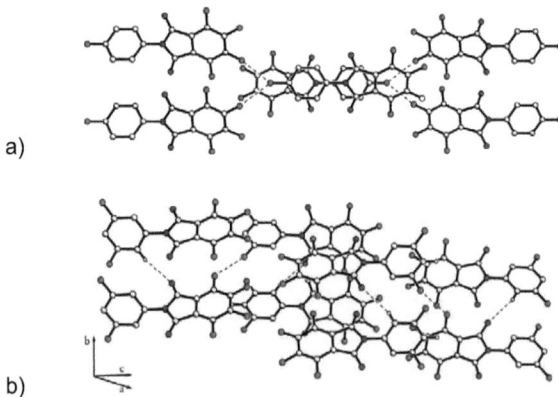

Abbildung 3-28 Kristallpackungen von a) **20** entlang der kristallographischen c-Achse und b) **22**.

Erwartungsgemäß spielen neben den gefundenen C-H···O-, C-H···F- und F···F-Kontakten in zunehmendem Maße die Aryleinheiten für zwischenmolekulare Wechselwirkungen eine Rolle.

Tabelle 3-14   C-X··· π^F/π-Kontakte der N-Phenyltetrafluorphthalimide **21, 22** und **24**.

Verbindung	beteiligte Atome[1]	X···Cg/Å	C···Cg/Å	C-X···Cg/°	Symmetrie	Funktion
21	C25-F9···Cg7[e]	3.21	4.161	127.6	-1+x,-y,-1+z	Dimer
	C26-F10···Cg6[d]	3.73	4.449	117.2	x,1/2-y,-1/2+z	Zickzackkette
	C28-F12···Cg6[d]	3.44	4.356	125.5	x,1/2-y,1/2+z	Zickzackkette
	C4-F1···Cg5[c]	3.28	3.969	110.0	x,1/2-y,1/2+z	Dimer
	C2-O1···Cg5[c]	3.26	4.254	140.2	x,1/2-y,1/2+z	Dimer
	C2-O1···Cg6[d]	3.42	4.106	117.1	x,1/2-y,1/2+z	Dimer
	C9-O2···Cg6[d]	3.35	4.146	124.0	1+x,1/2-y,1/2+z	Dimer
	C16-O3···Cg7[e]	3.15	4.080	134.5	x,y,z	Dimer
22	C14-F6···Cg1[a]	3.21	4.301	139.0	1.5-x,1/2+y,1/2-z	Zickzackkette
	C5-F1···Cg1[a]	3.43	4.171	114.4	1-x,2-y,1-z	Dimer
	C2-O1···Cg7[e]	3.52	4.360	127.5	1.5-x,1/2+y,1/2-z	Zickzackkette
24	C4-F1···Cg1[a]	3.698	4.691	130.7	1/2-x,1/2+y,z	Zickzackkette
	C2-O1···Cg1[a]	3.48	4.438	137.7	1/2-x,-1/2+y,z	Zickzackkette
	C9-O2···Cg3[b]	3.34	4.137	124.3	x,1+y,z	Kette
	C8-F9···Cg7[e]	3.63	4.468	121.2	1/2-x,-1/2+y,z	Zickzackkette

1 Cg ist definiert als Ringmittelpunkt der Ringe: a) Cg1: N1, C2, C1, C10, C9; b) Cg3: C3-C8; c) Cg5: N2, C16, C15, C24, C23; d) Cg6: C15, C24-C28; e) Cg7: C1, C10-C14.

Auch hier sind die Abstände zwischen den Zentren der aromatischen Ringe mit 4.2 Å (3.68 - 5.10 Å) größer als der für gewöhnlich gefundene Abstand zwischen Phenylringen und Pentafluorphenylringen (3.6 Å). Einzig in **19-A** kann eine Centroid-Centroid-Distanz von 3.68 Å festgestellt werden. Allerdings setzt sich dieser Kontakt nicht als Stapelwechselwirkung in einer face-to-face-Anordnung in der Packung fort. Deren Signifikanz im Sinne der Aryl-Perfluoraryl-Wechselwirkung des Crystal Engineering ist daher nicht gegeben. Darüber hinaus sind durch den stark verminderten Anteil an Wasserstoffatomen keine C-H···π-Wechselwirkungen am Strukturaufbau der Tetrafluorphthalimide beteiligt. Stattdessen werden erneut C-X···π/π^F, mit X = F, O vorgefunden. Tabelle 3-14 gibt diese Kontakte bezüglich der Zentren der entsprechende Ringe wieder.

Tabelle 3-15 zeigt die kürzesten und längsten Abstände der koordinierenden Atome mit den jeweiligen C-Atomen des aromatischen Phthalimid-Rückgrates. Es wird deutlich, dass in Übereinstimmung mit der abnehmenden Elektronendichte im Phthalimidring durch die Fluor-Substitution die Koordination mit einem elektronenreichen Atom, Sauerstoff oder Fluor, zunimmt. Darüber hinaus zeigt sich, dass der Elektronenzug der Fluoratome am Phthalimidring sich bis zum Pyrrolidinring auswirkt und diesen für Interaktionen zu benachbarten O- und F-Atomen befähigt. Offensichtlich findet die Ausrichtung zur

Carbonyl-Gruppe bevorzugt statt. Diese ist im Einklang mit der abnehmenden Elektronendichte am carbonylischen Kohlenstoffatom.

Tabelle 3-15   Relevante Abstände der intermolekularen Kontakte C-X··· π^F/π in **21, 22** und **24**.

Verbindung	Kontakt	Atome	kürzester Abstand / Å	Atome	größter Abstand / Å	Orientierung
21	C25-F9···Cg7	F9 C11	2.92	F9 C14	4.017	Phalimidring
	C26-F10···Cg6	F10 C28	3.11	F10 C25	4.689	Phalimidring
	C28-F12···Cg6	F12 C26	2.98	F12 C15	4.316	Phalimidring
	C4-F1···Cg5	F1 C24	3.08	F1 C27	4.662	Phalimidring / Carbonyl-Gruppe
	C2-O1···Cg5	O1 C15	2.96	O1 N2	3.699	Phalimidring / Carbonyl-Gruppe
	C2-O1···Cg6	O1 C15	2.96	O1 C26	4.294	Phalimidring / Carbonyl-Gruppe
	C9-O2···Cg6	O2 C25	3.03	O2 C28	4.143	Phalimidring
	C16-O3···Cg7	O3 C13	2.999	C10 O3	3.824	Phalimidring
22	C14-F6···Cg1	F6 C2	2.99	F6 C9	3.383	Carbonyl-Gruppe
	C5-F1···Cg1	F1 C10	3.06	F1 C2	4.253	Carbonyl-Gruppe
	C2-O1···Cg7	O1 C14	3.07	O1 C11	4.389	Phalimidring
24	C4-F1···Cg3	F1 C5	2.92	F1 C8	4.612	C4
	C2-O1···Cg1	O1 C1	3.17	O1 C9	4.133	Carbonyl-Gruppe
	C9-O2···Cg3	O2 C7	3.07	O2 C4	4.054	C8
	C8-F9···Cg7	F9 C13	3.00	F9 C10	4.596	Phalimidring

In Abbildung 3-29 sind abschließend die Kristallpackungen der Tetrafluorphthalimide **21**, **23** und **24** mit den kettenbildenden C-H···F und F···F-Wechselwirkungen dargestellt.

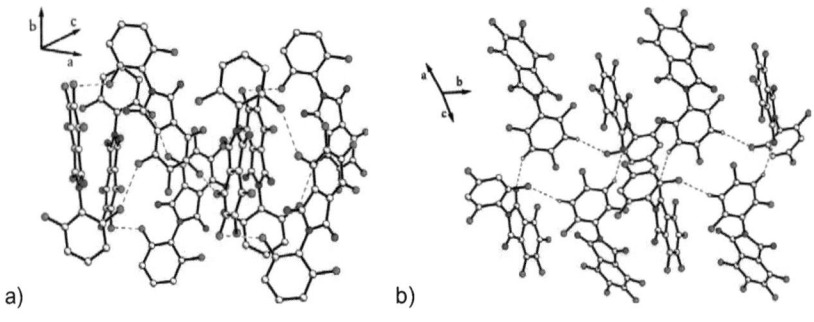

a)   b)

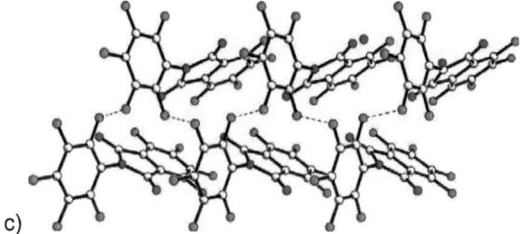

c)

Abbildung 3-29 Kristallpackungen von a) **21**, b) **23** und c) **24** entlang der kristallographischen c-Achse.

In den Imiden **7 - 11**, und **13 - 23** konnten verschiedene C-H···O und C-H···F-Kontakte als strukturbestimmende Elemente in den Kristallpackungen lokalisiert werden. Aus Abbildung 3-30 a) wird eine Korrelation der Abstände D mit den Winkeln θ (X-H···A) deutlich, in die sich alle hier untersuchten Imid-Klassen gleichermaßen einordnen.

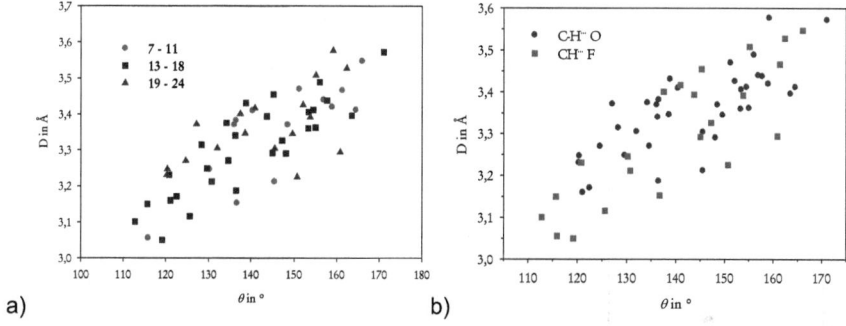

a) b)

Abbildung 3-30 a) Graphische Verteilung der Abstände D (C···O/F) über θ der C-H···O- und C-H···F-Kontakte; N-Phenylmaleinimide **7 - 11**; N-Phenylphthalimide **13 - 18** und N-Phenyltetrafluorphthalimide **19 - 24**. b) Graphische Verteilung der Abstände D über θ der C-H···O- und C-H···F-Kontakte.

Aus der Verteilung zeigt sich, dass in den N-Phenylphthalimiden **13 - 18** die stärkeren Kontakte des Typus C-H···O(F) vorzufinden sind, während die N-Phenylmaleinimide **7 - 11** und die N-Phenyltetrafluorphthalimide **19 - 24** deutlich schwächere Kontakte dieser Art aufbauen. Bei Betrachtung der Mittelwerte der gefundenen C-H···O und C-H···F-Interaktionen, geht hervor, dass die fluorinvolvierten Kontakte mit d = 2.54 Å, D = 3.30 Å, θ = 139.9° kürzer und daher nach der Abstands-Stärke-Korrelation stärker sind als die zum carbonylischen Sauerstoff (d = 2.57 Å, D = 3.36 Å, θ = 143.3°). Auch die Gegenüberstellung der C-H···O und C-H···F-Kontakte in Abbildung 3-30 b) offenbart zum einen die breitere Verteilung der C-H···F-Kontakte, zum anderen treten hier die deutlich stärkeren Wechselwirkungen auf.

Ein weiterer interessanter Aspekt ist die Position der H-Atome, die in diese Kontakte involviert sind. So konnte einzig im Tetrafluorphthalimid **19-A** ein C-H···F-Kontakt von einem *ortho*-ständigen Wasserstoffatom gefunden werden. Alle weiteren Wechselwirkungen dieses Typus gehen von *meta*- oder *para*-ständigen, vorrangig jedoch von den olefinischen oder phthalimidischen H-Atomen aus (Abbildung 3-31).

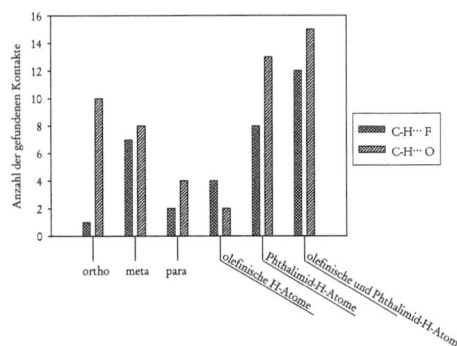

Abbildung 3-31   Graphische Darstellung der Häufigkeit der C-H···O-Kontakte und C-H···F-Kontakt unter Berücksichtung der H-Positionen.

In diesem Zusammenhang sind darüber hinaus auch die aus diesen Kontakten resultierenden Motive in der Packung von Interesse. Wie aus Abbildung 3-32 hervorgeht, formen in den *N*-Arylmaleinimiden **7 - 11** die olefinischen C-H···F-Kontakte vorrangig Ketten und Zickzackketten, wohingegen die aromatischen Wasserstoffatome in der Dimerenbildung integriert sind. Diese aromatischen H-Atome sind hierbei ausschließlich *meta*-positioniert. Bei den C-H···O-Kontakten ist keine so klare Abgrenzung erkennbar, obwohl Zickzackketten vorzugsweise von den aromatischen Wasserstoffatomen geformt werden. Die Betrachtung dieser Kontakttypen in den *N*-Arylphthalimiden **13 - 18** verdeutlicht zunächst, dass aromatische C-H···F-Wechselwirkungen erneut ausschließlich von den *meta*-substituierten Wasserstoffatomen ausgehen und neben einem Dimer auch eine Zickzackkette generieren. Die weiteren Kontakte dieser Art gehen von dem H-Atom aus, welches am Phthalimidring die größte Entfernung zur Carbonylgruppe aufweist. Sie münden in allen hier vorhandenen Motiven. Diesen Kontakten gegenüber weisen die C-H···O-Wechselwirkungen eine größere Vielfalt bezüglich der H-Positionen auf. So sind alle Wasserstoffe darin involviert und formen vorrangig Ketten und Dimere. Beim Übergang zu den *N*-Aryltetrafluorphthalimiden **19 - 24** stehen dem System ausschließlich die Wasserstoffatome des *N*-substituierten Phenylringes zur Verfügung. Dies führt zu einer Beteiligung dieser Atome in der Ausbildung von C-H···F-Kontakten, die sowohl zu Ketten und Zickzackketten, als auch zu Dimeren führen. Bei den C-H···O-Kontakten ist kaum eine bevorzugte Position der H-Atome festzustellen. Zwar formen die *ortho*-substituierten

H-Atome hauptsächlich Ketten, die anderen Positionen sind aber wie bisher in der Ausbildung von Zickzackketten, Ketten und Dimeren integriert.

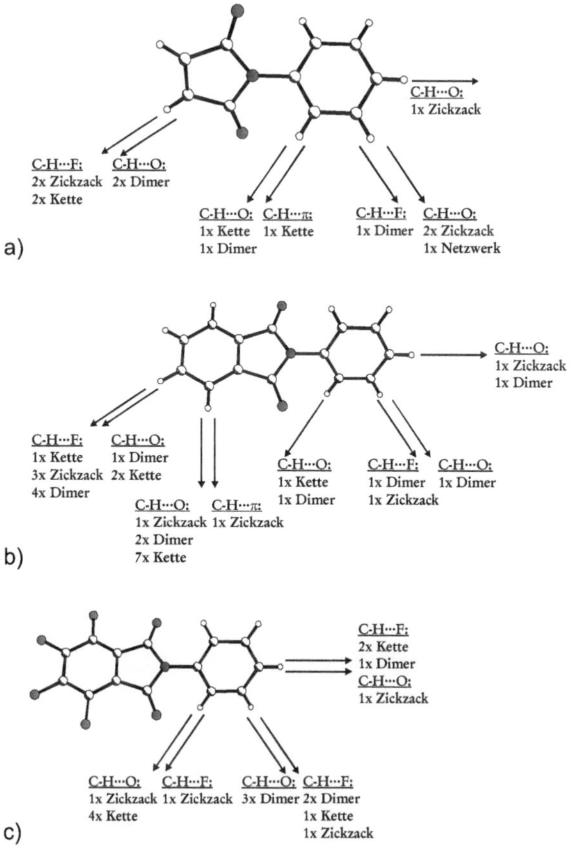

Abbildung 3-32 Schematische Darstellung der C-H···X-Kontakte (X = O, F, Aryl) und deren Motive in fluorierten a) *N*-Phenylmaleinimiden **7 - 11**, b) *N*-Phenylphthalimiden **13 - 18**, c) *N*-Phenyltetrafluorphthalimiden **19 - 24** bezüglich der Wasserstoffatomposition in Abhängigkeit von den interagierenden Atomen. Die pentahydrogenierten Stammverbindungen sind repräsentativ für alle Moleküle dieser Gruppe wiedergegeben.

Der Anteil an Fluor in den Molekülen der Tetrafluorphthalimide ist maximal 35 %, folglich deutlich größer als in den Maleinimiden (25 %) und Phthalimiden (19 %). Die Anzahl an fluorinvolvierten Wechselwirkungen sollte daher naturgemäß in der Reihe Phthalimide < Maleinimide < Tetrafluorphthalimide zunehmen. So sind von den gefundenen C-H···O(F)-Kontakten weniger als die Hälfte (41 %) vom aromatischen Fluor ausgehend. Unter

Einbeziehung der ebenso lokalisierten F···F- und C-H/X···π/π^F-Kontakte ergibt sich eine Verteilung der Wechselwirkungen, die in Abbildung 3-33 wiedergegeben ist.

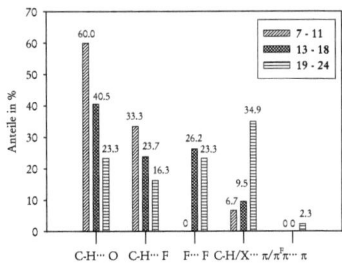

Abbildung 3-33 Anteile an intermolekularen Wechselwirkungen in den N-Phenylmaleinimiden **7 - 11**, N-Phenylphthalimiden **13 - 18**, N-Phenyltetrafluorphthalimiden **19 - 24**.

Deutlich wird vor allem der zunehmende Anteil an C-H/X···π/π^F-Wechselwirkungen in den Kristallpackungen der hier untersuchten Imide in der Reihe Phthalimide < Maleinimide < Tetrafluorphthalimide. Ebenso ansteigend ist der Anteil an F···F -Kontakten, während Wechselwirkungen des Typs C-H···O und C-H···F abnehmen. Dies geht einher mit der Zunahme an Fluoratomen und der dadurch bedingten Abnahme an Wasserstoffatomen, welche zum Rückgang wasserstoffinvolvierter Kontakte führt. Erstaunlicherweise ist die Zahl und Stärke an C-H···π-Wechselwirkungen insgesamt sehr gering, obwohl diese gegenüber den hier lokalisierten Interaktionen stärkerer Natur sind.

Im Rahmen der hier untersuchten Modellverbindungen, die sowohl über carbonylischen Sauerstoff, als auch über tertiär gebundenen Stickstoff verfügen, zeigte sich, dass das Fluor durchaus in der Lage ist, sich signifikant an intermolekularen Wechselwirkungen zu beteiligen. So ist offensichtlich, dass die Fluoratome deutlich spezifischer bei der Auswahl der interagierenden Wasserstoffatome sind als die Carbonyl-O-Atome.

Des Weiteren legte die kristallographische Untersuchung der Wechselwirkungen in den fluorierten Imiden **7 - 11** und **13 – 24** dar, dass das im Crystal Engineering als relevant erachtete Motiv Ar-Ar^F zur Dirigierung von Kristallpackungen nicht vorgefunden wurde. Stattdessen gibt es ein Wechselspiel an Interaktionen des Wasserstoffs mit O- und F-Atomen, Fluor-Fluor-Kontakten und speziellen Kontakten des carbonylischen Sauerstoffatoms zu elektronenarmen Ringen.

3.2.3 Polymorphie

Bei der Darstellung des Co-Kristalls **1· 6** aus den entsprechenden perhydrogenierten und decafluorierten Dibenzalacetonen konnte aufgezeigt werden, dass die Perfluoraryl-Aryl-

Gruppe als dirigierendes Synthon zur Bildung von π^F-π-Stapelwechselwirkung eingesetzt werden kann. Um dies an den synthetisierten pentafluorierten und -hydrogenierten Imiden zum Aufbau von Co-Kristallen zu nutzen, wurden die Verbindungen **13**, **18**, **19** und **24** in äquimolaren Verhältnissen in Aceton zur Kristallisation gebracht. Statt der erwarteten Bildung von Co-Kristallen konnten jedoch nur die einzelnen Komponenten in unterschiedlichen Modifikation nachgewiesen werden (Tabelle 3-16). Der Nachweis erfolgte hierbei durch die einkristrallographische Messung der Elementarzellen bei T = 93 K von jeweils zehn Kristallen mitunter mit unterschiedlich wirkender Habita.

Tabelle 3-16 Tabellarische Übersicht über die eingesetzten und erhaltenen Imide **13**, **18**, **19** und **24**.

	13	18	19	24
13	13	×	×	×
18	13 und 18-A	18-B	×	×
19	13 und 19-A	18-A und 19-A	19-B	×
24	13 und 24	18-B und 24	19-B und 24	24

In Abbildung 3-34 a) sind mikroskopische Aufnahmen der Mischung **18-A** und **19-A** wiedergegeben, wohingegen Abbildung 3-34 b) Aufnahmen von **13** und **18-A** resp. **13** und **19-A** zeigt.

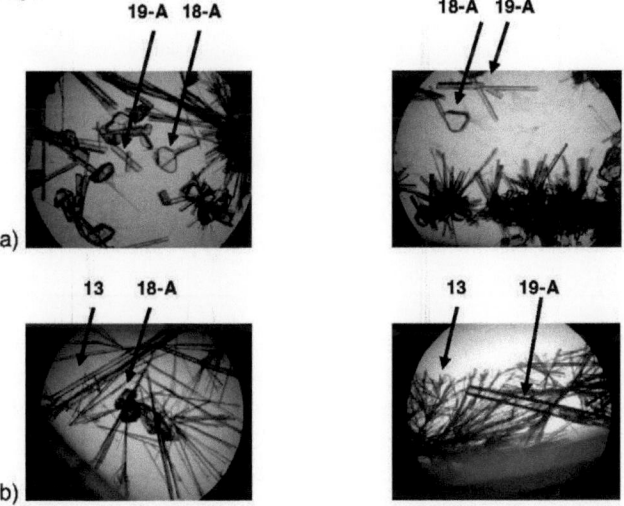

Abbildung 3-34 Ausgewählte mikroskopische Aufnahmen der äquimolaren Mischung a) **18-A** und **19-A** und b) **13** und **18-A**, sowie **13** und **19-A**.

Aufgrund dieser Resultate wurden zur näheren Untersuchung der Phasenübergänge von den Verbindungen **7 - 24** DSC-Messungen angefertigt. Für jene Substanzen, für die eine Umwandlung registriert wurde, sind die Ergebnisse in Tabelle 3-17 wiedergegeben. Zwar konnten bei **7, 10, 11, 13 - 15, 17, 20 - 23** keine Übergänge mit dieser thermischen Methode detektiert werden, die Nicht-Existenz von Polymorphen belegt dies jedoch keinesfalls. Nach Giron[97] kann auch ein monotrop verknüpftes System vorliegen, in dem die thermodynamische hoch schmelzende Form A registriert wird. Eine weitere Möglichkeit ist ein enantiotropes System, in dem Form B bei Raumtemperatur existiert und die Umwandlung zu Form A oberhalb des Schmelzpunktes von B auftritt. Schließlich wurde auch von Burger et al.[98] darauf hingewiesen, dass die thermische Methode DSC nicht notwendigerweise Phasenübergänge detektieren muss. So gibt es verschiedene Faktoren, die die Ergebnisse beeinflussen. Dazu zählt neben der Probenmenge vor allem die Heizrate. Dennoch wurde bei diesen *N*-Phenylimiden auf zusätzliche Untersuchungen hinsichtlich weiterer Modifikationen verzichtet. Ebenso bei den Verbindungen **8** und **9**, wo die ermittelten Umwandlungsenthalpien sehr gering sind, wurden keine weiteren DSC-Messungen angefertigt.

Tabelle 3-17   Ergebnisse der DSC-Untersuchungen.

Substanz		Einwaage in mg	Modifikationsumwandlung		Schmelzvorgang		
			ϑ / °C	$\Delta_t H$ / kJ· mol^{-1}	ϑ_m / °C	$\Delta_f H$ / kJ· mol^{-1}	$\Delta_f S$ / J· mol^{-1}
8		34.1	124	0.29	154	24.42	57.23
9		34	79	0.11	99	20.00	53.83
12-A	1. Lauf	33.8	65	4.16	106	16.60	43.74
12-B	2. Lauf		x	x	105	16.31	43.14
16		32.2	192	0.86	211	32.04	66.16
18-B	1. Lauf	40.6	x	x	168	29.50	66.91
18	2. Lauf		151	5.29	163	28.37	65.07
19	1. Lauf	15.1	105	2.18	202	20.72	43.61
19-B	2. Lauf		x	x	208	33.59	69.82
24		29	182	0.58	203	33.58	70.59

Bei den Imiden, **12, 18** und **19** wurde direkt im Anschluss der Wärmefluss in Abhängigkeit von der Temperatur (Zeit) vermessen. Da ausschließlich von **18** und **19** Einkristallstrukturanalysen der einzelnen Modifikationen ermittelt werden konnten, sollen diese Ergebnisse später näher dargelegt werden (Kapitel 3.2.3.1 und 3.2.3.2).
In Abbildung 3-35 sind die DSC-Kurven der Imide **8, 9, 12, 16** und **24** wiedergegeben, aus denen deutlich wird, dass die gefundenen Umwandlungen endotherm sind und daher für eine enantiotrope Verknüpfung der Modifikationen untereinander sprechen.

---

[97] D. Giron *Thermochim. Acta* **1995**, *248*, 1-59.
[98] A. Burger, J.-O. Henck, M. N. Dunser, *Microchim. Acta* **1996**, *122*, 247-257.

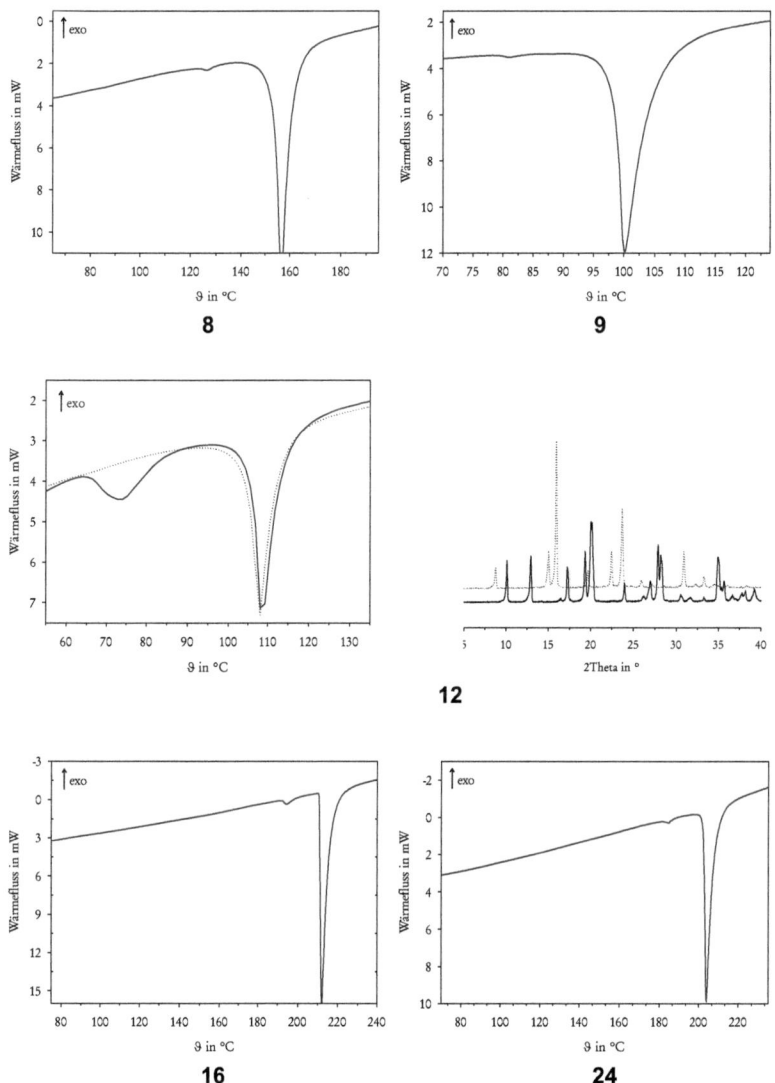

Abbildung 3-35 DSC-Kurven von **8**, **9**, **16** und **24**, sowie für **12-A** (durchgezogene Linie), **12-B** (gepunktete Linie) und deren experimentell bestimmten XRD-Aufnahmen.

Neben den DSC-Kurven sind für **12** experimentelle Pulverdiffraktogramme wiedergegeben. Diese wurden zum einen direkt nach der Umkristallisation aus Cyclohexan und zum anderen direkt nach zweistündigem Erhitzen auf 80°C durchgeführt.

3.2.3.1 Polymorphes System N-(2,3,4,5,6-Pentafluorphenyl)phthalimid 18-A· 18-B

Bei dem Versuch der Züchtung von Co-Kristallen stellte sich heraus, dass die Verbindung **18** in einer zweiten Modifikation erhalten wurde. Welchen Einfluss haben nun die Komponenten **13** und **19** auf die Bildung des Polymorphs **18-A**? Um dies festzustellen, wurde erneut eine Probe aus Ethanol umkristallisiert, bei 0°C zur Kristallisation gebracht und an circa 15 Kristallen eine Zellbestimmung durchgeführt, die die Anwesenheit von **18-A** bestätigten. Anschließend wurde die Probe drei Stunden auf 150°C erhitzt und erneut fünfzehn ausgewählte Kristalle einkristallographisch untersucht. Die erstaunlicherweise stattfindende Fest-Fest-Phasen-Umwandlung gestattete die einkristallographische Zellbestimmung dieser Kristalle. Diese bestätigte die Umwandlung von **18-A** zu **18-B**. Schlussfolgernd lässt sich zum einen keine Abhängigkeit der Bildung des Polymorphs **18-A** von der Anwesenheit der Substanzen **13** und **19** feststellen. Zum anderen kann aufgrund der Untersuchungsmethode nicht von einer Darstellung der Polymorphe als reine Phase ausgegangen werden.

Zur thermischen Analyse des Systems **18-A/18-B** wurde eine Probe der Verbindung **18** mittels einer DSC-Messung untersucht, deren Ergebnisse in Abbildung 3-36 graphisch dargestellt sind. Zur Vorbereitung der verwendeten Probe wurde die Substanz zunächst aus Ethanol umkristallisiert und schließlich zwei Stunden an der Luft getrocknet.

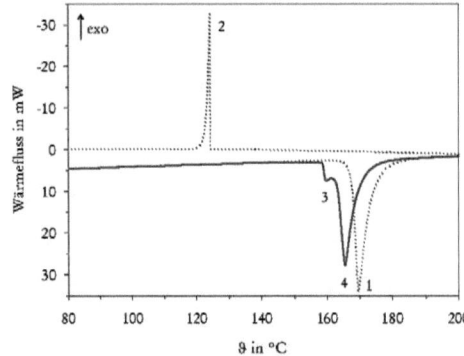

	Gemisch	18-B
ϑ_t (°C)	151	×
$\Delta_t H$ (kJ· mol-1)	5.29	×
ϑ_m (°C)	163	168
$\Delta_f H$ (kJ· mol-1)	28.37	29.50
$\Delta_f S$ (J· mol-1)	65.07	66.91

Abbildung 3-36 DSC-Kurven und thermodynamische Daten der polymorphen Formen **18-B** (gepunktete Linie) und eines Gemisches **18-A/18-B** (durchgezogene Linie).

Zunächst wirft dieses Diagramm einige Fragen auf. Im ersten Lauf schmilzt das Polymorph B bei 168°C (1) und es findet keine Umwandlung zu einer anderen Modifikation statt. Auf der Grundlage des auf klassische Weise bestimmten Schmelzpunktes von 168°C kann diese Modifikation der einkristallographisch ermittelten Form **18-B** zugeordnet werden. Während des Abkühlvorganges kristallisiert bei 124°C (2) ein Feststoff aus. Die Kristallisation (2), die in der Abkühlungskurve repräsentiert ist, findet bei hoher Unterkühlung statt, folglich muss nicht das thermodynamisch stabile Polymorph entstehen. Vielmehr entsteht fernab des thermodynamischen Gleichgewichtes ein Gemisch zweier Phasen, welches beim zweiten Aufheizen bei 151°C (3) schmilzt. Dies könnte ein eutektisches Schmelzen sein. Nun schließt sich bei 163°C (4) ein Schmelzen des Polymorphs **18-B** an. Dieser Schmelzpunkt jedoch weist gegenüber dem zuvor bestimmten bei 168°C (1) eine Schmelzpunkterniedrigung auf, die durch die Anwesenheit einer anderen Modifikation bedingt ist.

Aufgrund dieser Ergebnisse und der Tatsache, dass die für die DSC-Untersuchungen verwendeten Probenmengen zu gering für XRD-Analysen waren, lässt sich keine genaue Aussage machen, welche weiteren Polymorphe auftreten und ob eine der im Gemisch vorhandenen Phasen das einkristallographisch bestimmte Polymorph **18-A** ist.

Schließlich wurde erneut eine Probe der Verbindung **18** aus Ethanol umkristallisiert, zur Kristallisation gebracht und mehrere Stunden an der Luft getrocknet und drei Stunden auf 150°C erhitzt. Dies sollte die Anwesenheit der bei Raumtemperatur stabilen Phase **18-B** bedingen. Schließlich wurden XRD-Aufnahmen angefertigt. Diese in Abbildung 3-37 skizzierten Diagramme zeigen, dass nach dem Erhitzen der Probe auf 150°C und einer durch das Messen bedingten Wartezeit neben dem Polymorph **18-B** eine weitere Modifikationen vorliegt. Eine Zuordnung zu **18-A** scheint nur bedingt die Gegebenheiten der Aufnahme zu erfüllen. Eine Darstellung von **18-B** als reine Phase war demzufolge ebenso unmöglich wie die Reindarstellung von **18-A**.

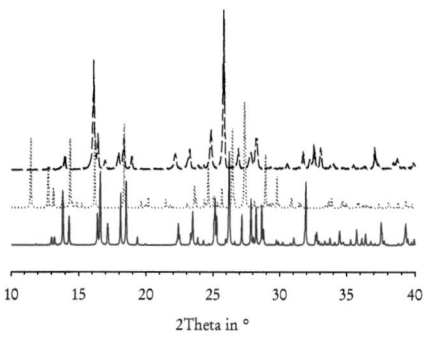

Abbildung 3-37 Berechnete Pulverdiffraktogramme von **18-A** (gepunktete Linie), **18-B** (durchgezogene Linie) und experimentelles Pulverdiffraktogramm von **18** (gestrichelte Linie) nach dem dreistündigen Erhitzen auf 120°C.

Auch dieses Ergebnis bestätigt die Vermutung, dass die bei der thermischen Analyse eingesetzte Probe dem einkristallographisch bestimmten Polymorph **18-B** entspricht. Ob es sich bei der auftretenden zweiten Modifikation um **18-A** handelt, kann allein anhand dieser Analyse nicht bestätigt werden. Eine weitere, nicht einkristallographisch untersuchte Form C ist denkbar. Unterstützt wird diese Vermutung durch den in der Literatur[99] angegebenen Schmelzpunkt der Substanz **18** mit 128 - 130°C.

Welche Unterschiede treten nun aber bei den Modifikationen **18-A** und **18-B** auf, die mittels Einkristallstrukturanalyse untersucht werden konnten? Hierzu sind in Tabelle 3-18 zunächst wesentliche kristallographische Parameter der Elementarzellen wiedergegeben.

Tabelle 3-18 Vergleich der Zellkonstanten der Polymorphe **18-A** und **18-B**.

	18-B	**18-A**
Kristallsystem	orthorhombisch	monoklin
Raumgruppe	$Pca2_1$	$C2/c$
a (Å)	13.8799(6)	21.880(2)
b (Å)	12.8307(5)	7.9432(9)
c (Å)	13.4761(5)	13.7584(15)
β (°)		98.710(6)

Zunächst ist festzustellen, dass die Modifikation **18-B** in einem primitiven Gitter, speziell in der nichtzentrosymmetrischen Raumgruppe $Pca2_1$ kristallisiert, während die Form **18-A** in der flächenzentrierten zentrosymmetrischen Raumgruppe $C2/c$ gefunden wurde. Für **18-B** war es nicht möglich, die absolute Konfiguration zu bestimmen. In Abbildung 3-24 sind neben den aus den Einkristallstrukturdaten berechneten Pulverdiffraktogrammen die Packungsbilder der beiden Modifikation skizziert. Als Blickrichtung wurde die Senkrechte zur Ebene des Pyrrolidinringes C2, C1, N1, C9, C10 ausgewählt.

---

[99] S. Zhu, B. Xu, J. Zhang, *J. Fluorine Chem.* **1995**, *74*, 203-206.

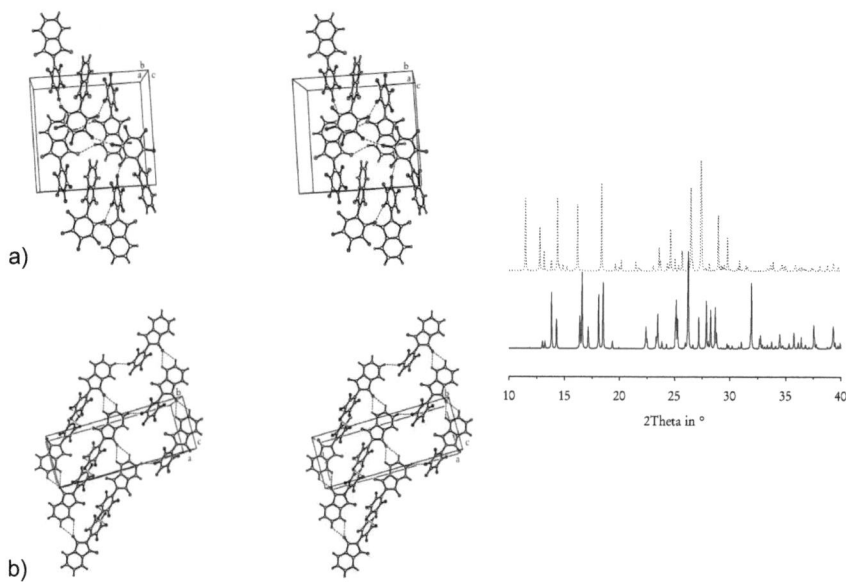

Abbildung 3-38 Stereopackungsbilder von a) **18-B** (gepunktete Linie) und b) **18-A** (durchgezogene Linie) mit Blickrichtung senkrecht zur Imid-Ebene (C2,C1,N1,C9,C10), sowie das aus den Einkristallstrukturdaten berechnete XRD.

Welche Differenzen treten nun aber innerhalb der Festkörper bezüglich der Molekülgestalt und der zwischenmolekularen Wechselwirkungen auf? Die Molekülgestalten, die immer auch ein Resultat der dichtesten Packungen und Interaktionen sind, unterscheiden sich in **18-A** und **18-B** nur geringfügig. In Tabelle 3-19 sind erneut wesentliche Parameter dieser Imide gegenübergestellt, die bereits im Rahmen fluorsubstituierter N-Phenylphthalimide (Kapitel 3.2.2) diskutiert wurden.

Tabelle 3-19 Ausgewählte geometrische Parameter der Polymorphe **18-A** und **18-B**.

	18-B		18-A
2'- und 6'-Substitution	F		F
Imid-Phenyl-Interplanarwinkel (°)	66.59(14)	65.90(15)	64.05(8)
N-C(=O) (Å)	1.405(5)	1.409(4)	1.415(3)
	1.406(5)	1.410(4)	1.420(3)
C_{Aryl}-N (Å)	1.426(4)	1.420(4)	1.418(3)

Ein Vergleich der Bindungslängen zeigt, dass diese weder innerhalb der Struktur **18-B**, noch in Beziehung zu **18-A** signifikant sind[100]. Demgegenüber zeigen die Abweichungen der Interplanarwinkel eine packungsbedingte Signifikanz.

Tabelle 3-20 Intermolekulare C-H···O(F)- und C-F···π^F-Wechselwirkungen in **18-A** und **18-B**.

Substanz	beteiligte Atome	r/Å	d/Å	D/Å	θ/°	Symmetrie	Funktion
18-B	C14-H14···O2	0.93	2.50	3.362(4)	155.0	-1/2+x,1-y,z	Kette
	C12-H12···F3	0.93	2.48	3.116(4)	125.6	x,1+y,z	Kette
	C11-H11···O1	0.93	2.56	3.438(5)	157.7	1/2+x,1-y,z	Kette
	C12-H12···O4	0.93	2.62	3.489(5)	156.0	x,y,z	Dimer
	C28-H28···O4	0.93	2.65	3.572(5)	171.0	1-x,2-y,1/2+z	Kette
18-A	C12-H12···F2	0.95	2.47	3.292(3)	145.0	-1/2+x,1/2+y,z	Kette
	C13-H13···O2	0.95	2.56	3.171(3)	122.5	x,1+y,z	Kette
	C14-H14···O2	0.95	2.56	3.160(3)	121.1	x,1+y,z	Kette
	C13-H13···F5	0.95	2.58	3.394(3)	143.7	-x,1+y,1/2-z	Zickzackkette
	C7-F4···Cg3¹	1.341(3)	3.16	4.171	132.0	1/2-x, -1/2+y, 1/2-z	Zickzackkette

1 Cg3 ist definiert als Ringmittelpunkte des Ringes C3-C8.

Während in der Form **18-A** eine größere Anzahl, vor allem aber stärkere C-H···F-Kontakte gefunden werden, spielen diese in der Modifikation **18-B** hinsichtlich ihrer Stärke eine untergeordnete Rolle. Hier ist eine leicht stärkere Beteiligung der C-H···O-Kontakte festzustellen. In Tabelle 3-20 sind alle intermolekularen Wechselwirkungen in den polymorphen Formen **18-B** und **18-A** wiederholt angegeben.
In der Modifikation **18-A** sind stärkere C-H···F-Kontakte am Aufbau der Struktur integriert. So formen die Wechselwirkungen C12-H12···F2 und C13-H13···F5 (d = 2.47 Å, θ = 145.0°, resp. d = 2.58 Å, θ = 143.7°) jeweils Ketten in -1/2+x, 1/2+y, z-Richtung, resp. Zickzackketten in *b*-Richtung. Die Kombination beider Kontakte führt zu einer Zickzackebene parallel zur *ab*-Ebene. Ein gegabelter C-H···O-Kontakt (d = 2.56 Å, θ = 122.5° und d = 2.56 Å, θ = 121.1°) generiert zur Verknüpfung der Moleküle eine Kette in *b*-Richtung und stellt dadurch eine Verbindung der Ebenen her. Des Weiteren sind an dem Aufbau des gesamten Netzwerkes ein schwacher F···F-Kontakt (d = 2.785 Å, θ_1 = 110.9°, θ_2 = 92.7°) und eine C-F···π^F-Wechselwirkung mit einem Abstand des Fluor zum Zentrum des benachbarten pentafluorierten Ringes von 3.16 Å beteiligt (θ = 132.0°).
In der Modifikation **18-B** sind die C-H···O-Wechselwirkungen im Gegensatz zu **18-A** stärker an der Generierung von Ketten beteiligt. Während der C28-H8···O4-Kontakt Ketten in *c*-Richtung formt, werden diese in *a*-Richtung durch den Kontakt C11-H11···O1 gebildet. Die einzige Verknüpfung der Moleküle der asymmetrischen Einheit und damit der Ketten erfolgt durch den C12-H12···O4-Kontakt. Für die Ausbildung der Ketten in Richtung der kristallographischen *b*-Achse für eines dieser Moleküle ist der C12-H12···F3-Kontakt

---

[100] signifikant, wenn $r_2 - r_1 \geq 3 \cdot \sigma_{\Delta r} = 3 \cdot \sqrt{\sigma_{r_2}^2 + \sigma_{r_1}^2}$

verantwortlich. Da vom anderen Molekül kein C-H···F-Kontakt ausgeht, ist die Bedeutung für den Strukturaufbau fraglich und eher packungsbedingten Effekten, resp. als Resultat der anderen Wechselwirkungen zu sehen. Gleiches gilt für die große Zahl an lokalisierten, größtenteils schwachen F···F-Kontakten (Tabelle 3-21).

Tabelle 3-21   Intermolekulare F···F-Wechselwirkungen in **18-A** und **18-B**.

Verbindung	beteiligte Atome	r/Å	F···F/Å	θ°	Symmetrie
18-A	C5-F2···F3-C6	1.342(3)	2.785(2)	110.94(13)	1/2-x,-1/2-y,-z
		1.339(3)		92.69(12)	
18-B	C19-F7···F9-C21	1.336(5)	2.711(4)	152.5(3)	1/2+x,1-y,z
		1.338(4)		169.2(3)	
	C4-F1···F6-C18	1.314(5)	2.715(4)	149.8(3)	1/2+x,1-y,z
		1.331(4)		122.5(3)	
	C8-F5···F6-C18	1.334(4)	2.733(4)	134.5(3)	1-x,1-y,-1/2+z
		1.331(4)		156.1(3)	
	C5-F2···F4-C7	1.322(4)	2.811(5)	107.6(2)	1/2-x,y,1/2+z
		1.328(5)		178.48	
	C6-F3···F10-C22	1.322(4)	2.817(4)	129.8(3)	1/2-x,-1+y,-1/2+z
		1.337(4)		99.9(2)	
	C4-F1···F4-C7	1.314(5)	2.842(4)	107.9(2)	1/2-x,y,1/2+z
		1.328(5)		123.5(2)	
	C8-F5···F8-C20	1.334(4)	2.913(4)	132.5(2)	1/2-x,y,-1/2+z
		1.335(4)		166.5(3)	
	C4-F1···F5-C8	1.314(5)	2.922(5)	133.7(3)	1/2-x,y,1/2+z
		1.334(4)		120.6(2)	

Aus der Analyse der in den untersuchten Kristallstrukturen auftretenden Wechselwirkungen wird deutlich, dass in **18-B** zwar die größere Zahl an schwachen Halogen-Halogen-Wechselwirkungen auftritt, dem gegenüber jedoch auch die stärkeren C-H···O-Interaktionen. In **18-A** hingegen sind eher C-H···F-Kontakte am Aufbau der Struktur beteiligt. Da C-H···O-Wechselwirkungen gegenüber den C-H···F-Kontakten die stärke Art der Interaktion ist, lässt sich vermuten, dass **18-A** eine bei Raumtemperatur metastabile Modifikation ist.

3.2.3.2 Polymorphes System *N*-Phenyltetrafluorphthalimid 19-A· 19-B

Zur Untersuchung des *N*-Phenyltetrafluorphthalimids (**19**) hinsichtlich der gefundenen Polymorphe wurde zunächst die Substanz in Analogie zur Synthese erneut aus einem Aceton-Cyclohexan-Gemisch (1:1) umkristallisiert und zwei Stunden an der Luft getrocknet. Die so erhaltene Phase wurde mittels Heiztischmikroskopie erhitzt und beobachtet. Wie aus Abbildung 3-39 hervorgeht, findet die Umwandlung zwischen 110 und 120°C statt. Im Unterschied zur bereits kurz angesprochenen und mittels DSC bestimmten Umwandlungstemperatur $\vartheta_t = 105°C$, wo mit einer Heizrate von 1 K/min gearbeitet wurde, betrag diese hier 5 K/min.

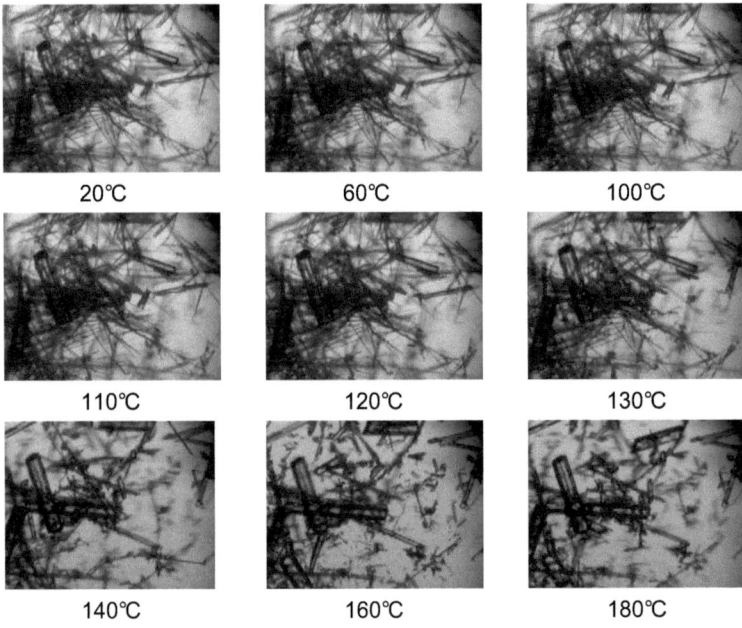

Abbildung 3-39 Ausgewählte HTM-Aufnahmen des Polymorphs **19-B** zur Umwandlung in **19-A** mit einer Heizrate von 5 K/min.

Des Weiteren ist offensichtlich, dass einige Kristalle in der untersuchten Probe ihr äußeres Erscheinungsbild, ihren Habitus, beibehalten. Folglich lagen in der hier eingesetzten Probe zwei Modifikationen vor.

Zunächst gilt es jedoch festzustellen, ob die Komponenten, die bei den Kristallisationsversuchen zur Darstellung von Co-Kristallen eingesetzt wurden, einen Einfluss auf die Bildung der polymorphen Verbindung **19-A** haben. Hierzu wurde eine Probe von **19-B**, deren Anwesenheit durch die Zellbestimmung von 15 Kristallen bestimmt wurde, drei Stunden auf 120°C erhitzt. Nun wurden erneut zehn ausgewählte Kristalle ausgewählt und zur Zellbestimmung einkristallographisch untersucht. Erstaunlich ist, dass auch hier eine Fest-Fest-Phasen-Umwandlung stattfindet, die eine einkristallographische Untersuchung ermöglichte. Die Zellbestimmung dieser Einkristalle bestätigte die Umwandlung zu **19-A**. Resultierend lässt sich wiederum keine Abhängigkeit der Bildung des Polymorphs **19-A** von der Anwesenheit der Substanzen **13** und **18-A** feststellen. Auch eine Aussage über die Phasenreinheit ist durch diese Methode nicht möglich.

Für die thermische Analyse mittels DSC wurde die Substanz **19** derart vorbereitet, dass sie aus einem Cyclohexan-Aceton-Gemisch (1:1) umkristallisiert und zwei Stunden an der Luft getrocknet wurde. Die aus dieser Untersuchung resultierenden Graphen sowie die ermittelten thermodynamischen Daten sind in Abbildung 3-40 wiedergegeben.

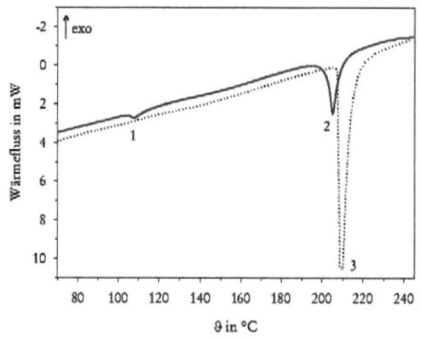

	Gemisch	19-B
ϑ_t (°C)	105	x
$\Delta_t H$ (kJ· mol-1)	2.18	x
ϑ_m (°C)	202	208
$\Delta_f H$ (kJ· mol-1)	20.72	33.59
$\Delta_f S$ (J· mol-1)	43.61	69.82

Abbildung 3-40 DSC-Kurven 1 und 2 und thermodynamische Daten der polymorphen Formen **19-B** (gepunktete Linie) und eines Gemisches (durchgezogene Linie).

Auf den ersten Blick ist im ersten Lauf der DSC-Analyse keine Besonderheit zu erkennen. Erwartungsgemäß tritt die Umwandlung des bei Raumtemperatur stabilen Polymorphs A zum Polymorph B hier bei 105°C (1) ein, welches seinerseits bei 202°C (2) schmilzt. Ein erneuter Durchlauf zeigt dann bei 208°C einen Schmelzpunkt. Der zweite Blick offenbart nun, dass die detektierten Schmelzpunkte nicht identisch sind. Darüber hinaus ist die für den ersten Schmelzvorgang ermittelte Enthalpie für einen eigentlichen Schmelzvorgang bei (2) einer organischen Substanz zu gering. Eine dafür mögliche Erklärung gäbe die partielle Bildung einer amorphen Phase, die gemeinsam mit Polymorph B zu einer Schmelzpunkterniedrigung führt.

Aus den Ergebnissen der thermischen Analysen lässt sich daher nur sagen, dass das Polymorph B der einkristallographisch bestimmten Form **19-B** entspricht, da der hier detektierte Schmelzpunkt mit dem klassisch ermittelten Wert dieser Modifikation übereinstimmt. Um diese Aussage jedoch zu verifizieren, wurden pulverdiffraktometrische Aufnahmen angefertigt und aus den Einkristallstrukturdaten die entsprechenden Diagramme berechnet. Hierzu wurde **19** einem Cyclohexan-Aceton-Gemisch (1:1) umkristallisiert und zwei Stunden an der Luft getrocknet. Nach der Anfertigung des XRD wurde die Probe drei Stunden auf 120°C erhitzt. Alle Graphen sind in Abbildung 3-41 wiedergegeben.

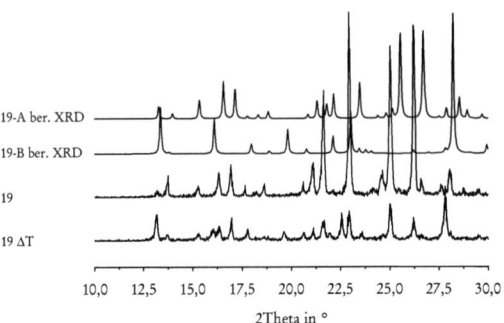

Abbildung 3-41 Pulverdiffraktogramme von **19** nach dem Umkristallisieren und **19ΔT** nach dreistündigen Erhitzen auf 120° C und die berechneten XRD von **19-A** und **19-B**.

Hieraus wird zwar die Anwesenheit von **19-B** deutlich, eine Phasenreinheit scheint dennoch nicht vorzuliegen. Darüber hinaus konnte die als **19-A** identifizierte Kristallstruktur nicht mittels XRD nachgewiesen werden. Daher ist die Anwesenheit weiterer Modifikationen, inklusive einer amorphen denkbar.
Um nun jedoch die durch Beugungsexperimente untersuchten Modifikation hinsichtlich ihrer Eigenschaften im kristallinen Zustand zu differenzieren, seien in Tabelle 3-22 wesentliche kristallographische Daten der Modifikationen **19-A** und **19-B** wiedergegeben.

Tabelle 3-22 Vergleich der Zellkonstanten der Polmorphe **19-A** und **19-B**.

	19-A	**19-B**
Kristallsystem	orthorhombisch	orthorhombisch
Raumgruppe	$P2_12_12_1$	$C222_1$
a (Å)	7.056(2)	5.6255(8)
b (Å)	8.179(3)	25.622(3)
c (Å)	19.928(6)	7.7159(12)

Ein Vergleich der Elementarzellen der polymorphen Strukturen zeigt, dass **19-A** in der nichtzentrosymmetrischen Raumgruppe $P2_12_12_1$ kristallisiert, während die Form **19-B** in der flächenzentrierten nichtzentrosymmetrischen Raumgruppe $C222_1$ nachgewiesen wurde. In beiden Fällen konnte die absolute Konfiguration nicht zufriedenstellend bestimmt werden. Aus der Gegenüberstellung der Zellkonstanten ergab sich für die Zellachsen folgendes Verhältnis: $a \cong c'$, $3b \cong b'$, $c \cong 4a'$ [101]. Darüber hinaus ist anzumerken, dass in **19-B** lediglich ein halbes Molekül in der asymmetrischen Einheit befindet, welches entlang der C_{Aryl}-N-Bindung über eine zweizählige Drehachse verfügt.
In Abbildung 3-42 sind neben den aus den Einkristallstrukturdaten berechneten XRD-Diagrammen die Stereopackungsbilder der Polymorphe **19-A** und **19-B** skizziert. Als

---

[101] a, b, c sind die Zellachsen von **19-A**, während a', b', c' die Zellachsen von **19-B** darstellen.

Blickrichtung wurde die Senkrechte zur Imidebene, die sich aus den Atomen C2, C1, N1, C9 und C10 ergibt, ausgewählt.

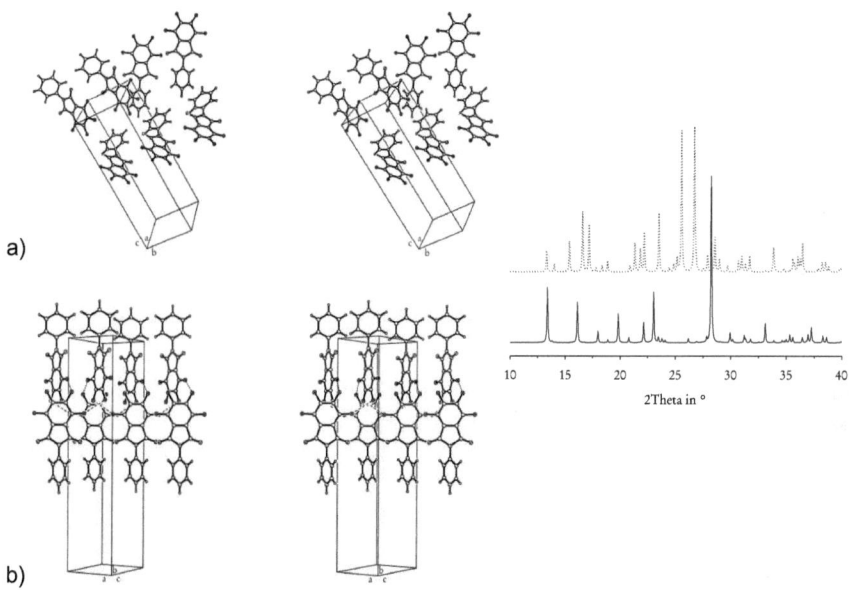

a)

b)

Abbildung 3-42 Stereopackungsbilder von a) **19-A** (gepunktete Linie) und b) **19-B** (durchgezogene Linie) mit Blickrichtung senkrecht zur Imid-Ebene (C2,C1,N1,C9,C10), sowie das aus den Einkristallstrukturdaten berechnete XRD.

Bei vorliegenden Einkristallstrukturanalysen sind die zwischenmolekularen Wechselwirkungen, die auch ein Maß für die Gitterenergie und daher für die Stabilität des Feststoffes sind, von gesondertem Interesse. Zunächst jedoch gilt es, die Unterschiede in den Molekülgestalten, die auch als Resultat der Packung und dem Zusammenspiel intermolekularer Wechselwirkungen betrachtet werden können, zu betrachten. Im Rahmen *N*-phenylsubstituierter Tetrafluorphthalimide wurde bereits auf den Einfluss der Fluorsubstitution eingegangen. Zum Vergleich der beiden Modifikation **19-A** und **19-B** sind jedoch die wesentlichen geometrischen Parameter erneut in Tabelle 3-19 wiedergegeben.

Tabelle 3-23 Ausgewählte geometrische Parameter der Polymorphe **19-A** und **19-B**.

	19-A	19-B
2'- und 6'-Substitution	H	H
Imid-Phenyl-Interplanarwinkel (°)	48.72(15)	56.46(17)
N-C(=O) (Å)	1.402(5)	1.405(4)
	1.410(6)	
C_{Aryl}-N (Å)	1.429(5)	1.438(6)

Eine Analyse der Signifikanz[100] der Bindungslängen und -winkel offenbart für die C_{Aryl}-N-Bindung keine signifikanten Unterschiede. Demgegenüber unterscheiden sich packungsbedingt die Imid-Phenyl-Interplanarwinkel und die N-C(=O)-Bindungslängen. Eine Ursache der etwas kürzeren N-C(=O)-Bindung in **19-A** könnte in den stärker ausgebildeten C-H···O-Kontakten der Struktur liegen. Diese sind, wie aus Tabelle 3-24 hervorgeht, in **19-B** deutlich schwächer ausgeprägt.

Tabelle 3-24 Intermolekulare C-H···O(F)-Wechselwirkungen in **19-A** und **19-B**.

Substanz	beteiligte Atome	r/Å	d/Å	D/Å	θ/°	Symmetrie	Funktion
19-A	C4-H4···F1	0.95	2.51	3.392(5)	153.8	-1/2+x,1.5-y,2-z	Zickzackkette
	C6-H6···O1	0.95	2.56	3.426(6)	152.1	2-x,1/2+y,1.5-z	Zickzackkette
	C7-H7···F2	0.95	2.63	3.417(6)	140.9	2.5-x,1-y,-1/2+z	Zickzackkette
	C7-H7···O1	0.95	2.66	3.247(6)	120.4	1+x,y,z	Kette
	C8-H8···O1	0.95	2.65	3.231(6)	120.3	1+x,y,z	Kette
19-B	C6-H6···F2	0.95	2.64	3.401(5)	137.5	1.5-x,1/2+y,1/2-z	Kette
						-1/2+x,1/2+y,z	
	C4-H4···O1	0.95	2.71	3.372(5)	127.1	-1+x,2-y,1-z	Zickzackkette

Im Festkörper der Form **19-B** führt der schwache, gegabelte C4-H4···O1-Kontakt (d = 2.71 Å, θ = 127.1°) aufgrund der Symmetrie zu einem Netzwerk aus gegabelten Zickzackketten. Ebenso verhält sich der stärkere, auch gegabelte C6-H6···F2-Kontakt (d = 2.64 Å, θ = 137.5°). Darüber hinaus führt der schwache C8-F1···F2-C7-Kontakt (d = 2.834(3) Å, θ_1 = 147.2(2)°, θ_2 = 111.67°) zu einer Gabelung für F2 und fördert das dreidimensionale Netzwerk.

Dem gegenüber sind in **19-A** aufgrund der geringeren Symmetrie eine größere Zahl an wasserstoffinvolvierten Wechselwirkungen des Typs C-H···O(F) vorzufinden. Die Stärke der Kontakte scheint abgesehen von einer C-H···F-Interaktion (d = 2.51 Å, θ = 153.8°), die in Richtung der kristallographischen a-Achse eine Zickzackkette generiert, dennoch nicht maßgebend. Ein weiterer Kontakt dieser Art formt ebenfalls Zickzackketten, allerdings in Richtung der kristallographischen c-Achse. Diese werden durch den schwachen gegabelten C7(8)-H7(8)···O1-Kontakt (d = 2.65 Å, θ = 120.4°, resp. d = 2.66 Å, θ = 120.3°) unterstützt. O1 erfährt hier durch den weiteren Kontakt zu H6, welcher seinerseits zu

Zickzackketten entlang der kristallographischen *b*-Achse führt, eine dreifach gegabelte Anordnung.

Schließlich ist im Kristallverband der Form **19-A** ein Stapelwechselwirkung des Typs Ar-Ar^F vorzufinden. Zwischen den Zentren benachbarter Ringe liegt ein Abstand von 3.68 Å mit einem Winkel der Ebenen aus den Arylen von 15.25°. Diese Interaktion setzt sich jedoch nicht im Sinne einer Stapelwechselwirkung in einer face-to-face-Anordnung in der Packung fort. Von der im Crystal Engineering genutzten Wechselwirkung zum Aufbau molekularer Schichten kann daher hier nicht ausgegangen werden.

Abschließend lässt sich aus der Untersuchung intermolekularer Wechselwirkungen der Formen **19-A** und **19-B** keine Schlussfolgerung ziehen, ob **19-A** die bei Raumtemperatur stabile oder metastabile Modifikation bezüglich **19-B** ist. Zum einen weist **19-A** eine geringere Symmetrie auf, zum anderen spricht die Stärke der lokalisierten Interaktionen dem entgegen. Dieser scheinbare Widerspruch bestätigt jedoch die Vermutung über das Vorliegen einer weiteren Modifikation, die bisweilen nicht einkristallographisch nachgewiesen wurde.

An den hier untersuchten *N*-Phenylimiden konnte gezeigt werden, dass diese eine Tendenz zur Ausbildung polymorpher Strukturen aufweisen. Im Falle des *N*-(2,3,4,5,6-Pentafluorphenyl)phthalimds (**18**) und des *N*-Phenyltetrafluorphthalimds (**19**) wurden jeweils zwei Modifikation einkristallographisch nachgewiesen. Darüber hinaus sind bei beiden Verbindungen weitere Formen denkbar.

Die in dieser Arbeit untersuchten fluorierten Substanzen **7 - 24** verfügen über abgeschwächte Wasserstoff-Akzeptoren in eines tertiär gebundenen N-Atoms und zweier Carbonyl-O-Atome, deren unmittelbare Kombination im vorliegenden Fall zum cyclischen Imid führt. Wie sich bestätigte, wurden keine klassischen Wasserstoffbrücken in den Kristallverbänden lokalisiert. Stattdessen werden die Strukturen durch ein ausgeglichenes Zusammenspiel der C-H$\cdots$O-, C-H$\cdots$F- und C-X$\cdots\pi(\pi^F)$-Wechselwirkungen generiert. F$\cdots$F-Interaktionen und Stapelwechselwirkungen zwischen den aromatischen Einheiten spielen keine wesentliche Rolle.

3.3 Fulvenanaloge Additionsprodukte der Maleinimide

In den letzten Jahren hat das Interesse an supramolekularen Wechselwirkungen vom Typ C-F$\cdots$H, F$\cdots$F, C-F$\cdots\pi/\pi^F$ und $\pi\cdots\pi^F$ stark zugenommen. Dies sieht sich neben dem Einsatz im pharmazeutischen Bereich auch in deren möglicher Anwendung im Kristall- und Materialdesign begründet. Beim Design von Feststoffen, insbesondere jedoch bei Medikamenten, ist nicht einzig die Anordnung der Moleküle im Kristallverband, sondern auch deren Konformation von entscheidender Bedeutung. Auf die Konformation eines Moleküls haben neben der Kristallpackung vor allem intramolekulare Wechselwirkungen der kovalent gebundenen Atome Einfluss. Daher wurde im Rahmen dieser Arbeit das System der *N*-Phenylmaleinimide derart erweitert, dass ein weitestgehend starres und sperriges Molekülgerüst resultiert. Diese Überlegungen und die synthetisch gute Zugänglichkeit der Substanzen führte zu den in Abbildung 3-43 aufgeführten fulvenanalogen Additionsverbindungen.

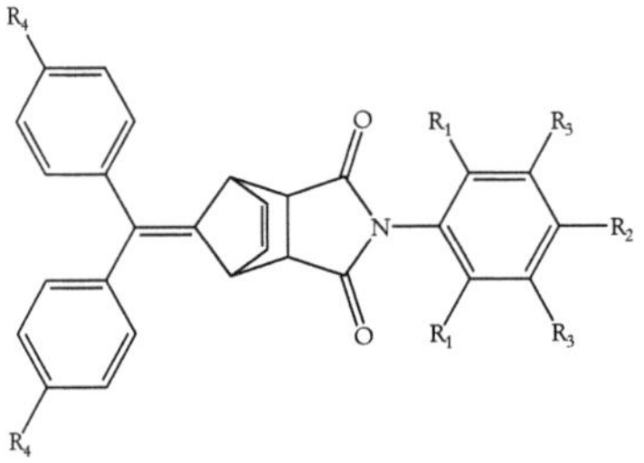

25: $R_1 = R_2 = R_3 = R_4 = H$
26: $R_1 = R_3 = R_4 = H; R_2 = F$
27: $R_1 = F; R_2 = R_3 = R_4 = H$

28: $R_1 = R_2 = R_4 = H; R_3 = F$
29: $R_1 = R_2 = F; R_3 = R_4 = H$
30: $R_1 = R_2 = R_3 = F; R_4 = H$

31: $R_1 = R_2 = R_3 = H; R_4 = F$
32: $R_1 = R_3 = H; R_2 = R_4 = F$
33: $R_1 = R_4 = F; R_2 = R_3 = H$

34: $R_1 = R_2 = H; R_3 = R_4 = F$
35: $R_1 = R_2 = R_4 = F; R_3 = H$
36: $R_1 = R_2 = R_3 = R_4 = F$

37: $R_1 = R_2 = R_3 = H; R_4 = Br$
38: $R_1 = R_3 = H; R_2 = F; R_4 = Br$
39: $R_1 = F; R_2 = R_3 = H; R_4 = Br$

40: $R_1 = R_2 = H; R_3 = F; R_4 = Br$
41: $R_1 = R_2 = F; R_3 = H; R_4 = Br$
42: $R_1 = R_2 = R_3 = F; R_4 = Br$

Abbildung 3-43 Ausgewählte Modellverbindungen des Typ 2, Klasse 2 zur Untersuchung des Einflusses von aromatisch gebundenem Fluor auf die Kristallpackung und die Molekülgeometrie.

Diese Modellverbindungen gehören der Klasse 2 des Typ 2 an und verfügen ebenso wie die bereits diskutierten Imide **7 - 24** (Typ 2, Klasse 1) über zwei Carbonyl-O-Atome und ein tertiär gebundenes Stickstoffatom zur Untersuchung der Konkurrenz zwischen F, O und N im Kristallverband. Demgegenüber unterscheiden sie sich von den Imiden **7 - 24** derart, dass die Konjugation der π-Elektronen über das gesamte Molekül durch eine aliphatische Baueinheit unterbrochen ist. Des Weiteren sind bei den Modellverbindungen **25 - 42** lediglich noch wirksame Rotationen über die C_{Aryl}-C-Bindungen möglich und eine begrenzte Flexibilität der Aryle an der C-C-Doppelbindung denkbar.

Ein weiterer Aspekt, den es zu berücksichtigen gilt, ergibt sich aus dem potenziellen Kristalleinschlussverhalten sperriger Molekülstrukturen. Diese Tendenz sollten die ausgewählten Moleküle möglich nicht aufweisen. Auftretende Gäste üben Einfluss auf die Packung und damit auch auf Wechselwirkungen im Kristallverband aus. Dies hat zur Folge, dass lokalisierte Wechselwirkungen nicht isoliert betrachtet werden können. Rückschlüsse auf molekülbedingte Effekte insbesondere bei der Ausbildung von Wechselwirkungen sind hiernach nicht eindeutig verifizierbar. Von *N*-Phenylmaleinimid-Derivaten des Anthracen ist bekannt, dass sie nur in begrenztem Umfang Einschlüsse bilden[102, 103]. Mit der Kombination der Fluor-Substitution und den damit deutlich schwächeren Wechselwirkungen sollten die Fulvenderivate sich ähnlich verhalten.

---

[102] E. Weber, S. Finge, I. Csöregh, *J. Org. Chem.* **1991**, *56*, 7281-7288.
[103] I. Csöregh, S. Finge, E. Weber, *Struct. Chem.* **2003**, *14*, 241-246.

3.3.1 Synthese der Modellverbindungen

Für die Synthese der fulvenanalogen Modellverbindungen wurde die Diels-Alder-Reaktion angewendet. Bei dieser Reaktion wird ein Dien an eine π-Bindung unter Ausbildung eines sechsgliedrigen Ringes addiert. Als Dienophil können Doppel- oder Dreifachbindungen eingesetzt werden, deren Reaktivität durch –M-Gruppen wie -COOH, -COOR, -CHO, -COR, -CN oder -NO$_2$ erhöht wird. Zur Erhöhung der Dien-Reaktivität hingegen eignen sich elektronenschiebende Substituenten wie -OR, -NR$_2$, -F, -Cl, -Br oder -I.
Der Vorteil der Diels-Alder-Reaktion liegt in einem relativ unkomplizierten Verlauf zur Darstellung von isocyclischen oder heterocyclischen Systemen und der Stereospezifität der Reaktion. Der Reaktionsmechanismus erfolgt wie bei allen pericyclischen Reaktionen konzertiert, jedoch nicht notwendigerweise synchron. Bei cyclischen Dienen, wie sie auch hier eingesetzt wurden, sind zwei stereoisomere Addukte (exo- und endo-Produkte) möglich, die gemeinsam mit dem Mechanismus in Abbildung 3-44 schematisch wiedergegeben sind[75].

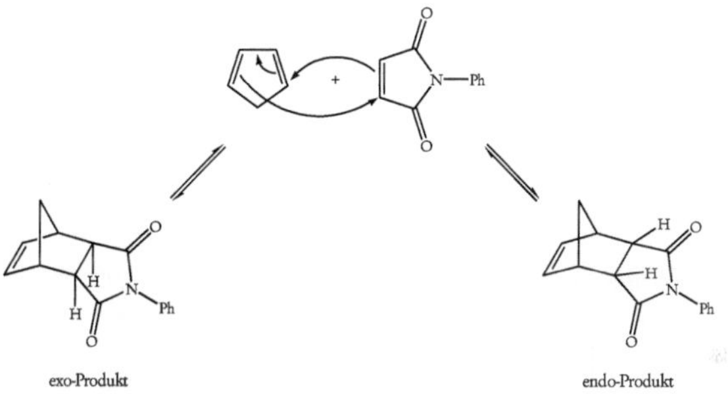

Abbildung 3-44 Schematische Darstellung der Diels-Alder-Reaktion am Beispiel des Cyclopentadiens als Dien und N-Phenylmaleinimids als Dienophil[75].

Zur Durchführung dieser [2+4]-Cycloadditionsreaktion mussten die entsprechenden Diene und Dienophile synthetisiert werden. Die Darstellung der Dien-Komponente, des 6,6-Diphenylfulvens und deren Halogenanaloga, erfolgte über die Aldol-Kondensation des Cyclopentadiens mit den entsprechenden Benzophenonen und Natriummethanolat als Base[104], während die Dienophile nach der bereits beschriebenen Kondensation des Maleinsäureanhydrids mit den fluorsubstituierten Anilinderivaten gelang.
Mittels Verdampfungskristallisation aus Ethanol konnten vom 6,6-Bis(4-fluorphenyl)fulven (**C**) und vom 6,6-Bis(4-bromphenyl)fulven (**E**) Einkristalle guter Qualität erhalten werden. Sie wurden bei Raumtemperatur durch Beugungsexperimente analysiert.

---

[104] J. Thiele, *Chem. Ber.* **1900**, *33*, 666-673.

Das fluorsubstituierte Diphenylfulven kristallisiert in der monoklinen Raumgruppe $P2_1/n$ mit einem Molekül in der asymmetrischen Einheit. Hingegen wurde das bromsubstituierte Analogon in der triklinen Raumgruppe P-1 mit zwei unabhängigen Molekülen gefunden (Abbildung 3-45).

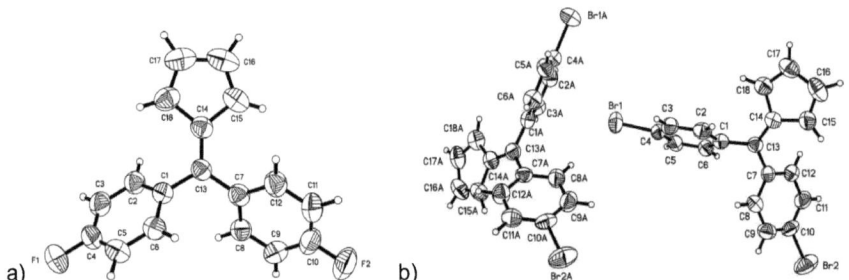

Abbildung 3-45   Asymmetrische Einheiten der halogensubstituierten Fulvene a) **C** und b) **E**.

Ein Blick auf die Geometrie der Moleküle zeigt, dass sich die Phenylringe aus der Ebene des Cyclopentadienringes herausdrehen. Im Kristall der Verbindung **C** betragen diese Winkel 45.4° und 55.7°, während im Brom-Derivat **E** die Aryle um 48.4° und 56.5° bzw. 52.9° und 50.2° die Ebene des Fünfringes verlassen. Die Aryle selbst sind um 73.6° in **C**, resp. 78.9° und 76.0° in **E** gegeneinander verdreht.

Im Kristallverband des Derivates **C** finden sich neben einem schwachen, gegabelten C-H⋯F-Kontakt vorrangig C-H⋯π-Wechselwirkungen, während als Folge des F-Br-Ersatzes in **E** ausschließlich letzterer Typ zwischenmolekularer Kräfte wirkt. In Tabelle 3-25 sind die relevanten intermolekularen Kontakte durch ihre geometrischen Parameter aufgelistet.

Tabelle 3-25   Intermolekulare Kontakte der Fulvene **C** und **E**.

Substanz	beteiligte Atome[1]	r/Å	d/Å	D/Å	θ/°	Symmetrie	Funktion
C	C18-H18⋯F1	0.93	2.56	3.338	141.1	-x,-y,2-z	einzeln: Dimere;
	C5-H5⋯F1	0.93	2.62	3.492	155.6	-x,1-y,2-z	Kombination: Zickzackkette
	C8-H8⋯Cg1[a]	0.93	2.92	3.547	126.0	1-x,2-y,-z	Dimer
	C2-H2⋯Cg3[b]	0.93	2.92	3.799	158.0	1-x,2-y,-z	Dimer
E	C3-H3⋯Cg1	0.93	3.07	3.939	156.0	2-x,2-y,1-z	Dimer
	C5-H5⋯Cg3[b]	0.93	2.85	3.639	144.0	1-x,-y,1-z	Dimer

1 Cg ist definiert als Ringmittelpunkt der Ringe: a) Cg1: C14-C18; b) Cg3: C7-C12.

Obwohl neben den Halogenfunktionen ausschließlich aromatische Einheiten im Molekül vorhanden sind, führt dies im Kristallverband zu keinen Stapelwechselwirkungen. So ist in **C** der kleinste Abstand zwischen den Zentren benachbarter Aryle 4.7 Å, während er in **E**

4.3 Å beträgt. In Abbildung 3-46 sind die Ausschnitte aus den Kristallpackungen wiedergegeben.

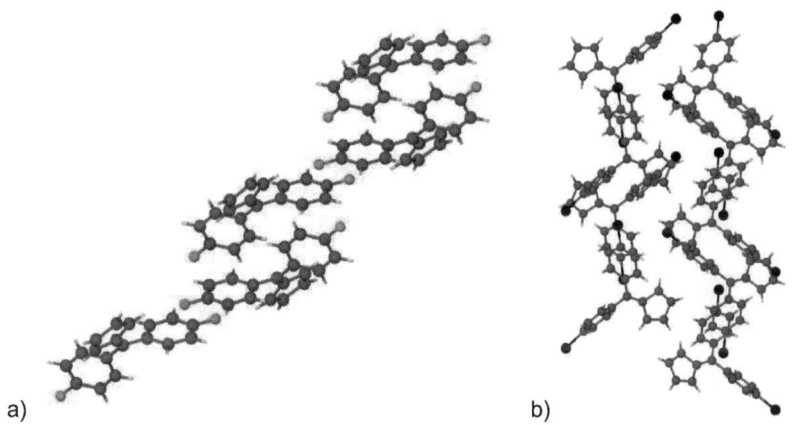

a) b)

Abbildung 3-46 Packungsdiagramme von a) 6,6-Bis(4-fluorphenyl)fulven (**C**) entlang der kristallographischen *b*- und b) 6,6-Bis(4-bromphenyl)fulven (**E**) entlang der kristallographischen *a*-Achse.

Die Umsetzung der Diphenylfulvene mit den fluorsubstituierten *N*-Phenylmaleinimiden zu den Substanzen **25 - 42** erfolgte in siedendem Benzen mit Ausbeuten zwischen 32 - 83 %. Von den Molekülen **25 - 42** erfolgte die Züchtung der Einkristalle, die für Röntgeneinkristallstrukturanalysen geeignet waren, in Analogie zu den Dibenzalacetonen **1 - 6**. Allerdings kristallisierten die fulvenanalogen Verbindungen **25 - 42** deutlich besser in definierten Einkristallen. Mit den durchgeführten Kristallisationsversuchen aus einer breiten Palette an Lösungsmitteln (Methanol, Ethanol, *n*-Butanol, Essigsäureethylester, Aceton, Butanon, Benzen, Toluen, Xylen, Mesitylen, Dichlormethan, Chloroform, Tetrachlorkohlenstoff, DMF, DMSO, Diethylamin und Triethylamin), sollte das Einschlussverhalten der Substanzen überprüft werden. Einzig das Fulvenaddukt **38** wurde als 1:1-Einschlussverbindung mit Benzen (**38 · Bz**) isoliert und einkristallographisch nachgewiesen.

3.3.2 Strukturanalyse

Die Beugungsexperimente der fulvenanalogen Imide **25 - 29** zeigten, dass alle mit einem unabhängigen Molekül in der asymmetrischen Einheit kristallisierten. Während **25** und **27** in der zentrosymmetrischen, monoklinen Raumgruppe $P2_1/c$ gefunden wurden, kristallisierten **26**, **28** und **29** in der nichtzentrosymmetrischen Raumgruppe $P2_1$, ebenfalls mit einem Molekül in der asymmetrischen Einheit. Demgegenüber kristallisierte das pentafluorierte Derivat **30** in der Raumgruppe $P2_1$ mit zwei kristallographisch unabhängigen Molekülen. Ein Molekül dieser Einheit in **30** liegt fehlgeordnet vor, was in der Darstellung des Packungsdiagramms und ORTEP-Plots unberücksichtigt ist. Auf diese Besonderheit wird bei der Diskussion der Molekülgeometrien, insbesondere bei der Verbindung **38· Bz** näher eingegangen, da hier eine analoge Fehlordnung existiert (Kapitel 3.3.3). In Abbildung 3-47 sind die Molekülstrukturen mit den entsprechenden Nummerierungsschemata wiedergegeben.

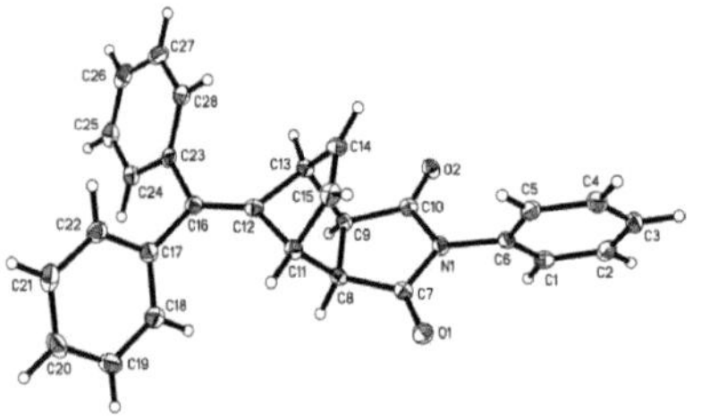

25 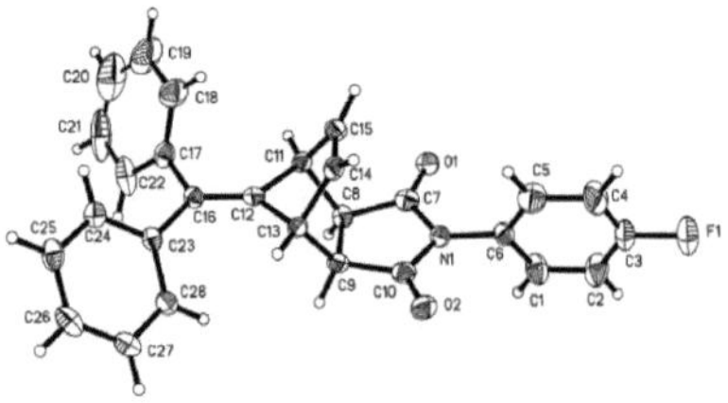 **26**

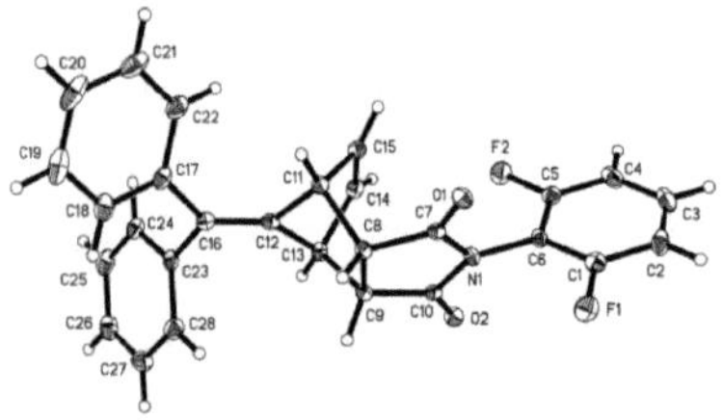

27 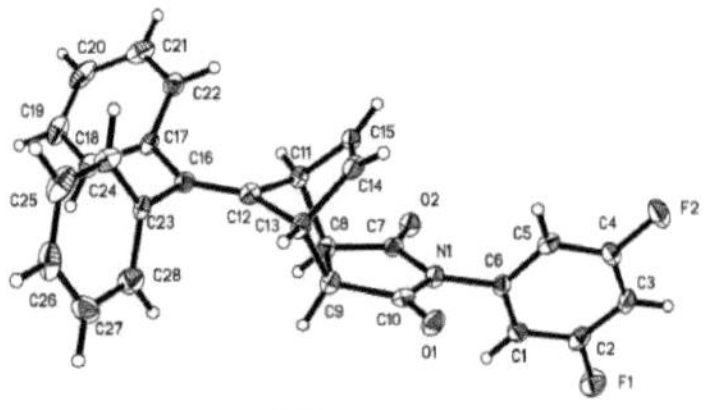 **28**

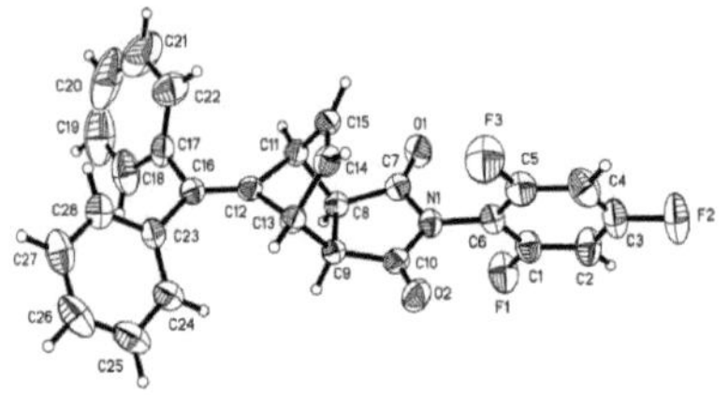

29 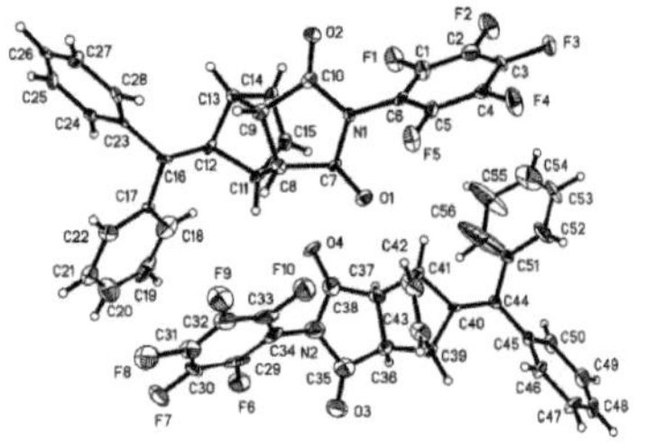 **30**

Abbildung 3-47 Asymmetrischen Einheiten der Verbindungen **25 - 30** als Ellipsoid-Plots mit 50 % Wahrscheinlichkeit, sowie die verwendete Nummerierung der Nichtwasserstoffatome. Bei **30** wurde auf die Darstellung der Fehlordnung verzichtet.

Auf die Molekülkonformationen in den Kristallverbänden der Verbindungen **25 - 42** soll später detailliert eingegangen werden (Kapitel 3.3.3). An dieser Stelle stehen in erster

Linie die zwischenmolekularen Wechselwirkungen zur Diskussion. Unter diesem Gesichtspunkt gelten insbesondere die C-H···O- und C-H···F-Kontakte als ein für den Aufbau der Kristalle wichtiges Strukturmotiv. In Tabelle 3-26 sind die relevanten Kontakte dieser Art mit ihren geometrischen Eigenschaften dieser Art der Wechselwirkung wiedergegeben.

Tabelle 3-26   Wasserstoff-Kontakte der Fulvenaddukte **25 - 30**.

Substanz	beteiligte Atome	r/Å	d/Å	D/Å	θ/°	Symmetrie	Funktion
25	C15-H15···O1	0.95	2.32	3.2453(17)	163.8	1-x,1-y,-z	Dimer
26	C4-H4···O2	0.95	2.32	3.251(3)	166.4	2-x,1/2+y,1-z	Zickzackkette
	C14-H14···F1	0.95	2.58	3.357(3)	138.8	2-x,1/2+y,1-z	Zickzackkette
27	C14-H14···O2	0.95	2.34	3.2793(15)	169.0	2-x,-y,1-z	Dimer
	C11-H11···F1	1.00	2.46	3.0955(14)	121.0	2-x,-1/2+y,1/2-z	Zickzackkette
	C8-H8···O1	1.00	2.49	3.0734(15)	116.7	2-x,1/2+y,1/2-z	Zickzackkette
	C13-H13···F2	1.00	2.65	3.3258(14)	125.1	2-x,-y,1-z	Dimer
28	C14-H14···O1	0.95	2.46	3.268(2)	143.2	2-x,-1/2+y,1-z	Zickzackkette
	C22-H22···F1	0.95	2.50	3.151(2)	125.8	1-x,-1/2+y,1-z	Zickzackkette
	C13-H13···F2	1.00	2.54	3.340(2)	137.4	2-x,1/2+y,1-z	Zickzackkette
29	C4-H4···O2	0.95	2.30	3.243(2)	171.2	2-x,1/2+y,-z	Zickzackkette
	C11-H11···O1	1.00	2.56	3.2021(19)	121.6	1-x,1/2+y,-z	Zickzackkette
	C15-H15···F1	0.95	2.64	3.4353(19)	141.3	x,1+y,z	Kette
30	C27-H27···F7	0.95	2.44	3.229(8)	139.9	2-x,-1/2+y,-z	einzeln: Dimer; Kombination: Zickzackkette
	C55-H55···F4	0.95	2.49	3.206(12)	132.1	-2+x,y,z	
	C19-H19···F9	0.95	2.52	3.258(10)	134.7	-1+x,y,z	Dimer
	C37-H37···F10	1.00	2.57	3.264(9)	126.2	-1+x,y,z	Kette
	C25-H25···F3	0.95	2.60	3.543(8)	170.6	-1+x,y,-1+z	Kette

Im Strukturverband der fulvenanalogen Imide **25 - 30** werden die C-H···O-Kontakte vorrangig von den aliphatischen und olefinischen Wasserstoffatomen ausgebildet. In **25** resultieren durch den starken Kontakt C15-H15···O1 (d = 2.32 Å, θ = 163.8°) Dimere, während in **26** aus C4-H4···O2 (d = 2.32 Å, θ = 166.4°) Zickzackketten in *b*-Richtung hervorgehen. In Abbildung 3-48 a) ist das Packungsdiagramm von **25** mit den beschriebenen Dimeren wiedergegeben, wohingegen Abbildung 3-48 b) die durch C-H···O-Kontakte erzeugten Zickzackketten in **26** zeigt.

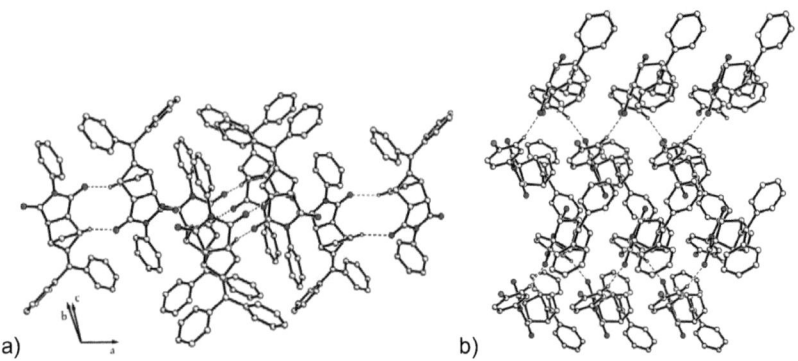

Abbildung 3-48 Kristallpackungen von a) **25**, sowie b) **26** entlang der kristallographischen c-Achse.

Mit zunehmendem Anteil an Fluoratomen im Molekül nimmt naturgemäß auch die Anzahl an C-H···O-Wechselwirkungen ab. Die in den Imiden **25 - 30** lokalisierbaren C-H···F-Kontakte sind teils sehr schwach ausgeprägt und deren Bedeutung am Aufbau der Strukturen bleibt fraglich. Einzig in **27** und **30** sind Wechselwirkungen dieses Typs von signifikanter Stärke involviert. In **27** finden sich durch den Kontakt C11-H11···F1 (d = 2.46 Å, θ = 121.0°) Zickzackketten in b-Richtung, die jedoch vorrangig durch den stärkeren C-H···O-Kontakt (C8-H8···O1: d = 2.49 Å, θ = 116.7°) zustande kommen. Abbildung 3-49 a) stellt das entsprechende Packungsbild dar. In **30** hingegen ergeben sich aus den Kontakten C55-H55···F4 (d = 2.49 Å, θ = 132.1°) und C27-H27···F7 (d = 2.44 Å, θ = 139.9°) jeweils Dimere, während die Kombination aus beiden Motiven zu zwischenmolekularen Zickzackketten führt. Abbildung 3-49 b) zeigt dieses Packungsmuster und die ebenso detektierten F···F-Wechselwirkungen.

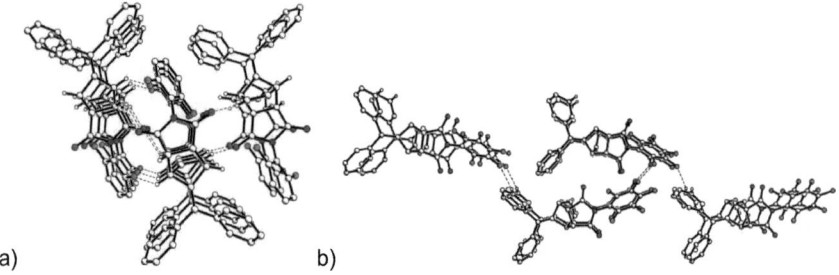

Abbildung 3-49 Kristallpackungen von a) **27** entlang der kristallographischen b-Achse und b) **30** entlang der kristallographischen a-Achse.

Der in **30** gefundene F···F-Kontakt (C2-F2···F6-C29: d = 2.81 Å, θ_1 = 173.0° und θ_2 = 145.7°) ist in den Strukturen der Derivate **25 - 30** der einzige seiner Art und nur im

Zusammenspiel mit den verschiedenen stärkeren Wechselwirkung zu sehen. Darüber hinaus könnte bei **30** eine Ar-Ar^F-Stapelwechselwirkung in der asymmetrischen Einheit selbst vorliegen. Mit einem Abstand der Zentren der Arylringe von 3.9 Å und einem Winkel von 21.1° zwischen den Ebenen wäre diese aber nur schwacher Natur. In keiner Struktur der untersuchten Imide **25 - 29** konnten $\pi \cdots \pi^{H(F)}$-Stapelwechselwirkungen als strukturbestimmendes Element identifiziert werden (Centroid-Centroid-Abstände: 4.2-5.7 Å).

Als wichtiger für die Generierung der Kristallstrukturen **25 - 30** erwiesen sich die Wechselwirkungen des Typs C-H/X$\cdots\pi/\pi^F$, deren geometrische Parameter in Tabelle 3-27 zusammengefasst sind.

Tabelle 3-27   C-H/X$\cdots \pi^F/\pi$-Kontakte der Fulvenaddukte **25 - 30**.

Verbindung	beteiligte Atome[1]	X$\cdots$Cg/Å	C$\cdots$Cg/Å	C-X$\cdots$Cg/°	Symmetrie	Funktion
25	C3-H3$\cdots$Cg7^d	2.82	3.586	138.0	1-x,1/2+y,1/2-z	Zickzackkette
	C9-H9$\cdots$Cg4^b	2.82	3.602	136.0	1-x,-1/2+y,1/2-z	Zickzackkette
	C19-H19$\cdots$Cg4^b	2.77	3.516	136.0	1-x,1-y,1-z	Dimer
	C4-H4$\cdots$Cg6^c	2.98	3.749	139.0	1-x,2-y,1-z	Dimer
	C10-O2$\cdots$Cg1^a	3.05	4.153	151.0	1-x,1/2+y,1/2-z	Zickzackkette
26	C20-H20$\cdots$Cg7^d	3.19	3.855	128.9	1-x,-1/2+y,2-z	Zickzackkette
27	C27-H27$\cdots$Cg4^b	2.73	3.507	139.0	-x,2-y,-z	Dimer
	C7-O1$\cdots$Cg1^a	3.26	4.332	148.4	-x,-1/2+y,1/2-z	Zickzackkette
28	C8-H8$\cdots$Cg4^b	2.82	3.602	136.0	1-x,1/2+y,1-z	Zickzackkette
	C20-H20$\cdots$Cg7^d	2.99	3.841	149.0	1-x,-1/2+y,-z	Zickzackkette
	C7-O2$\cdots$Cg1^a	3.21	4.326	152.9	1-x,-1/2+y,1-z	Zickzackkette
29	C5-F3$\cdots$Cg4^b	3.60	4.433	120.3	2-x,1/2+y,-z	Zickzackkette
30	C20-H20$\cdots$Cg7^d	2.84	3.749	160.0	x,y,1+z	Dimer
	C35-O3$\cdots$Cg4^b	2.99	4.169	167.0	-x,1/2+y,1-z	Dimer

1 Cg ist definiert als der Ringmittelpunkt der Ringe: a) Cg1: N1,C7-C10; b) Cg4: C1-C6; c) Cg6: C17-C22; d) Cg7: C23-C28.

Während in **26** die C-H$\cdots\pi$-Wechselwirkung als schwacher Kontakt mit einem Abstand zum Ringmittelpunkt von 3.2 Å auftritt, sind in den anderen Packungen die Kontakte mit Abständen im Bereich 2.7-2.9 Å stärker ausgeprägt. Vorrangig bauen sie Zickzackketten entlang der kristallographischen *b*-Achsen auf. Mit zunehmendem Fluor-Anteil am Phenylring geht darüber hinaus die Zahl an C-H$\cdots\pi$-Wechselwirkungen zurück, deren Stärke bleibt jedoch erhalten.

In **25**, **27** und **28** konnten Kontakte des Typs C-O$\cdots\pi$ lokalisiert werden, bei dem das π-System durch den Pyrrolidin-Ring repräsentiert wird. Die Ausrichtung der Sauerstoffatome erfolgt hierbei erneut zu den Carbonylkohlenstoffatomen. Analoge Kontakte wurden bereits in den Strukturen der *N*-Phenylphthalimide **13 - 18** und *N*-Phenyltetrafluorphthalimide **19 - 24** gefunden. Sie verdeutlichen den durch die Carbonylgruppe bedingten Elektronenzug. Da jedoch im Gegensatz zu den *N*-substituierten Malein- und Phthalimiden **7 - 24** keine Konjugationsmöglichkeiten gegeben sind, kann hier nicht von einem π-System ausgegangen werden. Vielmehr handelt es sich um zwei mehr oder minder isolierte Carbonylgruppen, deren elektronenarmes Kohlenstoffatom zur Koordination mit elektronenspendenden Atomen wie Sauerstoff befähigt ist. Dennoch sollten packungsbedingte Effekte hierbei nicht außer Acht gelassen werden.

Zusammenfassend zeigen sich in den untersuchten Strukturen der Verbindungen **25 - 30**, die einen großen π-Anteil im Molekül aufweisen, keine signifikanten π···π-Stapelwechselwirkungen, auch F···F-Wechselwirkungen sind nicht in zwischenmolekularen Einheiten involviert. Stattdessen formen C-H···O und C-H···F Kontakte im Bereich 2.30-2.65 Å supramolekulare Dimere, Zickzackketten und Ketten. In Abbildung 3-50 sind die Packungsdiagramme von **28** und **29** zur Darstellung dieser Wechselwirkungen wiedergegeben. Hauptsächlich werden jedoch die Kristallpackungen von C-H···π-Wechselwirkungen generiert, die daher als strukturbestimmendes Element aufgefasst werden können.

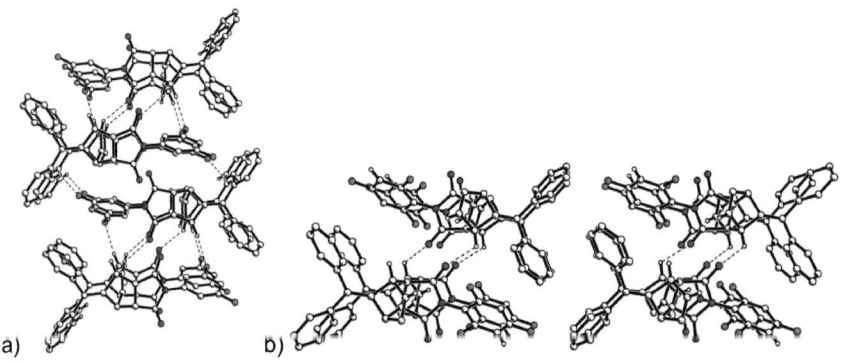

Abbildung 3-50   Kristallpackungen von a) **28** und b) **29** entlang der kristallographischen *b*-Achse.

Durch Substitution des Wasserstoffatoms in 4-Position der Fulveneinheit im vorgenannten Molekül wird der Elektronenzug auf die aromatischen Ringe erhöht, der nun auf beide Enden des Moleküls wirkt.

Alle Addukte der Imide **31 - 36** kristallisierten im monoklinen Kristallsystem mit jeweils einem unabhängigen Molekül in der asymmetrischen Einheit. Während **34** in der nichtzentrosymmetrischen Raumgruppe $P2_1$ vorgefunden wurde, liegen **31 - 33** und **35 - 36** in der zentrosymmtrischen Raumgruppe $P2_1/c$ vor. In Abbildung 3-51 sind die Moleküle als Ellipsoid-Plots und die verwendeten Nummerierungsschemata verdeutlicht.

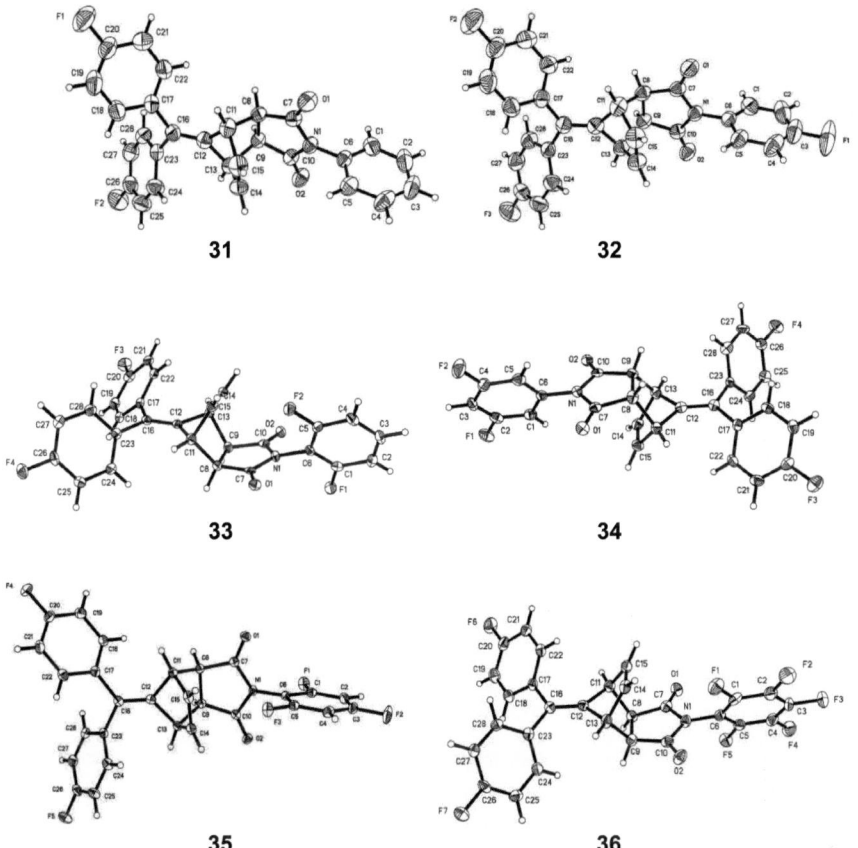

Abbildung 3-51 Asymmetrischen Einheiten der Verbindungen **31 - 36** als Ellipsoid-Plots mit 50 % Wahrscheinlichkeit, sowie der verwendeten Nummerierung der Nichtwasserstoffatome.

Wie bei den fulvenanalogen Imiden **25 - 30** ist die Anzahl an fluorinvolvierten Wasserstoffkontakten in dem Imiden **31 - 36** größer gegenüber den sauerstoffinvolvierten. Im Unterschied hierzu sind in den drei- und fünffach fluorierten Derivaten **35** und **36** auch C-H···O-Kontakte lokalisierbar. In Tabelle 3-28 sind die C-H···O- und C-H···F-Kontakte mit ihren geometrischen Parametern wiedergegeben.

Tabelle 3-28 Wasserstoff-Kontakte der Fulvenaddukte 31 - 36.

Substanz	beteiligte Atome	r/Å	d/Å	D/Å	θ°	Symmetrie	Funktion
31	C15-H15···O1	0.93	2.35	3.2571(19)	165.8	-x,2-y,1-z	einzeln: Dimer;
	C18-H18···F2	0.93	2.58	3.492(2)	168.3	1-x,2-y,1-z	Kombination: Zickzackkette
32	C15-H15···O1	0.95	2.34	3.281(3)	171.7	1-x,2-y,-z	einzeln: Dimer;
	C18-H18···F3	0.95	2.49	3.425(3)	166.5	-x,2-y,-z	Kombination: Zickzackkette
33	C15-H15···O1	0.95	2.36	3.305(2)	172.7	1-x,2-y,-z	Dimer
	C9-H9···O2	1.00	2.49	3.090(2)	117.9	1-x,-1/2+y,1/2-z	Zickzackkette
	C13-H13···F1	1.00	2.59	3.192(2)	118.9	1-x,1/2+y,1/2-z	Zickzackkette
	C21-H21···F4	0.95	2.64	3.519(2)	153.6	x,1.5-y,1/2+z	Kette
34	C13-H13···F1	1.00	2.54	3.398(4)	143.9	1-x,-1/2+y,2-z	Zickzackkette
	C14-H14···O2	0.95	2.43	3.268(4)	146.9	1-x,1/2+y,2-z	Zickzackkette
	C21-H21···F4	0.95	2.55	3.487(4)	168.3	-1+x,1+y,z	Kette
	C22-H22···F2	0.95	2.47	3.217(4)	135.7	-x,1/2+y,2-z	Zickzackkette
	C25-H25···F3	0.95	2.48	3.297(4)	143.7	1+x,y,z	Kette
	C27-H27···F1	0.95	2.63	3.529(4)	158.3	1-x,-1.5+y,2-z	Zickzackkette
	C5-H5···O1	0.95	2.71	3.544(4)	147.2	-x,1/2+y,2-z	Zickzackkette
35	C15-H15···O1	0.95	2.34	3.2591(16)	163.3	2-x,1-y,-z	Dimer
	C11-H11···F3	1.00	2.66	3.2958(16)	121.4	2-x,1-y,-z	Dimer
	C13-H13···F1	0.95	2.42	3.0721(16)	122.4	2-x,1/2+y,1/2-z	Zickzackkette
	C22-H22···F5	0.95	2.51	3.4423(16)	165.3	1-x,1-y,-z	Dimer
36	C13-H13···O1	1.00	2.40	3.313(3)	151.9	x,1+y,z	Kette
	C9-H9···F5	1.00	2.41	3.228(3)	138.1	1-x,1-y,-z	Dimer
	C22-H22···O1	0.95	2.53	3.269(3)	135.2	1.5-x,1/2+y,1/2-z	Kette
	C18-H18···F2	0.95	2.53	3.419(3)	155.3	1/2+x,1.5-y,-1/2+z	Kette
	C25-H25···O2	0.95	2.58	3.295(3)	131.0	1-x,2-y,-z	Dimer
	C28-H28···F1	0.95	2.62	3.554(3)	166.3	1.5-x,1/2+y,1/2-z	Zickzackkette

Auffallend ist darüber hinaus, dass die in 3,5-Position fluorierten Derivate **34** und **36** neben stark ausgeprägten C-H···O-Kontakten (z.B. **34**: d = 2.43 Å, θ = 146.9°, **36**: d = 2.40 Å, θ = 165.3°) auch die schwächsten dieser Art ausbilden (**34**: d = 2.71 Å, θ = 147.2°, **36**: d = 2.58 Å, θ = 131.9°). Während die stärksten Kontakte in der Packung entlang der kristallographischen *b*-Achse vorrangig zu Ketten und Zickzackketten führen, formen die schwächsten Interaktionen Zickzackketten, resp. Dimere. Auch nimmt die Neigung zur Ausbildung von Dimeren über C-H···O-Kontakte mit zunehmendem Substitutionsgrad am Phenylring ab. Demgemäß sind einzig in **31**, **32** und **33** über einen starken C-H···O-Kontakt verbrückte Dimere vorzufinden (Abbildung 3-52). Während in **31** und **32** durch die Kombination mit schwächeren C-H···F-Kontakten Zickzackketten in *b*-Richtung folgen, werden im Kristallverband von **33** neben den so geformten Dimeren die Zickzackketten durch diese Art der Wechselwirkung ergänzt. In allen weiteren Packungen resultieren aus diesen zwischenmolekularen Kräften Ketten und Zickzackketten.

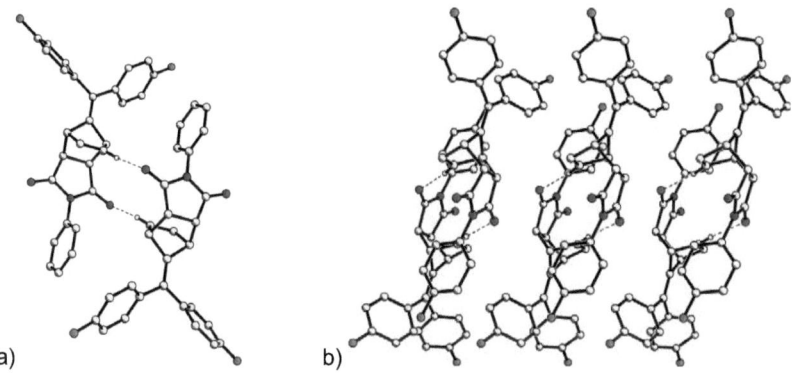

Abbildung 3-52 a) Dimer in **31** entlang der kristallographischen *b*-Achse und b) Packungsdiagramm von **32** entlang der kristallographischen *c*-Achse.

Neben den an Stärke abnehmenden C-H···O-Kontakten nimmt die Anzahl an C-H···F-Kontakten mit steigender Substitution zu. Deren dominierende Wirkung im Kristallverband sollte jedoch bei den gefundenen Abständen (2.41-2.66 Å) gering sein. Nur vereinzelt treten stärkere Wechselwirkungen dieses Typs auf. In Abbildung 3-53 b) ist das Packungsdiagramm von **34** skizziert, woraus neben der C14-H14···O2-Wechselwirkung (d = 2.43 Å, θ = 146.9°) die C-H···F-Interaktionen deutlich werden. Abbildung 3-53 a) bildet die in **33** vorgefundenen sauerstoffinvolvierten Kontakte des Wasserstoff ab, die zu Dimeren und Zickzackketten entlang der kristallographischen *b*-Achse führen. Darüber hinaus sind in Abbildung 3-53 c) und d) die Packungsdiagramme der Fulvenaddukte **35** und **36** zur Verdeutlichung der C-H···F- und F···F-Kontakte illustriert.

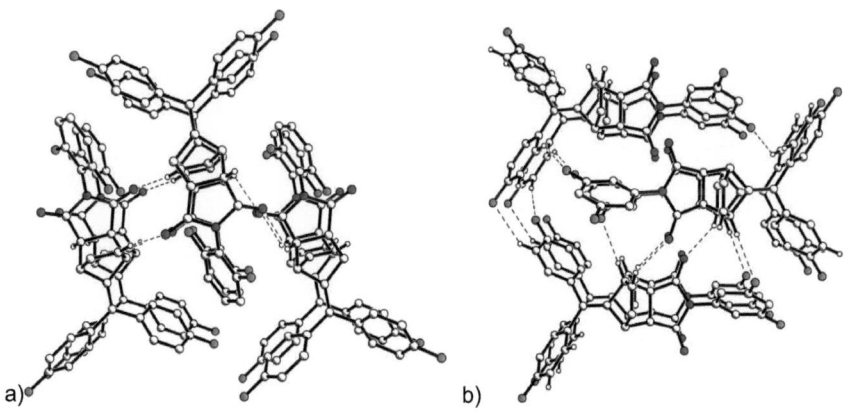

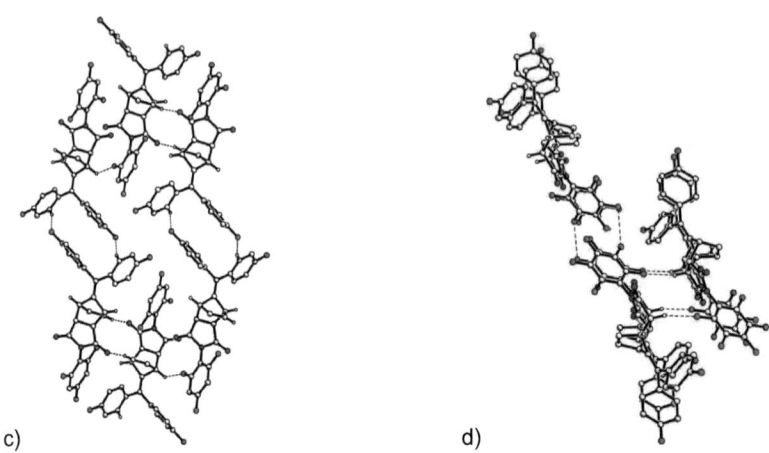

c)   d)

Abbildung 3-53   Kristallpackungen von a) **33**, b) **34**, c) **35** und d) **36** entlang der kristallographischen b-Achsen.

Die in **36** detektierten F···F-Kontakte sind mit d = 2.87 Å (θ_1 = 108°, θ_2 = 132°) und 2.93 Å (θ_1 = 80°, θ_2 = 158°) geringfügig kleiner als die Summe der van-der-Waals Radien, woraus sich für diesen Typ der Wechselwirkung packungsbedingte Effekte als Ursache vermuten lassen.

Ähnlich den Kristallverbänden der Verbindungen **25 - 30** sind in den para-fluorsubstituierten Derivaten **31 - 36** vor allem die C-H···π-Kontakte signifikant am Strukturaufbau beteiligt, während π···π-Stapelwechselwirkungen im Bereich 4.0-4.7 Å nicht vorgefunden werden. In der nachfolgenden Tabelle sind für die Fulvenaddukte **31 - 36** die C-H/X···π-Kontakte notiert. Erneut zeigen sich hier Wechselwirkungen des Carbonyl-O-Atoms mit benachbarten Pyrrolidinringen. Die Orientierung erfolgt erneut zum Carbonylkohlenstoffatom des entsprechenden Ringes.

Tabelle 3-29 C-H/X···π^F/π-Kontakte der Fulvenaddukte **31 - 36**.

Verbindung	beteiligte Atome[1]	X···Cg/Å	C···Cg/Å	C-X···Cg/°	Symmetrie	Funktion
31	C9-H9···Cg4[b]	2.73	3.569	144.0	-x,-1/2+y,1/2-z	Zickzackkette
	C10-O2···Cg1[a]	2.98	4.100	154.4	-x,1/2+y,1/2-z	Zickzackkette
32	C9-H9···Cg4[b]	2.77	3.610	142.0	1-x,-1/2+y,1/2-z	Zickzackkette
	C10-O2···Cg1[a]	3.03	4.156	155.3	1-x,1/2+y,1/2-z	Zickzackkette
33	C25-H25···Cg4[b]	2.74	3.560	145.0	1-x,-y,1-z	Dimer
34	C8-H8···Cg4[b]	2.98	3.713	131.0	2-x,-1/2+y,-z	Zickzackkette
	C19-H19···Cg6[c]	2.85	3.535	130.0	2-x,-1/2+y,1-z	Zickzackkette
	C7-O1···Cg1[a]	3.32	4.442	153.5	2-x,1/2+y,-z	Zickzackkette
35	C9-H9···Cg4[b]	2.93	3.663	130.0	-x,-1/2+y,1/2-z	Zickzackkette
	C10-O2···Cg1[a]	3.12	4.211	151.0	-x,1/2+y,1/2-z	Zickzackkette
36	C27-H27···Cg6[c]	2.51	3.432	165.0	x,-1+y,z	Kette

1 Cg ist definiert als der Ringmittelpunkt der Ringe: a) Cg1: N1,C7-C10; b) Cg4: C1-C6; c) Cg6: C17-C22;.

Die Anzahl an C-H···π-Wechselwirkungen der Strukturen **31 - 36** bleibt im Gegensatz zu den vorherigen Imiden **25 - 30** mit steigendem Fluorsubstitutionsgrad weitestgehend konstant, deren Stärke scheint jedoch bis zum Derivat **35** leicht abzunehmen. Demgegenüber ist mit einem Abstand zum Zentrum des Ringes von 2.51 Å in **36** der kürzeste Kontakt dieser Art lokalisierbar, der auch als einziger in zwischenmolekularen Ketten in *b*-Richtung resultiert. Alle weiteren Kontakte der π-Systeme führen zu Zickzackketten, ebenfalls entlang der kristallographischen *b*-Achse. Auch führt ein solcher Kontakt dieser Art in **33** zu Dimeren.

Mit der Einführung von Brom in das Molekül der fulvenanalogen Imide ist davon auszugehen, dass dieses sich gegenüber dem Fluoratom intensiver an intermolekularen Wechselwirkungen beteiligt. Der Einfluss auf die Molekülgeometrie sollte sich jedoch aufgrund des bezüglich Fluor schwächeren induktiven Effektes nicht wesentlich von den hydrogenierten Imiden **25 - 30** unterscheiden.
Diese Imide **37 - 42**, die sich durch die Bromsubstitution in 4-Position an der ursprünglichen Fulveneinheit der Imide **31 - 36** unterscheiden, zeigten eine deutlich schlechtere Tendenz zur Ausbildung qualitativ hochwertiger Einkristalle. So konnten bei Anwendung von Verdampfungs- und Abkühlungskristallisation keine zufriedenstellenden Einkristalle von **39** und **40** erhalten werden. Lediglich das mit Brom substituierte Derivat **37** (Raumgruppe $P2_1/c$), sowie das Benzensolvat von **38**, **38· Bz** ($P2_1/n$), lieferten analysierbare Kristalle. Mit steigender Fluoratomanzahl am bromierten Molekül ändert sich das primitive Gitter hin zum flächenzentrierten. So wurde **41** in der zentrosymmetrischen Raumgruppe $C2/c$ und **42** in der nichtzentrosymmetrischen Raumgruppe $C2$ detektiert. In allen asymmetrischen Einheiten ist jeweils ein unabhängiges Molekül enthalten. Ausgenommen ist hierbei jedoch das Solvat **38· Bz**, das als 1:1-Einschlussverbindung mit einem Wirt- und einem Gastmolekül vorliegt. Für diese Verbindungen sind in Abbildung 3-54 die ORTEP-Plots mit der angewandten Nummerierung wiedergegeben.

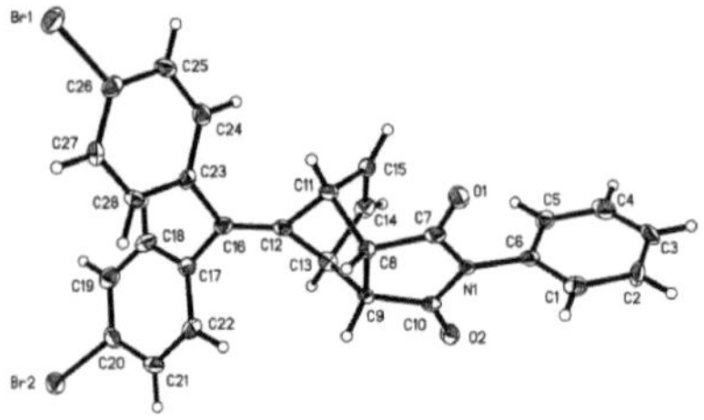

37 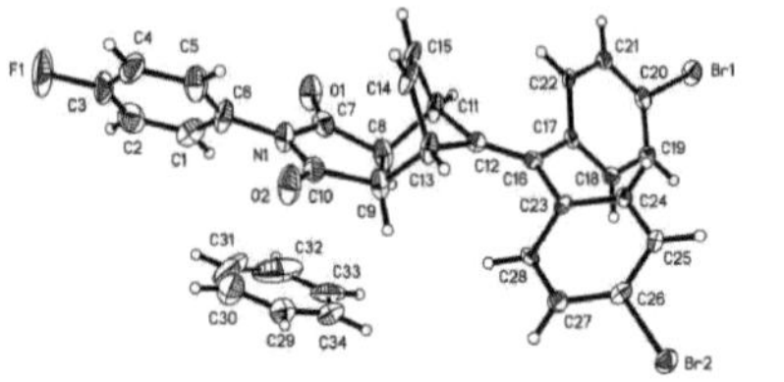 **38· Bz**

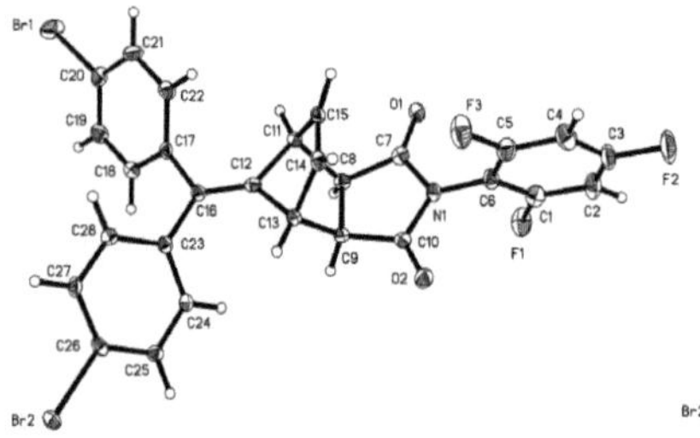

41 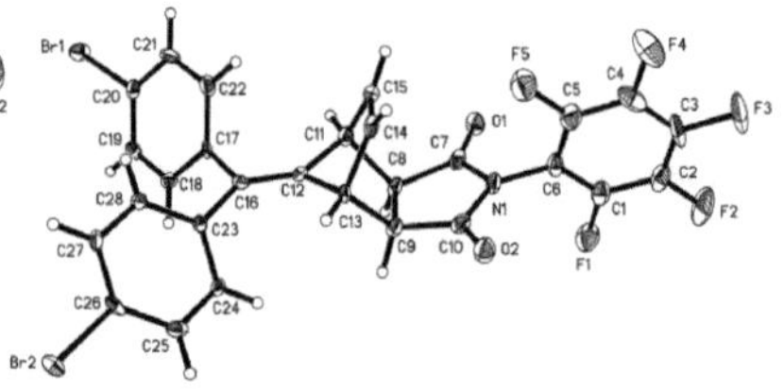 **42**

Abbildung 3-54   Asymmetrischen Einheiten der Verbindungen **37, 38· Bz, 41 - 42** als Ellipsoid-Plots mit 50 % Wahrscheinlichkeit, sowie die verwendete Nummerierung der Nichtwasserstoffatome. Bei **38· Bz** wurde auf die Darstellung der Fehlordnung verzichtet.

Während für die Imide **25 - 37** und **39 - 42** keine Einschlussverbindungen nachgewiesen wurden, ist das Derivat **38** die einzige Substanz, die nicht lösungsmittelfrei einkristallographisch untersucht werden konnte. Im 1:1 Einschluss **38· Bz**, dessen Packungsdiagramm in Abbildung 3-55 illustriert ist, konnte ein Kontakt des Typs O···Br detektiert werden.

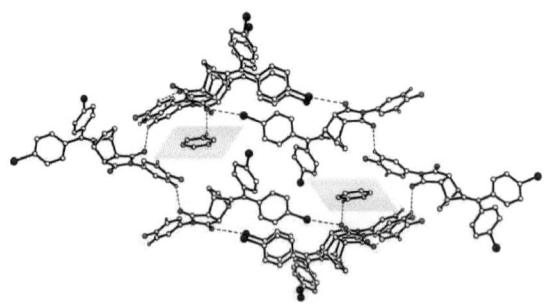

Abbildung 3-55   Packungsdiagramm des Benzensolvates von **38** in Blickrichtung der kristallographischen *a*-Achse

Zur Analyse dieses Kontaktes wurde eine CSD-Recherche[105] mit dem nachfolgenden in Abbildung 3-56 aufgezeigtem Fragment durchgeführt. Aus der resultierenden Verteilung der Abstände über die Winkel θ_1 und θ_2 zeigt sich, dass die Abstände d im Bereich 2.85-3.37 Å (Mittel: 3.2 Å) liegen. Der Winkel θ_1 zwischen dem aromatischen C, Br und O variiert zwischen 101° und 179° (Mittel: 163°), während θ_2 (Br, O, C) im Bereich 81-177° (Mittel: 96°) zu finden ist.

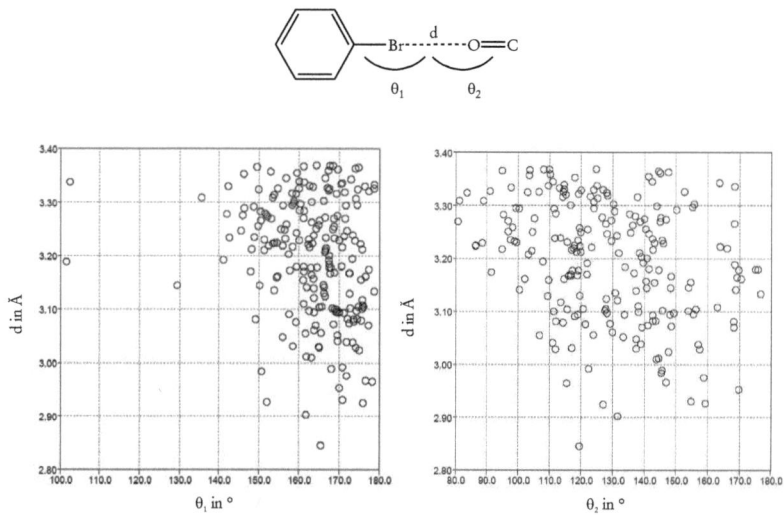

Abbildung 3-56 Fragment und graphische Verteilung der Abstände d über θ_1 und θ_2 der C-Br···O(=C)-Kontakte für 212 Fälle.

Der in **38· Bz** gefundenen Kontakt mit d = 3.228(5) Å, θ_1 = 169.1(2)° und θ_1 = 119.5(4)° weist eine Analogie der geometrischen Parameter auf. Außerdem lässt sich bei Anwendung der geometrischen Definitionen der Halogen-Halogen-Wechselwirkungen ein Kontakt des Typs II zuordnen. Auch im Hinblick auf die in der Literatur[106] beschriebene Wechselwirkung des Typs -C≡N···I scheint diese Art des Kontaktes einen Einfluss auf die Strukturbildung auszuüben. Auffallend ist allerdings, dass dieser Kontakt ausschließlich in dem Kristallverband nachgewiesen wurde, der solvatisiert anfällt.
In den lösungsmittelfreien Strukturen der Fulvenaddukte **37**, **41**, **42** sind ebenso wie in **38· Bz** C-H···O(F)-Kontakte in zwischenmolekularen Wechselwirkungen involviert. Unter Berücksichtigung der fehlenden Kristallstrukturen von **41** und **42**, resp. der solvenzfreien

---

[105] Cambridge Structural Database; CSD (Version: 5.27 (November 2005); am Phenylring sind abgesehen von dem Bromatom keine Substituenten festgelegt; d ist der Abstand zwischen O und Br und kleiner als die Summe der van-der-Waals Radien. Kriterien: keine Fehlordnungen, keine Ionen, keine Pulverstrukturen, nur Organika.
[106] G. R. Desiraju, R. L. Harlow, *J. Am. Chem. Soc.* **1989**, *111*, 6757-6764.

Verbindung **38** wird aus den in Tabelle 3-30 wiedergegebenen Daten ersichtlich, dass der Anteil an C-H···F-Kontakten gegenüber der C-H···O-Wechselwirkung geringer ist als noch in den Fulvenaddukten **25 - 36**.

Tabelle 3-30   Wasserstoff-Kontakte der Fulvenaddukte **37, 38· Bz, 41 - 42**.

Substanz	beteiligte Atome	r/Å	d/Å	D/Å	θ°	Symmetrie	Funktion
37	C14-H14···O2	0.95	2.31	3.234(5)	165.7	1-x,1-y,1-z	Dimer
	C8-H8···O1	1.00	2.62	3.073(5)	107.2	1-x,-1/2+y,1/2-z	Zickzackkette
38· Bz	C33-H33···O2	0.95	2.45	3.196(9)	135.8	1+x,y,z	Wirt-Gast
	C4-H4···O1	0.95	2.48	3.133(8)	126.3	-1+x,y,z	Kette
	C2-H2···O1	0.95	2.51	3.293(9)	139.3	1.5-x,-1/2+y,1.5-z	Zickzackkette
41	C4-H4···O2	0.95	2.39	3.237(3)	148.7	1.5-x,1/2-y,2-z	Dimer
	C11-H11···O1	1.00	2.45	3.140(3)	125.9	1.5-x,-1/2+y,1.5-z	Zickzackkette
	C8-H8···O1	1.00	2.60	3.338(3)	130.6	1.5-x,1/2+y,1.5-z	Zickzackkette
	C27-H27···F2	0.95	2.64	3.306(3)	127.4	1/2+x,-1/2+y,z	Kette
42	C14-H14···F4	0.95	2.54	3.345(5)	142.9	-x,y,1-z	Dimer
	C21-H21···F2	0.95	2.56	3.331(5)	138.7	1/2-x,-1.5+y,1-z	Zickzackkette
	C11-H11···O1	1.00	2.61	3.225(5)	120.1	1/2-x,-1/2+y,1-z	Zickzackkette
	C27-H27···F3	0.95	2.63	3.344(4)	132.5	1/2+x,-1/2+y,1+z	Kette
	C8-H8···O1	1.00	2.65	3.356(5)	127.4	1/2-x,1/2+y,1-z	Zickzackkette
	C14-H14···Br2	0.95	2.98	3.250(4)	97.8	1/2-x,-1/2+y,2-z	Zickzackkette

Die Stärke dieser Wechselwirkung bleibt jedoch im Vergleich dieser drei Gruppen weitestgehend konstant. So ist in den Derivaten **25 - 30** der Abstand d im Mittel 2.55 Å, in den Addukten **31 - 36** ist d = 2.56 Å und schließlich in den bromsubstituierten Analoga **37, 38· Bz, 41** und **42** ist d = 2.59 Å. Anders verhält sich die Situation bei den C-H···O-Wechselwirkungen, die in **25 - 30** und **31 - 36** mit d = 2.40 Å und 2.43 Å im Mittel stärkerer Natur sind, während sie in den bromierten Derivaten mit d = 2.51 Å schwächer werden. Erneut bildet im unfluorierten Imid **37** der stärkste Kontakt C14-H14···O2 (d = 2.31 Å, θ = 165.7°) dieser Art Dimere aus, die schließlich zur Verbrückung von Zickzackketten führen. Letztere werden von einem schwächeren Kontakt C8-H8···O1 mit d = 2.62 Å, θ = 107.2° verbrückt. In Abbildung 3-57 a) ist die aus der stärksten C-H···O-Wechselwirkung resultierende Dimerenbildung in **37** skizziert, während Abbildung 3-57 b) die aus dieser Wechselwirkung folgenden Zickzackketten in **41** zeigt.

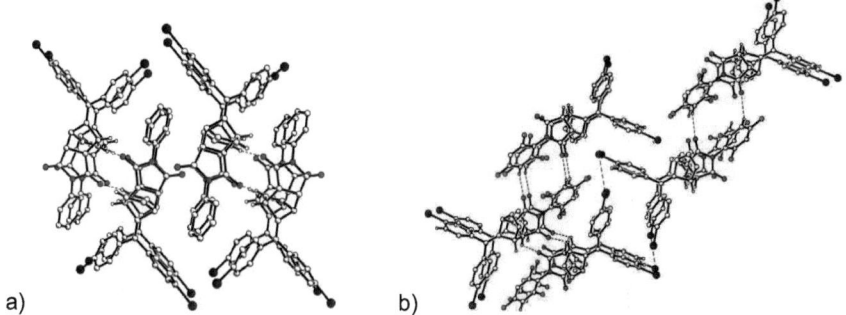

a)　　　　　　　　　b)

Abbildung 3-57　　Kristallpackungen von a) **37** und b) **41** entlang der kristallographischen *b*-Achsen.

Erneut führt diese Art schwacher zwischenmolekularer Kontakte mit zunehmendem Fluorsubstitutionsgrad bevorzugt zur Bildung von Zickzackketten anstelle von Dimeren. Allein der Austausch von Wasserstoffatomen gegen Fluoratome bedingt kaum ein größeres Volumen des Moleküls und damit auch kaum eine größere Packungsdichte. Jedoch verändert dies die Ladungsverteilung im organischen Molekül und die repulsiven und attraktiven Kräfte zwischen benachbarten Molekeln. Die für die Dimerenbildung notwendigen Abstände zwischen benachbarten Molekeln sind daher nicht mehr gegeben und eine Ausbildung von C-H$\cdots\pi$-Wechselwirkungen, die in den hier untersuchten Verbindungen mit C-H$\cdots$O- und C-H$\cdots$F-Kontakten einhergehen, ist nicht mehr möglich. Demgegenüber ändert sich bei der Einführung zweier Bromatome in das Grundgerüst auch das Volumen des Moleküls und bedingt einen analogen Effekt. Deutlich wird dies in der abnehmenden Anzahl an C-H$\cdots\pi$-Kontakten in den Strukturen der fulvenanalogen Imide mit steigender Fluoranzahl. Von besonderem Interesse sind hierbei die untersuchten bromsubstituierten Imide **37, 38· Bz, 41, 42**, die im Vergleich mit den H- und F-substituierten Imiden **25 - 36** eine wesentlich geringere Anzahl an Wechselwirkung dieser Art aufweisen. In der nachfolgenden Tabelle 3-31 sind die lokalisierten Kontakte mit den entsprechenden geometrischen Parametern wiedergegeben.

Tabelle 3-31　　C-H/X$\cdots\pi^F/\pi$-Kontakte der Fulvenaddukte **37, 38· Bz**, und **40**.

Verbindung	beteiligte Atome[1]	X$\cdots$Cg/Å	C$\cdots$Cg/Å	C-X$\cdots$Cg/°	Symmetrie	Funktion
37	C8-H8$\cdots$Cg4^b	2.83	3.604	135.0	1-x,-1/2+y,1/2-z	Zickzackkette
	C3-H3$\cdots$Cg7^d	2.98	3.725	135.0	1-x,1/2+y,1/2-z	Zickzackkette
	C7-O1$\cdots$Cg1^a	3.02	4.140	153.6	1-x,1/2+y,1/2-z	Zickzackkette
38· Bz	C19-H19$\cdots$Cg7^d	2.93	3.738	143.0	-1+x,y,z	Kette
42	C25-H25$\cdots$Cg7^d	2.96	3.698	135.0	1/2-x,1/2+y,-z	Zickzackkette

1 Cg ist definiert als der Ringmittelpunkt der Ringe: a) Cg1: N1,C7-C10; b) Cg4: C1-C6; c) Cg6: C17-C22; d) Cg7: C23-C28.

Die geringere Bedeutung der C-H···π-Kontakte für den Aufbau der Kristallpackungen **37 - 42** wird darüber hinaus aus den Abständen der Wasserstoffatome zu den entsprechenden Ringzentren deutlich. Hier ist der gemittelte Wert 2.93 Å größer als in den Imiden **25 - 30** (2.88 Å) und den Derivaten **31 - 36** (2.79 Å). Unabhängig von deren Stärke sind sie dennoch an der Generierung von Ketten und Zickzackketten vorrangig entlang der kristallographischen *b*-Achse in Kombination mit den C-H···O(F)-Kontakten involviert

Neben den bereits beschriebenen C-H···O-Wechselwirkungen sind erneut C-H···F-Kontakte in den Molekülpackungen der Verbindungen **41** und **42** lokalisierbar, deren Funktion im Kristallverband in der Ausbildung von Dimeren (**42**), Ketten (**41** und **42**) und Zickzackketten (**42**) liegt. Da die Strukturen der 2,6- und 3,5-fluorsubstituierten Derivate **39** und **40** nicht vorliegen, ist eine Tendenz in Abhängigkeit von der Fluorsubstitution nicht nachvollziehbar. Denkbar ist jedoch aufgrund der Anwesenheit des Bromatoms eine verminderte Beteiligung der Fluoratome an zwischenmolekularen Wechselwirkungen. In der Struktur des pentafluorierten Imids **40** wird darüber hinaus ersichtlich, dass sich das Bromatom zunehmend an den intermolekularen Kontakten beteiligt. So findet sich neben einem für Brom untypischen C14-H14···Br2-Kontakt (d = 2.98 Å, θ = 97.8°) auch ein F···Br-Kontakt des Typs II mit d = 3.233(3) Å, θ_1 = 158.2(3)° und θ_2 = 88.35(13)°. Bei einem van-der-Waals Radius von 1.85 Å nach Bondi[79] zeigt sich für den F···Br-Kontakt, dass dieser als schwach einzuschätzen ist und eher als Resultat der anderen, stärkeren Wechselwirkungen, resp. der dichtesten Packung anzusehen ist. Gleiches gilt für den C-H···Br-Kontakt, der zusammen mit den C-H···F-Kontakten in Abbildung 3-58 des Packungsbildes skizziert ist.

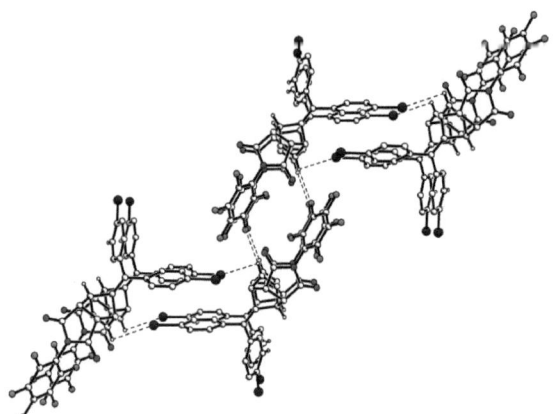

Abbildung 3-58   Packungsdiagramm von **42** entlang der kristallographischen *b*-Achse.

Die Untersuchung zwischenmolekularer Wechselwirkungen in den Fulvenaddukten **25 - 42** verdeutlichte die lokalisierten C-H···O- und C-H···F-Kontakte in unterschiedlichen

Funktionen zum Aufbau der Strukturen. Während die sauerstoffinvolvierten Interaktionen mit zunehmendem Fluorsubstitutionsgrad von der Dimerenbildung zur Ausbildung von Zickzackketten übergehen, resultieren aus den C-H···F-Kontakten vorrangig Zickzackketten und Ketten. Auch die Stärke dieser Kontakte scheint insbesondere im Vergleich mit den rein aromatischen Imiden **7 - 24** wesentlich schwächer (Abbildung 3-59 a).

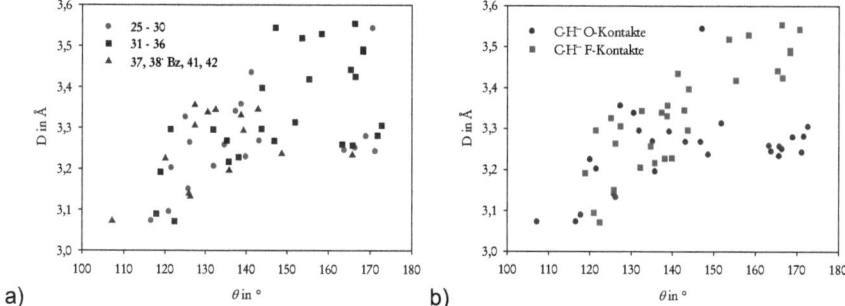

Abbildung 3-59 a) Graphische Verteilung der Abstände D (C···O/F) über θ der C-H···O- und C-H···F-Kontakte; Fulvenaddukte **25 - 30**; Fulvenaddukte **31 - 36**; Fulvenaddukte **37, 38· Bz, 41, 42**. b) Graphische Verteilung der Abstände D über θ der C-H···O- und C-H···F-Kontakte.

Des Weiteren wird aus dieser Darstellung ersichtlich, dass die bromierten Derivate **37, 38· Bz, 41, 42** und die H-Analoga **25 - 30** die stärkeren Kontakte des Typs C-H···O(F) generieren, wohingegen bei den F-analogen Verbindungen diese Wechselwirkungen in ihrer Intensität stärker variieren. Aus Abbildung 3-60 b) wird deutlich, dass in den fulvenanalogen Imiden **25 - 36** eine breite Verteilung der Abstands-Winkel-Abhängigkeit der C-H···O- und C-H···F-Kontakte vorliegt. Des Weiteren zeigt sich, dass starke relevante C-H···F-Interaktionen vorliegen. Im Gegensatz zu den konjugierten Imiden **7 - 24** treten jedoch auch hier in ähnlich starke C-H···O-Wechselwirkungen auf.
Bereits bei den einfachen Imiden **7 - 24** zeigte sich, dass bevorzugt die H-Atome an Wechselwirkungen beteiligt sind, die sich nicht am fluorierten Aromaten befinden. In diesem Fall handelte es sich um olefinische und phthalimidische Wasserstoffatome. Eine analoge Situation findet sich bei den Fulvenaddukten **31 - 42**. Wie in Abbildung 3-60 skizziert, sind vor allem die aromatischen Wasserstoffatome der Fulveneinheiten und aliphatischen H-Atome an der Ausbildung von C-H···F-Interaktionen beteiligt. Wohingegen Wechselwirkungen zum Sauerstoff bevorzugt von aliphatischen und olefinischen H-Atomen gebildet werden.

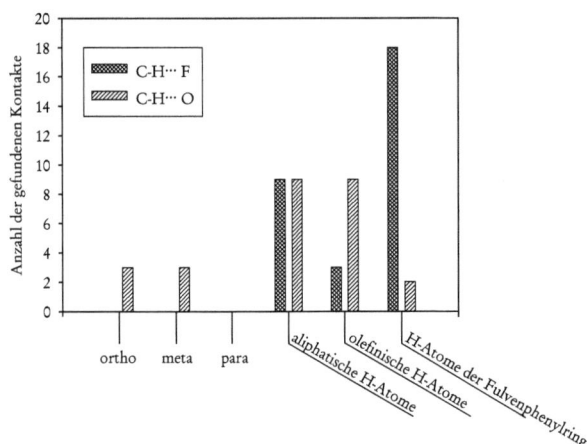

Abbildung 3-60 Graphische Darstellung der Häufigkeit der C-H···O-Kontakten und C-H···F-Kontakte unter Berücksichtung der H-Positionen.

Neben der tatsächlichen Anzahl der gebildeten C-H···O- und C-H···F-Kontakte, die von den unterschiedlichen Wasserstoffatomen ausgehen, sind auch die daraus resultierenden Motive von Interesse. Aus Abbildung 3-61 wird ersichtlich, dass von den Wasserstoffatomen des *N*-substituierten Phenylringes vorrangig Zickzackketten zum Sauerstoff oder zum π-System gebildet werden. Eine analoge Situation findet sich bei den C-H···O- und C-H···F-Wechselwirkungen, in denen aliphatische Wasserstoffatome involviert sind. So formen auch diese vorzugsweise Zickzackketten. Dem gegenüber ist eine klare Spezifizierung der olefinischen H-Atome auf ein bestimmtes Muster nicht ersichtlich. Ähnlich verhält es sich mit den aromatischen H-Atomen der Phenylringe der Fulveneinheit.

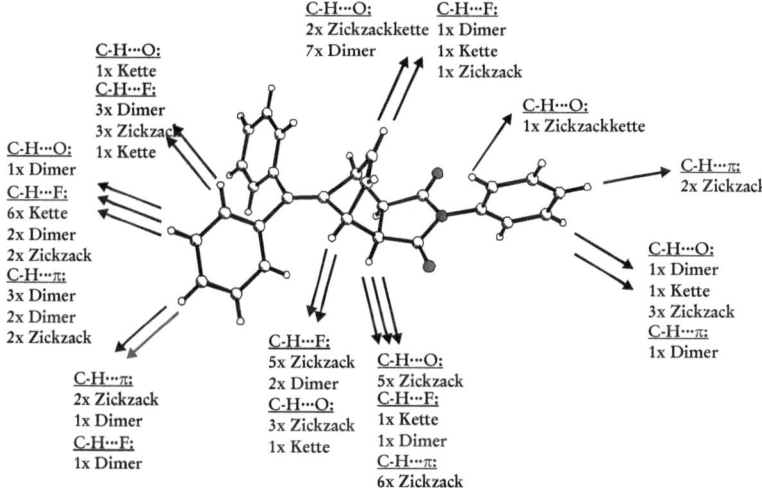

Abbildung 3-61 Schematische Darstellung der C-H···X-Kontakte (X = O, F, Aryl) und deren Motive in den fulvenanalogen Imiden **25 - 42** bezüglich der Wasserstoffatomposition in Abhängigkeit von den interagierenden Atomen. Die pentahydrogenierten Stammverbindungen sind repräsentativ für alle Moleküle dieser Gruppe wiedergegeben.

In C-H···F-Wechselwirkungen sind weder *ortho-*, *meta-*, noch *para-*ständige Wasserstoffatome der *N*-gebundenen Phenylringe involviert. Auch die Beteiligung dieser Atome an C-H···O-Interaktionen ist sehr gering, wobei die *para*-positionierten Wasserstoffatome in keiner Wechselwirkung dieser Art integriert sind. Es lässt sich daher schlussfolgern, dass in diesen Modellverbindungen bei der Anwesenheit von Fluor am aromatischen Ring, die am selben Ring substituierten Wasserstoffatome kaum Wechselwirkungen eingehen, weder zu organisch gebundenem Fluor, noch zu den in den Verbindungen dieser Arbeit anwesenden carbonylischen Sauerstoffatomen.

Neben den C-H···O- und C-H···F-Interaktionen im Kristallverband der untersuchten fulvenanalogen Imide sind vor allem auch die Wechselwirkungen zu den aromatischen Einheiten für den Aufbau der Strukturen von Bedeutung. Aus der nachfolgenden Abbildung 3-62 wird ersichtlich, dass diese insbesondere bei den Substanzen **25 - 30** eine wichtige Rolle spielen.

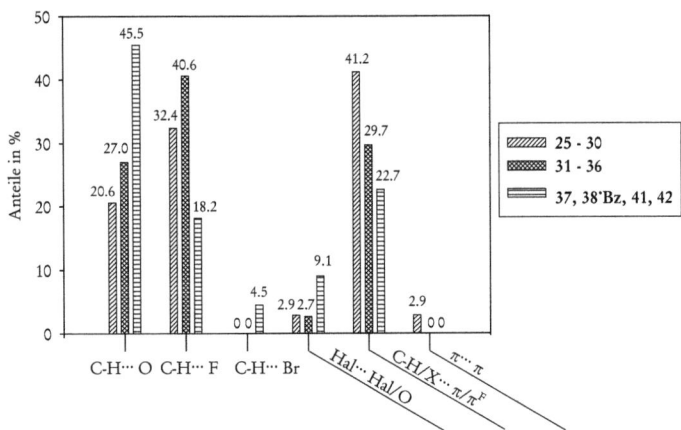

Abbildung 3-62 Anteile an Wechselwirkungen in den Fulvenaddukten **25 - 30**, Fulvenaddukten **31 - 36**, Fulvenaddukten **37, 38· Bz, 41, 42**.

Die in den Strukturen **25 - 37, 38· Bz, 41, 42** zunehmende Zahl an C-H···O-Kontakten, die in den Bromderivaten **37 - 42** nahezu die Hälfte der Wechselwirkungen ausmacht, hängt mit der Einführung des Broms in das Molekül zusammen. Während in den Fluorderivaten **31 - 36** neben den C-H···O-Koordinationen noch schwache C-H···F-Kontakte gebildet werden können, sind diese mit der Einführung von Brom nicht mehr als stabilisierende Interaktionen für das System anzusehen. Mit der Abnahme an C-H···O-Wechselwirkungen geht demgegenüber die Zahl an Interaktionen mit den aromatischen Einheiten zurück. Die Stärke der C-H/X···π/π^F-Wechselwirkungen bleibt dennoch weitestgehend konstant. Schließlich konnte durch die kristallographische Untersuchung der Fulvenaddukte gezeigt werden, dass das im Crystal Engineering verwendete Motiv der Aryl-Perfluoraryl-Wechselwirkung bei größeren Molekülen, die über gewinkelte Baugruppen verfügen und keine Gesamtplanarität aufweisen, keinen nennenswerten Einfluss auf die Strukturbildung ausübt. Stattdessen wird in den Kristallpackungen der Imide **25 - 42** eine Balance aller aufgezeigten intermolekularen Wechselwirkungen vorgefunden.

3.3.3 Betrachtung der Molekülgeometrie mittels Strukturanalyse, 2D ^{19}F ^{19}F-NMR-Spektroskopie und ab initio Rechnungen

Die Beugungsexperimente der Imide **30** und **38· Bz** ergaben, dass die Moleküle eine Fehlordnung bezüglich der aliphatischen Einheiten und des N-substituierten Phenylrings aufweisen. In **30** tritt darüber hinaus eine Fehlordnung eines der Fulvenphenylringe auf, die unabhängig von ersterer ist. Am Beispiel der Wirt-Gast-Verbindung **38· Bz** soll die

Fehlordnung der aliphatischen Baueinheit näher dargelegt werden. Dazu sind in Abbildung 3-63 zunächst die für **30** und **38** gefundenen Lagen der Moleküle wiedergegeben.

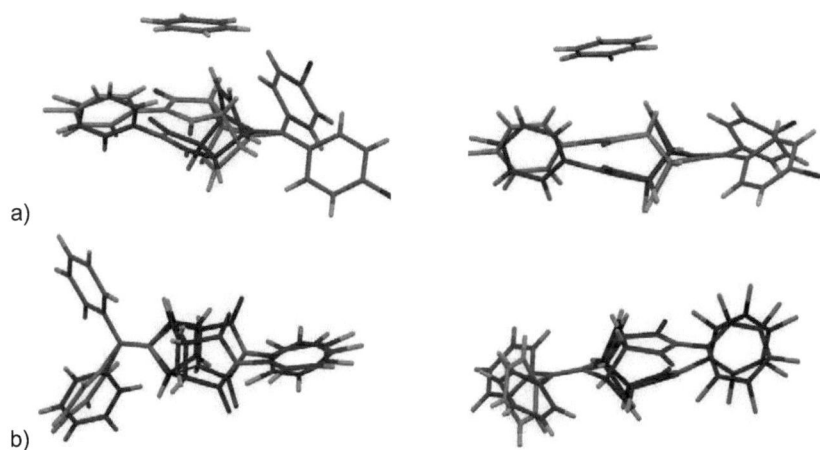

Abbildung 3-63 Fehlordnungslagen der Wirtmoleküle in a) **38· Bz**: Grün unterlegt entspricht der Hauptlage mit 84.2 %, während violett die Nebenlage mit 15.8 % angibt; und b) **30**: Dunkelgrün unterlegt entspricht der Hauptlage der Imideinheit mit dem Pentafluorphenylring mit 81.4 %, sowie in hellgrün für die zugehörige aber davon unabhängige Lage des Fulvenphenylringes mit 35.1 %; blau: Nebenlage mit 18.6 % und violett mit 64.9 %.

Anhand der Restelektronendichte und der Ellipsoide des Gastmoleküls Benzen lässt sich schlussfolgern, dass in **38· Bz** womöglich eine vierfache Fehlordnung vorliegt, da Benzen mehr als zwei Nachbarmoleküle aufweist und diese in unterschiedlichen Raumerfüllungen auftreten können. Bei den Benzenellipsoiden gibt es keinen kontinuierlichen Übergang und keine Elektronendichtemaxima, die ein Splitten zulassen würden. Daher wurde auf die Verfeinerung des Gastmoleküls in den möglichen Positionen verzichtet.

Aus den unterschiedlichen Lagen der Wirtmoleküle ergeben sich kleinere Veränderungen der intermolekularen Wechselwirkungen. Zunächst gilt es zu berücksichtigen, dass fehlgeordnete Moleküle aufgrund der nicht festgelegten Lage kaum koordinativ starke zwischenmolekulare Interaktionen eingehen können. Unabhängig dieser Tatsache treten neben den bereits oben beschriebenen Interaktionen zusätzliche C-H···O-Kontakte des Gastmoleküls zum Wirt auf (d = 2.57 Å, θ = 162°).

Bei der Beschreibung intermolekularer Wechselwirkungen spielt neben packungsbedingten Effekten auch die Gestalt der Moleküle in der Packung eine wesentliche Rolle. Diese Gestalt ist immer auch ein Resultat der Packung und der zwischenmolekularen Kräfte und unterscheidet sich im Allgemeinen von der Molekülgestalt in der Gasphase.

Bei den aromatischen, einfachen Imiden **7 - 24** zeigte sich, dass es keine definierte Abhängigkeit der Bindungslängen und -winkel von dem Grad der Fluorsubstitution gibt. Einzig bei den 2,6-difluorsubstituierten Imiden konnte eine verkürzte C_{Aryl}-N-Bindung gegenüber den an dieser Stelle hydrogenierten Derivaten festgestellt werden. In den vorliegenden fulvenanalogen Imiden **25 - 42** ändert sich die Molekülsituation derart, dass am Pyrrolidinring keine Einheit substituiert ist, die eine Konjugation der Elektronen ermöglicht. Stattdessen ist durch die Diels-Alder-Reaktion ein aliphatisches System entstanden. Daher ist die Konjugation der Elektronen über das gesamte Molekül unterbrochen. In Tabelle 3-32 sind die daraus resultierenden relevanten Bindungslängen und -winkel der Imide **25 - 37**, **38· Bz** und **41, 42** wiedergegeben.

Zunächst ist eine deutliche Vergrößerung der Interplanarwinkel zwischen den Pyrrolidin- und dem N-substituierten Phenylringen festzustellen. Während die konjugationsfähigen Imide **7 - 24** im Mittel eine Verdrillung von 58.8° aufweisen, ist bei den fulvenanalogen Imiden **25 - 42** eine Torsion von 73.3° im Mittel festzustellen. Vermutlich ist dafür die bereits angesprochene unterbrochene Konjugation des Moleküls verantwortlich, die zu einem stärkeren Einfluss der attraktiven und repulsiven Kräfte zwischen den Carbonyl-O-Atom und den *ortho*-ständigen Atomen führt.

Für die N-C(=O)-Bindungen ist mit 1.404 Å im Mittel bezüglich der konjugierten Imide (1.407 Å) eine geringfügige Änderung erkennbar. Ähnlich verhält es sich innerhalb der Gruppe der Imide (1.407 Å, 1.401 Å, 1.403 Å), auch unter Einbeziehung der Fluorposition am aromatischen Ring. Eine andere Situation ergibt sich hier für die C_{Aryl}-N-Bindung. Zwar unterscheiden sich die Längen im Mittel nicht von denen der konjugierten Imide, und auch im Vergleich der einzelnen Gruppen der Fulvenaddukte ist keine Tendenz abzuleiten. Bei Berücksichtigung der Position der Fluoratome am N-substituierten Ring ist jedoch erneut eine Abhängigkeit festzustellen. So weisen die 2,6-difluorsubstituierten Verbindungen eine verkürzte C_{Aryl}-N-Bindung auf. Dies deutet auf die am entsprechenden Kohlenstoffatom reduzierte Elektronendichte und dadurch bedingten Ladungsausgleich durch das N-Atom hin.

Tabelle 3-32 Ausgewählte geometrische Parameter der Addukte 25 - 30[107], 31 - 36[108], 37, 38· Bz, 41, 42[109].

	25	26	27	28	29	30-1	30-2
2'- und 6'-Substitution	H	H	F	H	F	F	F
Imid-Phenyl-Interplanarwinkel (°)	74.79	82.45	68.81	75.81	76.48	75.93	65.12
Abweichung vom Mittelwert 74.2° (°)	0.59	8.25	-5.39	1.61	2.28	1.73	-9.08
N-C(=O) (Å)	1.4007	1.389	1.4037	1.404	1.4017	1.411	1.414
	1.4013	1.398	1.4039	1.405	1.4031	1.413	1.445
Abweichung vom Mittelwert 1.407 Å (Å)	-0.006	-0.018	-0.004	-0.003	-0.005	0.004	0.007
	-0.005	-0.009	-0.003	-0.002	-0.004	0.006	0.038
C_{Aryl}-N (Å)	1.441	1.442	1.423	1.442	1.424	1.413	1.445
Abweichung vom Mittelwert 1.433 Å (Å)	0.008	0.009	-0.010	0.009	-0.009	-0.020	0.012
Abweichung von Imid-Planarität[110]	0.013	0.028	0.021	0.015	0.024	0.017	0.016

	31	32	33	34	35	36
2'- und 6'-Substitution	H	H	F	H	F	F
Imid-Phenyl-Interplanarwinkel (°)	81.53	81.91	66.70	69.85	76.55	61.31
Abweichung vom Mittelwert 73.0° (°)	8.53	8.91	-6.30	-3.15	3.55	-11.69
N-C(=O) (Å)	1.3889	1.390	1.402	1.392	1.4017	1.413
	1.3925	1.390	1.408	1.412	1.4031	1.419
Abweichung vom Mittelwert 1.401 Å (Å)	-0.012	-0.011	0.001	-0.009	0.001	0.012
	-0.009	-0.011	0.007	0.011	0.002	0.018
C_{Aryl}-N (Å)	1.434	1.430	1.425	1.432	1.425	1.421
Abweichung vom Mittelwert 1.428 Å (Å)	0.006	0.002	-0.003	0.004	-0.003	-0.007
Abweichung von Imid –Planarität[110]	0.016	0.015	0.015	0.013	0.023	0.008

	37	38· Bz		41	42
2'- und 6'-Substitution	H	H		F	F
Imid-Phenyl-Interplanarwinkel (°)	77.28	51.36		80.85	81.22
Abweichung vom Mittelwert 72.7° (°)	4.58	-21.31		8.15	8.52
N-C(=O) (Å)	1.393	1.400		1.401	1.405
	1.393	1.412		1.403	1.414
Abweichung vom Mittelwert 1.403 Å (Å)	-0.01	-0.003		-0.002	0.002
	-0.01	0.009		0	0.011
C_{Aryl}-N (Å)	1.436	1.436		1.423	1.414
Abweichung vom Mittelwert 1.427 Å (Å)	0.009	0.009		-0.004	-0.013
Abweichung von Imid –Planarität[110]	0.015	0.027		0.021	0.016

Bedingt durch die gehinderte Rotation entlang der C_{Aryl}-N-Achse liegen insbesondere für die in ortho-Position substituierten Fluoratome unterschiedliche räumliche Umgebungen vor. Dies sollte in den ^{19}F-NMR-spektroskopischen Analysen durch eine unterschiedliche

---

[107] Auf Standardabweichungen wurde für die Übersichtlichkeit verzichtet; Abstände: ≤ 0.008 Å, Winkel: ≤ 0.28°.

[108] Auf Standardabweichungen wurde für die Übersichtlichkeit verzichtet; Abstände: ≤ 0.004 Å, Winkel: ≤ 0.11°.

[109] Auf Standardabweichungen wurde für die Übersichtlichkeit verzichtet; Abstände: ≤ 0.007 Å, Winkel: ≤ 0.23°.

[110] Der Imidring ist definiert durch die Atome N1,C7-C10, resp. N2,C35-C38.

Verschiebung der Signale zum Ausdruck kommen. Tatsächlich zeigten die für Reinheitsanalysen der Substanzen durchgeführten ^{19}F-NMR-Untersuchungen der *ortho*-fluorsubstituierten Imide **27, 29, 30, 33, 35, 36, 39, 41** und **42** die Nichtäquivalenz der *ortho*-Fluoratome. In Abbildung 3-64 ist dies am Beispiel des pentafluorierten Imids **30** und zum Vergleich für das entsprechende *N*-Phenylmaleinimid **12** aufgezeigt.

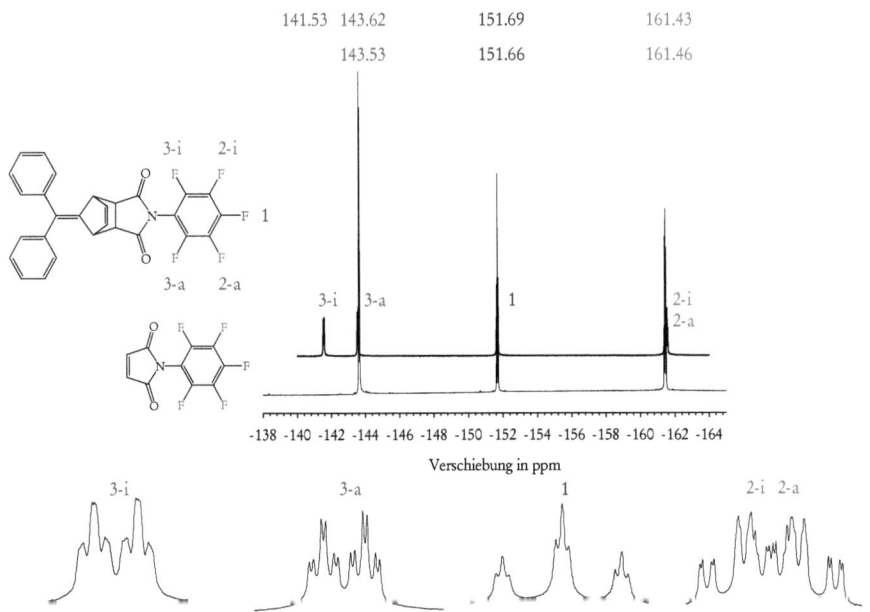

Abbildung 3-64 ^{19}F-NMR der Substanzen **12** und **30**; 376 MHz mit Cl$_3$CCF$_3$ als externer Standard in CDCl$_3$[111].

Die im Einzelnen aufgeführten Signale spiegeln darüber hinaus die Kopplungen der Fluor-Fluor-Kerne untereinander wider. Während für die Fluoratome 1, 3-a und 3-i die Entnahme der entsprechenden Konstanten aus dem Spektrum möglich ist und die Resultate in Tabelle 3-33 aufgeführt sind, erlauben die Kopplungen, die für die 2-a und 2-i Fluoratome detektiert wurden, dies aufgrund starker Überlappungen nicht.

---

[111] a = aussen, i = innen, wobei innen bedeutet, es liegt auf der Seite der Brücke, in einer Art Käfig.

Tabelle 3-33   FF-Kopplungskonstanten im ^{19}F-NMR-Spektrum der Substanz **30** in CDCl$_3$[112].

F1	F3-a	F3-i
^3J = 21.4 Hz T	^3J = 22.6 Hz D	^3J = 22.6 Hz D

Zunächst jedoch soll ein Blick auf das Fluoratom 1 geworfen werden. Für dieses Atom wird zunächst durch die $^3J_{FF}$-Kopplung ein Triplett detektiert, welches seinerseits durch die $^4J_{FF}$-Kopplungen zum Triplett aufspaltet.
Für die Atome 2-a und 2-i sollte durch die möglichen vicinalen ^3J-Kopplungen ein Dublett detektiert werden. Bei gleicher oder ähnlicher $^3J_{FF}$-Kopplung resultiert ein Triplett. Dieses spaltet durch die ^4J-Kopplungen jeweils zum Dublett auf. Erfahren diese *meta*-Fluoratome eine unterschiedliche räumliche Umgebung, so tritt eine Trennung der Signale auf. Im vorliegenden Fall scheinen sie den Einfluss der Brücke zu unterliegen, jedoch so gering, dass eine unvollständige Auflösung resultiert. Dem gegenüber sind die 3-a und 3-i Fluoratome durch ihre räumliche Anordnung im substituierten Bicyclus beeinflusst. Während das Atom F3-i den Kontakt zur Brücke hat und sich wie in einer Art Käfig befindet, ergibt sich für das andere Atom F3-a eine dem fluorierten *N*-Phenylmaleinimid **12** analoge räumliche Situation. Aufgrund der Verschiebung im Vergleich mit dem Spektrum der Substanz **12** kann das Signal bei 143.62 ppm dem inneren Atom F3-i zugeschrieben werden. Das Signal bei 141.53 ppm repräsentiert demzufolge das Atom F3-i. Für beide *meta*-Fluoratome 3-a und 3-i resultiert aufgrund der gegebenen vicinalen FF-Kopplungen ein Dublett, welches durch die schwächere $^4J_{FF}$-Kopplung zum Triplett aufspaltet. Unter Berücksichtigung der $^5J_{FF}$-Kopplung ergibt sich ein Dublett, welches aber nur für 3-a deutlich erkennbar ist.
Um ergänzende Ergebnisse zu erzielen, wurden 2D ^{19}F ^{19}F-COSY-NMR-spektroskopische Untersuchungen durchgeführt, deren Resultate in Abbildung 3-65 gezeigt sind.

---

[112] Angegeben sind die Absolutbeträge. D = Dublett, T = Triplett.

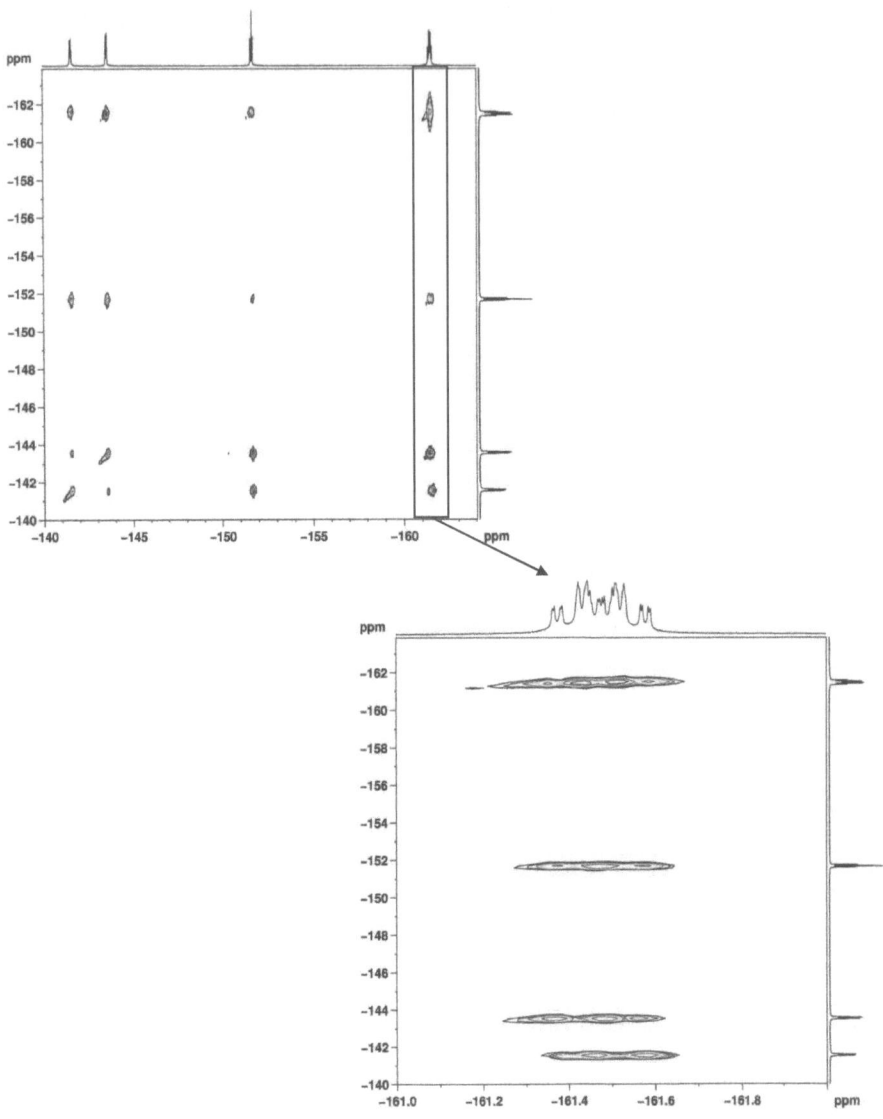

Abbildung 3-65 2D-^{19}F ^{19}F long range COSY-NMR-Spektrum der Substanz **30**, 376 MHz, mit Cl$_3$CCF$_3$ als externer Standard in CDCl$_3$.

Aus den Kreuzsignalen des 2D-^{19}F ^{19}F-COSY-NMR-Spektrums werden die bereits lokalisierten $^3J_{FF}$- und $^4J_{FF}$-Kopplung und damit die Zuordnung der Signale zu den entsprechenden Fluoratomen des Systems bestätigt. Darüber hinaus zeigen sich schwache Kopplungen der beiden *ortho*-Fluoratome untereinander. Auch die beginnende Auftrennung der *meta*-Fluoratome wird erkennbar. Es zeigt sich, dass das etwas stärker abgeschirmte Triplett bei 161.4 ppm mit F3-i verknüpft ist, während das Signal bei 161.5 ppm mit F3-a verknüpft ist. Hierdurch wird die eingangs getroffene Bezeichnung der Atome bestätigt.

Bereits die Beugungsexperimente zeigten, dass zwischen dem Pyrrolidinring und dem *N*-substituierten Phenylring eine Torsion entlang der C_{Aryl}-N-Achse von 71° (65°, 76°) in **30** besteht. Aus den bei Raumtemperatur aufgenommen spektroskopischen Analysen geht hervor, dass eine Rotation entlang dieser Bindung in Lösung nicht stattfindet, die eine Äquivalenz der *ortho*-Fluoratome bedingen würde. Welche Energie ist jedoch nötig, um diese Rotation zu initiieren? Um diese Frage zu klären, wurden temperaturabhängige NMR-spektroskopische Untersuchungen in d^6-DMSO durchgeführt (Abbildung 3-66).

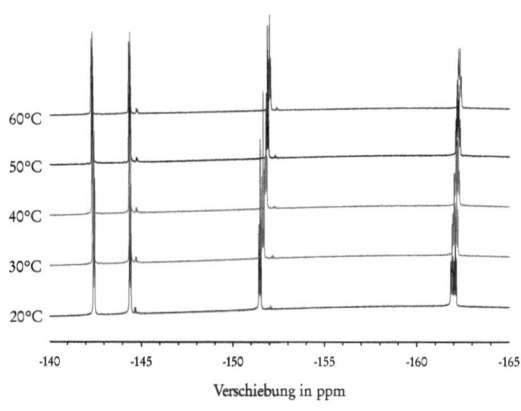

a)

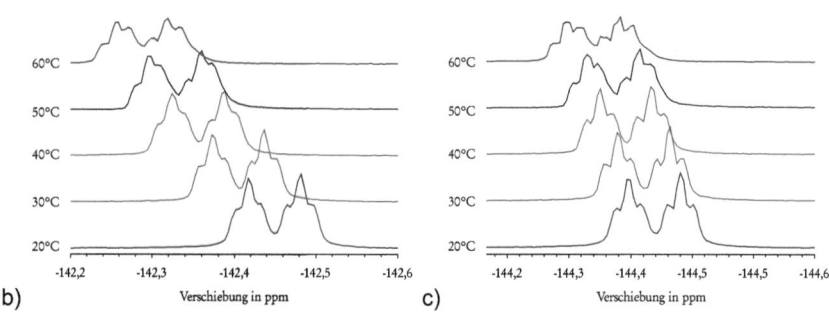

b)   c)

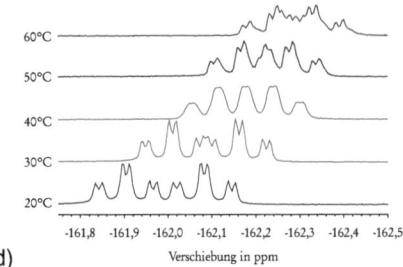

Abbildung 3-66 Temperaturabhängiges ^{19}F-NMR des Imides **30**; 376 MHz mit Cl$_3$CCF$_3$ als externer Standard in d^6-DMSO; a) vollständige Spektren, b) – c) Ausschnitte der Signale, wobei b) und c) die *ortho*- und d) die *meta*-substituierten Fluoratome widerspiegeln.

Zunächst fällt bei der Betrachtung der in d^6-DMSO aufgenommenen ^{19}F-NMR-Spektren auf, dass im Gegensatz zu den in Chloroform erhaltenen Daten sich die Signale für die *meta*-Fluoratome auftrennen. Die daraus resultierenden Kopplungskonstanten sind in Tabelle 3-34 wiedergegeben. Es wird ersichtlich, dass sich auch die Kopplungen der Atome F1, F3-a und F3-i ändern. Das Lösungsmittels d^6-DMSO beeinflusst nicht nur den Austausch, sondern auch in geringem Maße die Verschiebung und Aufspaltung der Signale.

Tabelle 3-34 Verschiebungen und FF-Kopplungskonstanten im ^{19}F-NMR-Spektrum bei 20°C der Substanz **30** in d^6-DMSO[113].

	F1		F2-i		F2-a		F3-i		F3-a	
	δ/ppm	J/Hz	δ/ppm	J/Hz	δ/ppm	J/Hz	δ/ppm	J/Hz	δ/ppm	J/Hz
^{3}J	151.48 ppm	22.8 T	161.90	24.1 D	162.08	23.5 D	142.45	24.5 D	144.40	24.5 D

Durch die Erhöhung der Temperatur verschieben sich die Signale der *meta*- und *para*-Fluoratome leicht in Richtung Hochfeld, während die *ortho*-substituierten Fluoratome eine geringfügige Tieffeldverschiebung erfahren. Obwohl eine deutliche Annäherung der Signale erkennbar ist, konnte keine Koaleszenz der *ortho*-Fluoratome erreicht werden, die eine Bestimmung der Koaleszenztemperatur gestattete. Letztere wäre zur Berechnung der experimentellen freien Aktivierungsenthalpie für die Rotation entlang der C$_{Aryl}$-N-Bindung notwendig gewesen.

Um dennoch eine Vorstellung über die notwendige Energie zur Rotation entlang der C$_{Aryl}$-N-Bindung zu erhalten, wurden quantenchemische Berechnungen durchgeführt. Als exemplarisches Beispiel wurde das System des *N*-(2,6-Difluorphenyl)maleinimids (**9**) ausgewählt, welches ebenso über die *ortho*-substituierten Fluoratome verfügt. Wie aus

---

[113] Angegeben sind die Absolutbeträge. D = Dublett, T = Triplett.

Abbildung 3-67 hervorgeht, wurde zunächst die C1-Symmetrie des Moleküls angenommen und deren freie Enthalpie berechnet. Ebenso wurden die freien Enthalpien für die Cs- und die C2v-Symmtrie bestimmt.

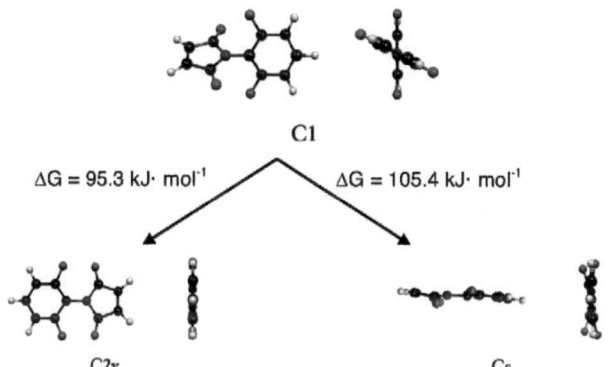

Abbildung 3-67 Für den Übergang von der C1- zur Cs- und C2v-Symmetrie notwendigen freien Enthalpien.

Zunächst jedoch seien die verwendeten Symmetrien kurz dargelegt. So bedeutet die C1-Notation das Vorliegen einer einzähligen Drehachse entlang der C_{Aryl}-N-Bindung, was letztlich auf keine vorhandene Symmetrie hinausläuft. Cs ist mit einer Symmetrieebene normal zur einzähligen Drehachse entlang C_{Aryl}-N-Bindung und damit einer Spiegelung gleichzusetzen. Unter C2v wird das Vorhandensein einer zweizähligen Drehachse entlang der angesprochenen Bindung und zwei Symmetrieebenen mit Schnittpunkt in dieser Achse verstanden. Letztere weist somit die höchste Symmetrie der hier verwendeten Symmetrien auf und gestattet zum Beispiel keine Rotation um die C_{Aryl}-N-Bindung.

Aus den ermittelten Ergebnissen zeigt sich, dass die stabilste Form in der C1-Symmetrie vorliegt, welches der in der Kristallstrukturanalyse gefundenen Anordnung entspricht. In Analogie zu dieser liegt eine Torsion des Pyrrolidinringes zum *N*-substituierten Phenylring von 62.26° und vergleichbaren C-N-Bindungslängen vor (Tabelle 3-35).

Tabelle 3-35 Ausgewählte geometrische Parameter der experimentellen und berechneten Konformationen C1, Cs und C2v der Substanz **9**.

	9	C1	Cs	C2v
Imid-Phenyl-Interplanarwinkel (°)	58.96	62.26	0	0
N-C(=O) (Å)	1.408	1.411	1.435	1.459
C_{Aryl}-N (Å)	1.416	1.412	1.446	1.455

Mit zunehmender Symmetrie ist eine Torsion um die C_{Aryl}-N-Bindung nicht mehr gestattet. In der Cs-Symmetrie bedeutet dies eine Auflösung der Planarität sowohl des Pyrrolidinringes als auch des Phenylringes, was in einer höheren Energie mündet. Demgegenüber ist in der C2v-Symmetrie die Planarität durch die Symmetrieebene vorgegeben, was schließlich auch zu einem erhöhten Energiegehalt führt. Kompensiert wird dies in beiden Fällen durch verlängerte C-N-Bindungen, welche in der C2v-Symmetrie ihr Maximum innerhalb der untersuchten Konformationen finden.

Aus den ermittelten Werten für die Änderung der freien Energie G geht hervor, dass Temperaturen ab circa 220°C notwendig sind, um eine Rotation entlang der C_{Aryl}-N-Bindung zu erzwingen. Bei diesen Temperaturen jedoch scheint eine Zersetzung des Substanz, die bereits bei 91-93°C ihren Schmelzpunkt aufweist, wahrscheinlicher. Auch sei angemerkt, dass die erhaltenen Energiedifferenzen nicht die vollständige Energie darstellen, die für die Überführung von C1 in C2v oder Cs notwendig ist. Hierzu käme noch eine Aktivierungsenergie, die hier unberücksichtigt blieb.

Zusammenfassend zeigte sich aus der Analyse der Geometrie der Fulvenaddukte, dass insbesondere die *ortho*-substituierten Fluoratome einen Einfluss auf die Gestalt des Moleküls ausüben. So führt diese vorrangig zu verkürzten C_{Aryl}-N-Bindungen. Durch die Fluorsubstitution in der 2,6-Position erfahren die entsprechenden Kohlenstoffatome eine reduzierte Elektronendichte und einen durch den Imid-Stickstoff bedingten Ladungsausgleich. Darüber hinaus treten in diesen Modellverbindungen deutlich größere Torsionswinkel entlang dieser Bindung auf. Eine denkbare Erklärung bietet die in diesem Typ 2 (**25 - 37, 38· Bz, 41** und **42**) unterbrochene Konjugation der π-Elektronen. In den Molekülen des Typ 1 (**7 - 24**) ist diese Konjugation über das gesamte Molekül möglich und somit stellt die Torsion eine Balance der maximalen Konjugation und der Kräfte zwischen dem Carbonyl-O-Atom und den *ortho*-Substituenten dar. Dies ist bei den Verbindungen des Typs 2 nicht der Fall und so geht Anteil an Konjugation in diesem Zusammenspiel zurück, während der Einfluss der Kräfte zwischen O-Atom und *ortho*-Substituenten zunimmt.

3.4 Vergleichende Betrachtung der Kristallstrukturen

Im Rahmen dieser Arbeit wurden verschiedenartige fluorsubstituierte organische Moleküle hinsichtlich ihrer zwischenmolekularen Interaktionen und der Konkurrenzfähigkeit des Fluors gegenüber potenziellen H-Akzeptoren wie O und N im kristallinen Zustand untersucht. Grundsätzlich kamen hierbei zwei unterschiedliche Molekültypen zum Einsatz, die sich alle durch das Vorhandensein einer Carbonylgruppe auszeichnen. Zum einen waren dies fluorierte Dibenzalacetone **1 - 6**, die eine planare Geometrie aufweisen. Zum anderen waren verdrillte, cyclische Pyrrolidindionderivate Gegenstand der Untersuchungen. Diese Derivate unterscheiden sich von den Substanzen des Typs 1 durch eine weitere Carbonylfunktion und eines Imidstickstoffes, welcher die Konkurrenzfähigkeit im Zusammenspiel mit einem zusätzlichen H-Akzeptor, ermöglicht. Aufgrund ihrer elektronischen und konstitutionellen Beschaffenheit lassen sich diese Imide wiederum in zwei Klassen unterteilen. Klasse 1, zu denen die Substanzen **7 - 24** zählen, ist durch eine über das gesamte Molekül verteilte Konjugation der π-Elektronen geprägt. Demgegenüber sind die Moleküle **25 - 42** der Klasse 2 durch einen aliphatischen Bicyclus erweitert, der eben diese Konjugation unterbindet.

Darüber hinaus weisen alle untersuchten Moleküle eine weitere Gemeinsamkeit auf, die sich in der Fluorsubstitution widerspiegelt. In Abbildung 3-68 ist das verwendete Substitutionsmuster spezifiziert.

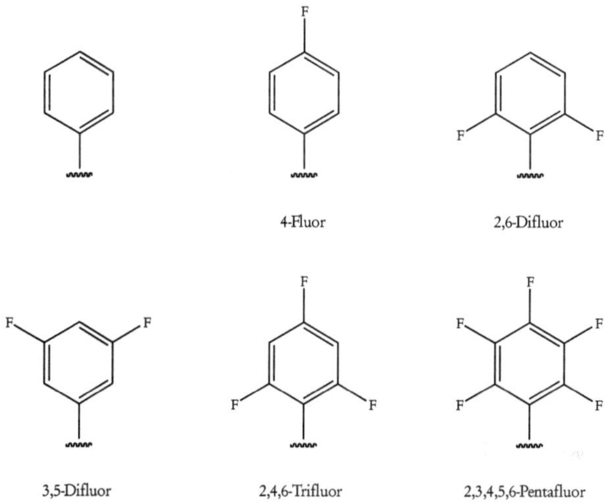

Abbildung 3-68 Allgemeines Fluor-Substitutionsmuster.

Senkrecht zur Achse, die entlang der 1,4-Position des Phenylkerns verläuft, liegt jeweils eine Spiegelebene vor. Dies wurde als Kriterium ausgewählt, um eine Äquivalenz der noch vorhandenen H-Atome zu erreichen. Daraus ergab sich die Möglichkeit, gezielte Aussagen über deren Wechselwirkungen in Abhängigkeit ihrer Position am Aromaten zu treffen. Das Ergebnis dieser Analyse ist in Abbildung 3-69 wiedergegeben und verdeutlicht, dass jene Wasserstoffatome, die sich an einem bereits fluorierten Ring befinden, kaum in intermolekulare Wechselwirkung integriert sind. Gibt es ein Angebot an anderen H-Atomen im Molekül, so werden vor allem C-H···F-Kontakte vorrangig von diesen ausgebildet.

116 3 Untersuchungen und Ergebnisse

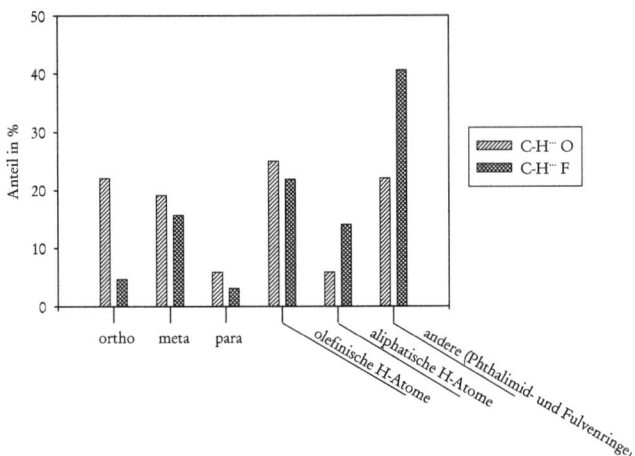

Abbildung 3-69 Graphische Darstellung der Häufigkeit der C-H···O-Kontakten und C-H··· F-Kontakte.

Durch den Elektronenzug der am aromatischen Ring substituierten Fluoratome sind die benachbarten Wasserstoff deutlich acider als im unsubstituierten Fall. Dies sollte zu einer erhöhten Fähigkeit der Ausbildung intermolekularer Wasserstoffbindungen führen. Thalladi et al.[114] schlussfolgerten aus der Analyse fluorierter Benzene, dass ferner mit steigendem Fluorsubstitutionsgrad die Stärke der C-H···F-Wechselwirkung zunimmt. In den hier analysierten Kristallstrukturen, die auch die Heteroatome O und N enthalten, stehen neben diesen Wasserstoffatomen weitere H-Atome zur Ausbildung intermolekularer Wechselwirkungen zur Verfügung, die vorzugsweise dort integriert sind. Wie aber aus der folgenden Abbildung 3-70 hervorgeht, ist eine Abhängigkeit der Stärke der C-H···F-Wechselwirkungen von der Position der Wasserstoffatome nicht offensichtlich.

---

[114] V. R. Thalladi, H.-C. Weiss, D. Bläser, R. Boese, A. Nangia, G. R. Desiraju, *J. Am. Chem. Soc.* **1998**, *120*, 8702-8710.

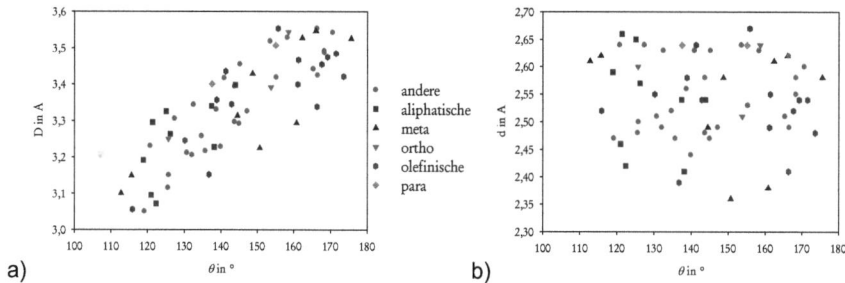

Abbildung 3-70 Graphische Verteilung a) der Abstände D (C···F) und b) der Abstände d (H···F) über θ der C-H···F-Kontakte unter Berücksichtigung der H-Position; andere: H-Atome der Phthalimidringe und der Phenylringe der vormaligen Fulveneinheit.

Einzig die *para*-substituierten Wasserstoffatome formen deutlich schwächere Kontakte dieser Art. Ebenfalls bilden die *meta*-positionierten Atome keine starken Wechselwirkungen, obwohl sie stärker als diejenigen der *para*-Position sind.
Ein Vergleich der lokalisierten C-H···O(F)-Wechselwirkungen bezüglich der Molekültypen 1 und 2 (Abbildung 3-71) lässt erkennen, dass die planaren Moleküle **3 - 6**, sowie **1·6** deutlich schwächere Kontakte dieser Typen aufbauen, als die gewinkelten.

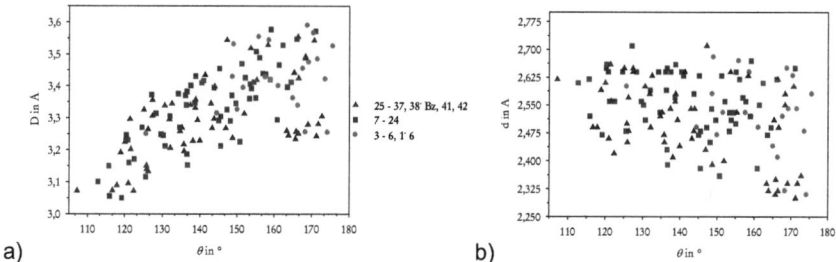

Abbildung 3-71 a) Graphische Verteilung der Abstände D (C··· O/F) über θ der C-H···O- und C-H···F-Kontakte und b) Graphische Verteilung der Abstände d (H···O/F) über θ der C-H···O- und C-H···F-Kontakte der Dibenzalacetone **3 - 6**, **1·6**; einfache Imide **7 - 24**; Fulvenaddukte **25 - 37, 38·Bz, 41, 42**.

Demgegenüber sind in den vollständig konjugierten cyclischen Imiden **7 - 24** sowie den fulvenanalogen Imiden **25 - 37, 38·Bz, 41, 42** stärkere C-H···O(F)-Kontakte in den Kristallverbänden der Strukturen integriert.
Welche Bedeutung hat hierbei die Position der Fluoratome? Welche Motive resultieren aus diesen Kontakten und wo sind die interagierenden Atome positioniert? Um dies zu verifizieren, wurden die Verbindungen, die mindestens über einen pentafluorierten Ring verfügen (**5, 6, 1·6, 18-A, 18-B, 24, 30, 36** und **42**) für diese Analyse herangezogen. Wie

aus Abbildung 3-72 Bereich B hervorgeht, werden von den lokalisierten F···F-Kontakten keine Ketten gebildet, stattdessen werden bevorzugt von den *ortho-* und *meta-*ständigen Fluoratomen Dimere generiert. Erstaunlich ist, dass die *ortho-*positionierten Fluoratome vorrangig mit Fluoratomen wechselwirken, die ebenfalls in *ortho-*Position substituiert sind. Die *meta-*Atome sind ähnlich wie die *para-*Fluoratome weniger spezifisch und interagieren auch mit den Fluoratomen der Fulveneinheit oder des Tetrafluorphthalimidriges in **24**. Die wenigen Kontakte der *para-*Fluoratome führen zu einem Dimer und zwei Zickzackketten.

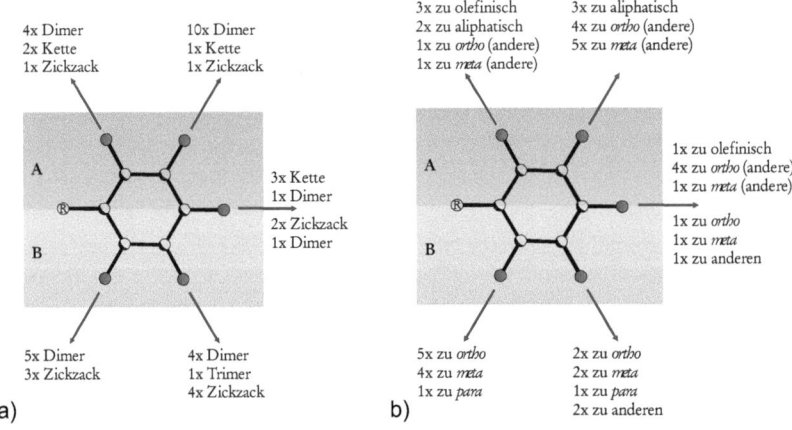

Abbildung 3-72 Schematische Darstellung der C-F···X-Kontakte (X = H, F) bezüglich der Fluorposition in den pentafluorierten Verbindungen **5, 6, 1· 6, 18-A, 18-B, 24, 30, 36** und **42**. a) Resultierende Motive; b) Position der interagierenden Atome. Bereich A repräsentiert die C-H···F-Kontakte, Bereich B die F···F-Kontakte.

Eine analoge Betrachtung der C-H···F-Wechselwirkungen, welche in Abbildung 3-72 im Bereich A repräsentiert ist, zeigt *ortho-*substituierte Fluoratome ebenso wie die *meta-*positionierten bevorzugt Dimere ausbilden. Demgegenüber resultieren die wenigen Kontakte der *para-*Atome vorrangig in Ketten.

Neben den aufgezeigten C-H···O- und C-H···F-Kontakten, die in allen Verbindungsklassen eine hohen Anteil an allen lokalisierten Wechselwirkungen ausmachen, wurden insbesondere in den Imiden **25 - 37, 38· Bz, 41, 42** signifikante Wechselwirkungen des Typs C-H···π und C-X···π^F mit X = F, O lokalisiert (Abbildung 3-73). Diese sind maßgebend in der Generierung der Strukturen beteiligt und zeigen in allen Fulvenaddukten eine gewisse Konstanz in ihrer Stärke. Demgegenüber kommen F··· F-Kontakte viel weniger vor und treten vor allem bei den Dibenzalacetonen **3 - 6** und **1· 6** sowie den konjugierten Imiden **7 - 24** in Erscheinung. Wie bereits diskutiert (Kapitel 3.1.2 und Kapitel 3.2.2) ist deren Signifikanz am Aufbau der Packungen allerdings fraglich. Sie konkurrieren mit stärkeren Wechselwirkungen, resp. ergänzen diese und sind daher eher als Resultat dieser Interaktionen und der dichtesten Packung zu sehen.

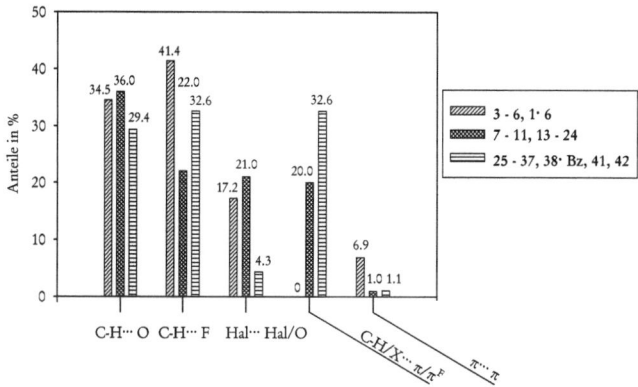

Abbildung 3-73 Anteile an Wechselwirkungen in den Dibenzalacetone **3 - 6, 1· 6**, konjugierte Imiden **7 - 24** und Fulvenaddukte **25 - 37, 38· Bz, 41, 42**.

Erstaunlicherweise sind Wechselwirkungen zwischen den aromatischen Einheiten in allen Verbindungsklassen sehr gering vertreten. In den Dibenzalactonen ist das Ar-Ar^F-Synthon als starke dirigierende Gruppe lediglich im Co-Kristall **1· 6** vorzufinden, schwächer tritt es in **5** in Erscheinung. In allen weiteren Kristallpackungen sind keine Stapelwechselwirkungen in diesem Sinne am Aufbau der Strukturen beteiligt. Vereinzelt findet sich diese Interaktion zur Generierung von Dimeren, jedoch nicht zum Aufbau von Stapeln im gesamten Kristallverband.

Abschließend kann zwar von keiner dirigierenden Wirkung der fluorinvolvierten Kontakte im Bereich dieser Verbindungen ausgegangen werden. Dennoch zeigte sich im Rahmen der ausgewählten Modellverbindungen, dass Fluor sich aktiv am Aufbau der Strukturen beteiligen und diese beeinflussen kann. So konnte dargelegt werden, dass in den Fulvenaddukten **25 - 37, 38· Bz, 41, 42** der C-H···O-Kontakt der Brücken-H-Atome bei geringer Fluoranzahl im Molekül zu Dimeren führt. Mit steigendem Fluorsubstitutionsgrad jedoch resultieren aus diesem Kontakt Ketten und Zickzackketten. Auch wurde klar, dass in den Imiden **8 - 23** das Fluor deutlich spezifischer die interagierenden H-Atome auswählt als Sauerstoff.

Schließlich liegt in allen einkristallographisch analysierten Substanzen ein ausgewogenes Wechselspiel an C-H···O, C-H···F, C-H/X···π/π^F und π···π^F-Wechselwirkungen vor, deren Signifikanz in Abhängigkeit des Moleküls unterschiedlichen Ausmaßes ist.

Alle in dieser Arbeit untersuchten Imide, die eine 2,6-Difluorsubstitution aufweisen (**9, 11, 15, 17, 18-A, 18-B, 21, 23, 24, 27, 29, 30, 33, 35, 36, 41, 42**), zeigten eine deutlich verkürzte C_{Aryl}-N-Bindung. Dies ist auf die durch die Fluorsubstitution bedingte Abnahme an Elektronendichte am entsprechenden *ortho*-C-Atom und den daraus resultierenden Ausgleich durch das N-Atom zurückzuführen. Eine andere Situation liegt bei der Torsion entlang der C_{Aryl}-N-Bindung vor. Einen Zusammenhang mit der Anzahl und Position der Fluoratome am *N*-substituierten Phenylring oder der C_{Aryl}-N-Bindung scheint nicht vorzuliegen. Demgegenüber bewirkt die Substitution am Pyrrolidinring selbst eine Änderung. So ist in den konjugierten Imiden **7 - 24** im Mittel eine Torsion von 59° vorzufinden, während in den fulvenanalogen Imiden die Verdrillung der Pyrrolidinringe gegenüber den Phenylringen im Mittel 73° beträgt. Eine mögliche Ursache kann das Wechselspiel zwischen der Konjugation der π-Elektronen und den repulsiven Kräften zwischen den *ortho*-Substituenten (F und H) sein. Da in den Imiden **7 - 24** diese Konjugation der π-Elektronen über das gesamte molekulare System möglich ist, scheint eine Balance zwischen diesen beiden Kräften vorzuliegen, die zu den Winkeln von 49 - 74° führt. Hingegen ist bei den Fulvenaddukten **25 - 37, 38· Bz, 41** und **42** diese Konjugation aufgrund der aliphatischen Einheit nicht mehr möglich. Daraus resultieren größere Winkel (51 - 83°) und die repulsiven Kräfte zwischen den Carbonyl-O-Atomen und *ortho*-Substituenten kommen mehr zum Tragen.

Alle Verbindungen, die im Rahmen dieser Arbeit hinsichtlich intermolekularer Wechselwirkungen des organisch gebundenen Fluoratoms einkristallographisch untersucht wurden, verfügen über abgeschwächte Wasserstoff-Akzeptoren wie ein Carbonyl-O-Atome, resp. ein tertiär gebundenes N-Atom und zwei Carbonyl-O-Atome. Wie sich herausstellte, sind erwartungsgemäß keine klassischen Wasserstoffbrücken am Aufbau der Kristallstrukturen beteiligt. Stattdessen werden die Strukturen durch ein ausbalanciertes Wechselspiel der C-H···O-, C-H···F- und C-X···$\pi(\pi^F)$-Interaktionen generiert, wohingegen sich F···F-Interaktionen und Stapelwechselwirkungen zwischen den aromatischen Einheiten unterordnen.

4 Zusammenfassung und Ausblick

Sowohl in der pharmazeutischen Industrie als auch in der universitären Forschung besteht ein gesondertes Interesse an fluorierten Verbindungen, neuerdings vor allem im Bereich des Crystal Engineering. Auf diesem letzteren Gebiet steht die Frage nach den Zusammenhängen zwischen Molekülstruktur und der Kristall- bzw. Festkörperstruktur im Mittelpunkt. In diesem Rahmen sind intra- und intermolekulare Wechselwirkungen von Bedeutung. Interaktionen des Typs C-H$\cdots$F-, F$\cdots$F- und Ar-Ar^F gelten als schwache derartige Wechselwirkungen. Ihr Einfluss beim Aufbau von Molekülkristallen ist bisher noch wenig verstanden und deshalb vielfach kritisiert. Die vorliegenden Ergebnisse sind also für einen verlässlichen Einsatz im Crystal Engineering kaum geeignet.

Ziel dieser Arbeit war es daher möglichst aussagekräftige Modellverbindungen zu synthetisieren und sie hinsichtlich dieser Interaktionen und der Konkurrenzfähigkeit mit anderen potenziellen Wasserstoff-Akzeptoren zu untersuchen. Ausgangspunkt zur Bearbeitung dieser Thematik war somit die Auswahl eines Systems, welches die Analyse fluorinvolvierter Kontakte in Konkurrenz zu anderen abgeschwächten Protonakzeptoren wie carbonylischen Sauerstoff und tertiär gebundenem Stickstoff gestattet. Als strukturelle Grundlage wurde ein aromatisches Substitutionsmuster gewählt, welches eine gezielte Analyse zwischenmolekularer Interaktionen in Abhängigkeit von der Anzahl und der Position des Fluors und damit auch des Wasserstoffatoms am Aromaten ermöglicht. Unter dieser Auflage kamen zwei grundsätzliche Molekültypen zum Einsatz, die jedoch über die Gemeinsamkeit einer Carbonylfunktion verfügen. Typ 1 zeichnet sich darüber hinausgehend durch eine planare Geometrie aus und sollte unter anderem zur Generierung von Co-Kristallisaten bei Anwendung der Aryl-Perfluoraryl-Wechselwirkung zum Einsatz kommen. Demgegenüber sind in Typ 2 starre und verdrillte Moleküle zusammengefasst. Die Starrheit der Modellverbindungen wurde neben den Heteroatomen als weitere Voraussetzung angenommen, um konformativ bedingte Effekte und Unterschiede weitestgehend auszuschließen. Andererseits wird durch begrenzte Flexibilität und Sperrigkeit von Molekülstrukturen tendenziell die Bildung von Kristalleinschlüssen erhöht, woraus sich ein zusätzlicher Parameter in den zu untersuchenden Systemen ergibt, der zu bedenken ist.

Aufgrund der elektronischen und konstitutionellen Beschaffenheit lässt sich der untersuchte Molekültyp 2 wiederum in zwei Klassen unterteilen. Während in Klasse 1 eine vollständige Konjugation der π-Elektronen möglich ist, wird diese in den Molekülen der Klasse 2 durch aliphatische Substituenten unterbrochen (Abbildung 4-1).

4 Zusammenfassung und Ausblick

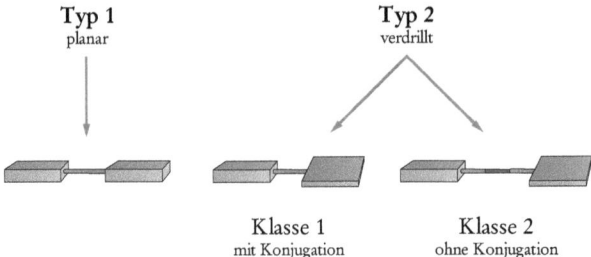

Abbildung 4-1 Schematische Darstellung der in dieser Arbeit zum Einsatz kommenden Molekültypen.

Mit diesen strukturellen Vorgaben gelang es durch Anwendung der Reaktionsprinzipien nach Claisen-Schmidt und Diels-Alder eine Vielzahl von Verbindungen zu synthetisieren, darunter 28 neue Substanzen (Abbildung 4-2 und Abbildung 4-3). Alle neuen Verbindungen wurden umfassend mit den gängigen Methoden (^{1}H-NMR, ^{13}C-NMR, IR, Elementaranalyse, sowie verschiedene MS-Arten) analysiert und strukturell abgesichert. Des Weiteren wurden die fluorhaltigen Verbindungen mit ^{19}F-NMR-Spektroskopie untersucht.

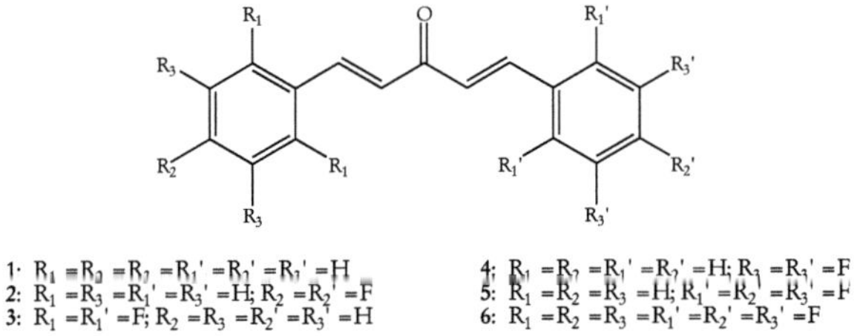

1: $R_1 = R_3 = R_2 = R_1' = R_3' = R_2' = H$
2: $R_1 = R_3 = R_1' = R_3' = H; R_2 = R_2' = F$
3: $R_1 = R_1' = F; R_2 = R_3 = R_2' = R_3' = H$
4: $R_2 = R_3 = R_1' = R_2' = H; R_1 = R_3' = F$
5: $R_1 = R_2 = R_3 = H; R_1' = R_2' = R_3' = F$
6: $R_1 = R_2 = R_3 = R_1' = R_2' = R_3' = F$

Typ 1

Abbildung 4-2 Auswahl der synthetisierten und einkristallographisch analysierten Modellverbindungen des Typ 1 zur Untersuchung des Einflusses von aromatisch gebundenem Fluor auf die molekulare Geometrie und Molekülpackung im Kristall.

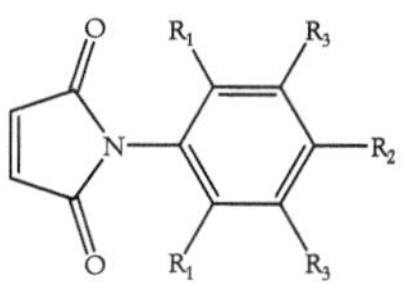

7: $R_1 = R_2 = R_3 = H$
8: $R_1 = R_3 = H; R_2 = F$
9: $R_1 = F; R_2 = R_3 = H$
10: $R_1 = R_2 = H; R_3 = F$
11: $R_1 = R_2 = F; R_3 = H$
12: $R_1 = R_2 = R_3 = F$

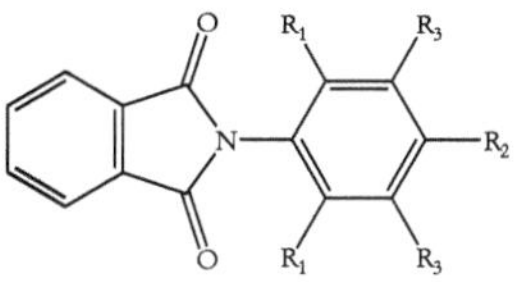

13: $R_1 = R_2 = R_3 = H$
14: $R_1 = R_3 = H; R_2 = F$
15: $R_1 = F; R_2 = R_3 = H$
16: $R_1 = R_2 = H; R_3 = F$
17: $R_1 = R_2 = F; R_3 = H$
18: $R_1 = R_2 = R_3 = F$

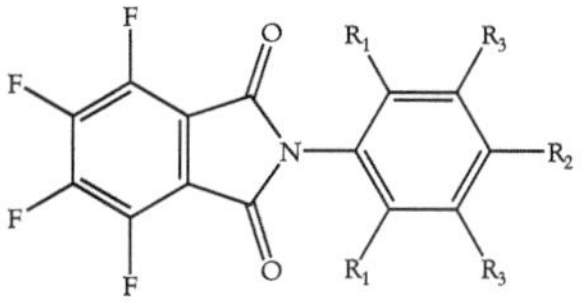

19: $R_1 = R_2 = R_3 = H$
20: $R_1 = R_3 = H; R_2 = F$
21: $R_1 = F; R_2 = R_3 = H$
22: $R_1 = R_2 = H; R_3 = F$
23: $R_1 = R_2 = F; R_3 = H$
24: $R_1 = R_2 = R_3 = F$

Typ 2 - Klasse 1

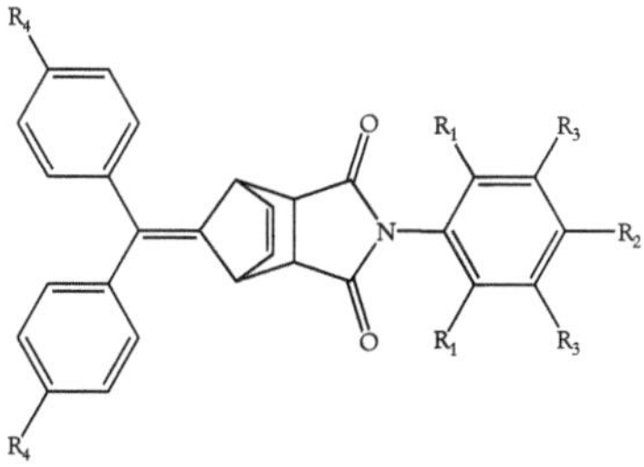

25: $R_1 = R_2 = R_3 = R_4 = H$
26: $R_1 = R_3 = R_4 = H; R_2 = F$
27: $R_1 = F; R_2 = R_3 = R_4 = H$

28: $R_1 = R_2 = R_4 = H; R_3 = F$
29: $R_1 = R_2 = F; R_3 = R_4 = H$
30: $R_1 = R_2 = R_3 = F; R_4 = H$

31: $R_1 = R_2 = R_3 = H; R_4 = F$
32: $R_1 = R_3 = H; R_2 = R_4 = F$
33: $R_1 = R_4 = F; R_2 = R_3 = H$

34: $R_1 = R_3 = H; R_2 = R_4 = F$
35: $R_1 = R_2 = R_4 = F; R_3 = H$
36: $R_1 = R_2 = R_3 = R_4 = F$

37: $R_1 = R_2 = R_3 = H; R_4 = Br$
38: $R_1 = R_3 = H; R_2 = F; R_4 = Br$
39: $R_1 = F; R_2 = R_3 = H; R_4 = Br$

40: $R_1 = R_2 = H; R_3 = F; R_4 = Br$
41: $R_1 = R_2 = F; R_3 = H; R_4 = Br$
42: $R_1 = R_2 = R_3 = F; R_4 = Br$

Typ 2 - Klasse 2

Abbildung 4-3 Auswahl der synthetisierten und einkristallographisch analysierten Modellverbindungen des Typ 2, der Klassen 1 und 2 zur Untersuchung des Einflusses von aromatisch gebundenem Fluor auf die molekulare Geometrie und Molekülpackung im Kristall.

Neben der Synthese der Modellverbindungen war vor allem die Züchtung von Einkristallen guter Qualität von großer Bedeutung für die einkristallographische Beugungsanalyse dieser Substanzen. Hierbei kam neben der Verdampfungskristallisation auch die Methode der Abkühlung zum Einsatz. Durch die Röntgeneinkristallstrukturanalyse konnten insgesamt 41 neue Strukturen bestimmt und hinsichtlich der auftretenden Fluorinteraktionen in Konkurrenz zu den Kontakten der Heteroatome O und N im Molekülkristall untersucht werden.
Im Einzelnen wurde Folgendes gefunden: Die Analyse zwischenmolekularer C-H···O- und C-H···F-Interaktionen in Abhängigkeit von der Position der Wasserstoffatome am Aromaten hat zum Ergebnis, dass H-Atome, die am bereits fluorierten Ring substituiert sind, kaum in diese Art der Wechselwirkungen involviert sind. Stehen dem interagierenden Atom F oder O andere H-Atome zur Verfügung, werden vorrangig diese in den Kontakten integriert. Hauptsächlich sind dies olefinsch oder aliphatisch gebundene Wasserstoffatome. Eine Abhängigkeit der Stärke dieser Wechselwirkungen von der Bindungsart oder Position der H-Atome konnte nicht festgestellt werden. Auch zeigte sich,

dass insbesondere in den Imiden **8 - 23** das Fluor deutlich spezifischer in der Auswahl der interagierenden H-Atome ist als der carbonylische Sauerstoff. Darüber hinaus ergab die Analyse der Fluorposition in den Pentafluorphenyl-Derivaten, dass die wenigen F···F-Kontakte vorrangig von *ortho*- und *meta*-positionierten Fluoratomen gebildet werden und hauptsächlich zu Dimeren führen. Des Weiteren sind die *ortho*-F-Atome deutlich spezifischer als die *meta*- und *para*-F-Atome und interagieren eher mit anderen *ortho*-F-Atomen. Bei Betrachtung der entsprechenden C-H···F-Kontakte zeigte sich, dass die *ortho*- und *meta*-Fluor-Atome eher zu der Ausbildung von Dimeren neigen, wohingegen die *para*-F-Atome in Ketten integriert sind.

Erstaunlicherweise konnte die in der Literatur[115] als dirigierendes Motiv beschriebene Ar-Ar^F-Wechselwirkung lediglich im Co-Kristall **1· 6** vorgefunden werden. Außerdem tritt diese Art des Kontaktes in **5** nur als schwächere Interaktion in Erscheinung. Zur Generierung von Schichten im Kristallverband allerdings wurde sie in den anderen Strukturen nicht lokalisiert. Weitere Versuche zur Generierung von Co-Kristallen aus den Verbindungen **13**, **18**, **19** und **24** in den unterschiedlichen Verhältnissen führten nicht zum Erfolg. Stattdessen ergaben sich polymorphe Strukturen der Verbindungen **18** und **19**, wobei nicht auszuschließen ist, dass neben den einkristallographisch untersuchten Formen weitere Modifikationen vorliegen.

Die Analyse aller in den Verbindungen **3 - 11**, **13 - 37**, **38· Bz**, **41**, **42** auftretenden Wechselwirkungen zeigte, dass die planaren Moleküle des Typ 1 (**3 - 6**, **1· 6**) schwächere C-H···O und C-H···F-Wechselwirkungen aufweisen. Dies allerdings bedingt sich durch die stärkere, bereits angesprochene Ar-Ar^F-Wechselwirkung in **1· 6** und den vor allem hier zahlreich auftretenden C-H··· F-Kontakten. Demgegenüber sind in den verdrillten Modellverbindungen des Typ 2 stärkere Kontakte dieser Art anzutreffen. Hieraus ergibt sich, dass aromatisch gebundenes Fluor zumindest in dieser Konstellation zwar keinen dirigierenden Einfluss auf die Strukturbildung ausübt, jedoch in einem gewissen Rahmen Bindungsmotive beeinflussen kann. In den Fulvenaddukten der Klasse 2 generiert der C-H···O-Kontakt der Brücken-H-Atome zunächst Dimere, mit zunehmendem Fluorsubstitutionsgrad jedoch resultieren aus diesem Kontakt Ketten und Zickzackketten. Von größerer Wirksamkeit bei der Generierung der Packungsverbände der Imide **25 - 37**, **38· Bz**, **41**, **42** erwiesen sich jedoch C-H···π-Wechselwirkungen, die im Bereich 2.51 - 2.99 Å liegen.

Ein weiterer Einflussfaktor offenbarte sich bei der Einführung von Brom in das Molekül der Fulvenaddukte. Obwohl dieses nicht in starken intermolekularen Wechselwirkungen integriert ist, ging dennoch in diesen Verbindungen die Anzahl an lokalisierten Interaktionen des Fluors zurück.

Trotz der Sperrigkeit im Molekülaufbau der Fulvenaddukte vom Verbindungstyp 2 wurde mit Ausnahme von **38** keine Tendenz zum Einschluss von Lösungsmitteln in den Kristall

---

[115] R. K. Castellano, F. Diederich, E. A. Meyer, *Angew. Chem.* **2003**, *115*, 1244-1287; *Angew. Chem. Int. Ed.* **2003**, *42*, 1210-1250 und Zitate ebenda.

vorgefunden, obwohl dies begünstigend wirken könnte. Man müsste dann neben den zusätzlichen Interaktionen auch mit konformativen Strukturänderungen im Molekül rechnen. Wie aus der Einschlussverbindung **38·Bz** erkennbar, erwies sich diese Überlegung als zutreffend. Während das Molekül **38** im 1:1-Einschluss eine Torsion zwischen dem N-substituierten Phenylringe und dem Pyrrolidinring von 51° besitzt, ergibt sich für die solvenzfreien Verbindungen eine Torsion von 75° (61.3° - 82.5°).

Insgesamt lässt sich feststellen, dass selbst unter den vorliegenden Bedingungen strukturell ausgewählter fluororganischer Modellverbindungen zwar supramolekulare Fluorkontakte im Kristall tendenziell lokalisierbar scheinen, jedoch nicht vorhersagbar zu definieren sind. Insbesondere, wenn wie in den in studierten Verbindungen Konkurrenzsituationen mit anderen Heteroatomen möglich werden. Dies ist aber gerade ein häufiger Fall in der Praxis, z.B. im Zusammenhang mit pharmazeutischen Wirkstoffen. Zukünftig könnte eine Erweiterung des molekularen Systems der fluorierten N-Phenylphthalimide interessante Aspekte eröffnen. Es stellt sich dabei die Frage nach den zwischenmolekularen Fluorwechselwirkungen in Konkurrenz zu O- und N-Atomen, wenn als Ausgangssystem das Pyrromellitimid gewählt wird. Es handelt sich in diesem Fall um ein symmetrisches Molekül mit einer weiteren Spiegelebene und zusätzlich wird der Anteil an aromatischen Fluoratomen erhöht. Dies sollte die in den Phthalimiden **13 - 18** lokalisierten C-H···O-Kontakte naturgemäß weiter zurückdrängen und eine noch breitere Analyse der in C-H···F-Kontakten involvierten H-Atome ermöglichen.

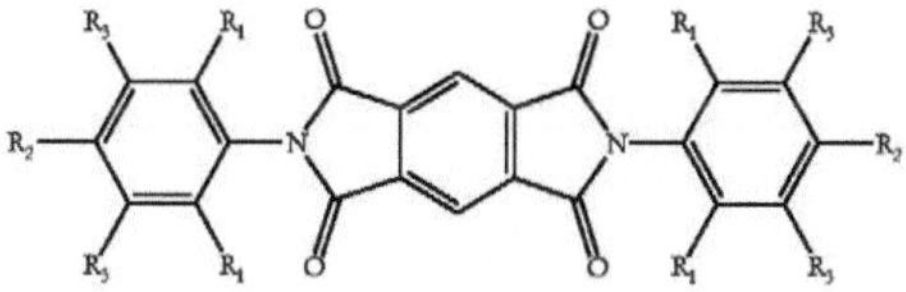

I:	$R_1 = R_2 = R_3 = H$
II:	$R_1 = R_3 = H; R_2 = F$
III:	$R_1 = F; R_2 = R_3 = H$
IV:	$R_1 = R_2 = H; R_3 = F$
V:	$R_1 = R_2 = F; R_3 = H$
VI:	$R_1 = R_2 = R_3 = F$

Abbildung 4-4 Weitere mögliche Modellverbindungen - ausgehend von dem Pyrromellitimid - zur Untersuchung zwischenmolekularer Fluorwechselwirkung in Konkurrenz zu den Heteroatomen O und N.

Auch im Zusammenhang mit den Fulvenaddukten **25 - 42** ließen sich entsprechende Veränderung vornehmen, indem z.B. decafluoriertes Diphenylfulven als Dienkomponente eingesetzt würde, wodurch ein Zurückdrängen der beschriebenen C-H···π-Wechselwirkungen resultieren könnte.

Ferner wurden in dieser Arbeit polymorphe Formen der Verbindungen **18** und **19** aufgefunden, und weiterhin lagen auch die thermischen Analysen aller Imide **7 - 24** das Vorhandensein weiterer Modifikationen nahe. Ihr genaueres Studium könnte interessante Zusammenhänge zwischen den auftretenden Interaktionen und der Kristallstrukturbildung aufdecken.

5 Experimenteller Teil

5.1 Allgemeine Angaben

Die angeführten **Schmelzpunkte** wurden auf einem Mikroskop-Heiztisch PHMK der Firma Rapido (VEB Wägetechnik) gemessen. Alle Schmelzpunkte sind unkorrigiert.

Die optisch-thermischen Untersuchung der Polymorphe mittels **Heiztischmikroskopie** wurden mit dem Mettler FP 82 durchgeführt. Durch die Verwendung eines Polarisationsfilters ist es möglich, die Phasenumwandlungen festzustellen, da die Strukturänderung mit einer Änderung der Polarisationsfarbe einhergeht. Es wurde eine Heizrate von 5 K/min verwendet.

Mit einem Avance DPX 400 der Firma Bruker Analytische Messtechnik GmbH Karlsruhe wurden von Frau C. Pöschmann und Herrn J. Marten die **1-D ^1H-, ^{13}C- und ^{19}F-NMR**-Spektren mit Frequenzen von 400 MHz (^{1}H-NMR), 100 MHz (^{13}C-NMR) und 376 MHz (^{19}F-NMR) am Institut für Analytische Chemie der TU Bergakademie Freiberg aufgenommen. Die in ppm angegebenen Verschiebungen δ beziehen sich für die ^{1}H- und ^{13}C-NMR-Analysen auf Tetramethylsilan (TMS) als interner und für die ^{19}F-NMR-Experimente auf 1,1,1-Trichlortrifluorethan als externer Standard. Durch s (Singulett), d (Dublett, t (Triplett) und m (Multiplett) sind die Aufspaltungen der Signale gekennzeichnet, deren Zuordnung durch Inkrementberechnung[116] erfolgte. Darüber hinaus wurden bei den Fulvenaddukten **25 - 42** für unterschiedliche Verschiebungen der 2,6-Fluoratome folgende Zuordnungen verwendet: syn für der Methylenbrücke zugewandte F-Atome, anti für der Methylenbrücke abgewandte F-Atome.
Darüber hinaus wurden mit einem Avance DPX 400 der Firma Bruker Analytische Messtechnik GmbH Karlsruhe von Frau C. Pöschmann und Dr. E. Brendler **2-D ^{19}F- ^{19}F-NMR**-Spektren mit 376 MHz aufgenommen.

Die Aufnahme der **FT-IR**-Spektren wurde von Frau B. Wandke am FT/IR-Spektrometer 510 der Firma Nicolet, Madison, USA am Institut für Analytische Chemie der TU Bergakademie Freiberg durchgeführt. Falls nicht anders vermerkt, wurden die Substanzen als KBr-Pressling präpariert. Bei der Zuordnung wurden folgende Abkürzung verwendet: s (stark), m (mittel), w (wenig intensiv), sch (Schulter), br (breit).

---

[116] a) M. Hesse, H. Meier, B. Zeeh, *Spektroskopische Methoden der organischen Chemie*, Thieme Verlag Stuttgart, Deutschland, **1987**. b) H.-O. Kalinowski, S. Berger, S. Braun, *^{13}C-NMR-Spektroskopie*, Thieme Verlag Stuttgart, Deutschland, **1984**. c) S. Berger, S. Braun, H.-O. Kalinowski, *NMR-Spektroskopie von Nichtmetallen; Band 4 – ^{19}F-NMR Spektroskopie*, Thieme Verlag Stuttgart, Deutschland, **1994**.

Die **Elementaranalysen** wurden von Frau B. Süßner an einem Elementaranalysator CHN-O-Rapid der Firma Heraeus am Institut für Organische Chemie der TU Bergakademie Freiberg angefertigt.

Die Aufnahme der **GC-Massenspektren** erfolgte durch Frau E. Knoll und Frau C. Pöschmann an einer GC-MS-Kopplung 5890 Series II/MS 5989A der Firma Hewlett-Packard, Paolo Alto, USA (Säule: 5 % Methylsiloxan, 12 m, 0.25 mm, 0.25 µm) am Institut für Organische Chemie der TU Bergakademie Freiberg.

Die **ESI-Spektren** wurden von Dr. A. Schierhorn an einem ESQUIRE-LC Ionenfallen-Massenspektrometer (Bruker Daltonik, Bremen, Deutschland) am Fachbereich Biochemie / Biotechnologie der Martin-Luther-Universität Halle-Wittenberg aufgenommen. Die Proben wurden in Acetonitril / 0.1 % Ameisensäure (1:1) gelöst und mit einer Spritzenpumpe (Cole/Parmer Instrument Company) bei einer Flussrate von 3 µl/min in das Massenspektrometer injiziert.

Die **Röntgeneinkristallstrukturanalysen** der substituierten 6,6-Diphenylfulvene **C** und **E** wurden von Dr. W. Seichter am Institut für Organische Chemie der TU Bergakademie Freiberg auf einem CAD4-Einkristall-Vierkreisdiffraktometer der Firma ENRAF-NONIUS, Delft, Niederlande bestimmt.
Alle weiteren Strukturanalysen der Verbindungen **3· 3, 3 - 6, 1· 6, 7 - 11, 13 - 37, 38· Bz, 41, 42** wurden von der Autorin am Institut für Organische Chemie der TU Bergakademie Freiberg mit einem Bruker Kappa CCD Flächendetektor Diffraktometer (Graphit monochromatische MoK$_\alpha$-Strahlung) durchgeführt. Die Datensammlung (Phi- und Omega-Scans) und die Zellverfeinerung erfolgte mit SMART, die Datenreduktion mit SAINT[117]. Absorptionen wurden für die bromierten Verbindungen **37, 38· Bz, 41, 42** im Multi-Scan-Mode mit SADABS korrigiert[118]. Vorläufige Strukturmodelle wurden durch Direkte Methoden entwickelt[119] und mit full-matrix least squares Berechnungen, basierend auf F^2 für alle Reflexe, verfeinert[120]. Alle Nicht-Wasserstoffatome wurden anisotrop verfeinert und die Wasserstoffatome in berechneten Positionen eingefügt. Für die Verbindung **16** wurden die Daten von einem Zwilling mit zwei Domänen im Verhältnis 62 : 38 aufgenommen. Die zwei Domänen wurden mittel CELL_NOW detektiert, mit SAINTPLUS[117] integriert und eine Skalierung mit TWINABS als Nicht-Absorber durchgeführt[121]. Wesentliche

---

[117] Bruker, **2004**, SMART (Version 5.628), SAINT (Version 6.45a) und SAINTPLUS. Bruker AXS Inc., Madison, Wisconsin, USA.
[118] G. M. Sheldrick, **1996**, SADABS. University of Göttingen.
[119] G. M. Sheldrick, **1997**, SHELXS-97, *Program for Crystal Structure Solution*. University of Göttingen, Germany; *Acta Crystallogr.* **A46**, 467-473.
[120] G. M. Sheldrick, **1997**, SHELXL-97, *Program for Crystal Structure Refinement*. University of Göttingen, Germany; Release 97-2.
[121] G. M. Sheldrick, **2002**, TWINABS (Version 1.02) und CELL_NOW. University of Göttingen, Germany.

kristallographische Daten sind im Anhang aufgeführt, während die vollständigen Daten mit cif-files und Strukturfaktoren elektronisch beigefügt sind. Die Molekülgraphiken wurden mit ORTEP-3 for Windows[122], XP und PLATON[123] angefertigt und mit gängigen Programmen graphisch aufgearbeitet. Untersuchungen intra- und intermolekularer Wechselwirkungen erfolgten mittels PLATON[123] und Mercury 1.4.1 Copyright CCDC 2001-2005[124].

Die **Aufnahmen der Pulverdiffraktogramme** wurden von Frau Seiffert am D5000 der Firma Siemens am Institut für Physikalische Chemie der TU Bergakademie Freiberg mit einer Zählzeit von 1 s und Schrittweite von 0.02 mit Cu-K_α-Strahlung (λ = 1.54060 nm) als Reflexionsmessung bei Raumtemperatur angefertigt.

Zur **Berechnung der Pulverdiffraktogramme** aus erhaltenen Einkristallstrukturdaten wurde das Programm PowderCell for Windows Version 2.4[125] verwendet.

Die **DSC-Messungen** wurden am DSC C80 der Firma Setaram am Institut für Physikalische Chemie, TU Bergakademie Freiberg von Dr. F. Baitalov durchgeführt. Sie besitzt ein zylindrisches Messsystem mit austauschbaren Reaktionszellen und arbeit nach dem Prinzip von Tian und Calvet. Die Proben wurden mit einer Heizrate von 1K/min vermessen.

Die eingesetzten **Chemikalien** sind bei den gängigen Anbietern erhältlich: ABCR, Fluka, Lancaster, Sigma-Aldrich.

Die **ab initio Rechnungen** zur Bestimmung der Elektrostatischen Potentiale wurden von der Autorin auf der Grundlage der RHF-Methode durchgeführt. Als Basissatz diente 6-311+g. Bei der Berechnung des ESP wurden Mulliken-Atomladungen verwendet. Als Programme dienten zur Berechnung GAUSSIAN 98[126] und zur graphischen Darstellung MOLEKEL Version 4.3.Win32[127].

---

[122] L. J. Farrugia, *J. Appl. Cryst.* **1997**, *30*, 565.
[123] A. L. Spek, *J. Appl. Cryst.* **2003**, *36*, 7-13.
[124] a) C. F. Macrae, P. R. Edgington, P. McCabe, E. Pidcock, G. P. Shields, R. Taylor, M. Towler and J. van de Streek, *J. Appl. Cryst.* **2006**, *39*, 453-457. b) I. J. Bruno, J. C. Cole, P. R. Edgington, M. K. Kessler, C. F. Macrae, P. McCabe, J. Pearson and R. Taylor, *Acta Crystallogr.* **2002**, *B58*, 389-397. c) R. Taylor, C. F. Macrae, *Acta Crystallogr.* **2001**, *B57*, 815-827.
[125] W. Krauss, G. Nolze, Federal Institute for Materials Research and Testing, Berlin, Germany, **2002**.
[126] M. J. Frisch, G. W. Trucks, H. B. Schlegel, G. E. Scuseria, M. A. Robb, J. R. Cheeseman, V. G. Zakrzewski, J. A. Montgomery, Jr., R. E. Stratmann, J. C. Burant, S. Dapprich, J. M. Millam, A. D. Daniels, K. N. Kudin, M. C. Strain, O. Farkas, J. Tomasi, V. Barone, M. Cossi, R. Cammi, B. Mennucci, C. Pomelli, C. Adamo, S. Clifford, J. Ochterski, G. A. Petersson, P. Y. Ayala, Q. Cui, K. Morokuma, D. K. Malick, A. D. Rabuck, K. Raghavachari, J. B. Foresman, J. Cioslowski, J. V. Ortiz, A. G. Baboul, B. B. Stefanov, G. Liu, A. Liashenko, P. Piskorz, I. Komaromi, R.

Die Berechnungen der Rotationbarrieren wurden von PD Dr. Uwe Böhme mit der B3LYP-Methode mit dem Basissatz 6-311G(d) mittels GAUSSIAN 03[128] durchgeführt. Für alle aufgenommenen Spektren, angefertigten Analysen und durchgeführten Rechungen sei an dieser Stelle allen Beteiligten gedankt.

5.2 Synthese substituierter Dibenzalacetone

Allgemeine Synthesevorschrift 1 zur Darstellung substituierter Dibenzalacetone

In 50 ml Wasser und 40 ml Ethanol werden 5 g (0,125 mol) Natriumhydroxid gelöst. In zwei Portionen werden 50 mmol Aldehyd und 25 mmol Aceton zugegeben und die erhaltene Mischung 0.5 h bei Raumtemperatur gerührt. Der sich abscheidende Feststoff wird isoliert, mit Wasser laugenfrei gewaschen und sofern nicht anders vermerkt aus Ethanol umkristallisiert.[129]

1,5-Diphenylpenta-1,4-dien-3-on (1)

Anwendung der *Allgemeinen Synthesevorschrift 1*.

Gomperts, R. L. Martin, D. J. Fox, T. Keith, M. A. Al-Laham, C. Y. Peng, A. Nanayakkara, C. Gonzalez, M. Challacombe, P. M. W. Gill, B. Johnson, W. Chen, M. W. Wong, J. L. Andres, C. Gonzalez, M. Head-Gordon, E. S. Replogle, and J. A. Pople **1998**, *Gaussian 98, Revision A.7*, Gaussian, Inc., Pittsburgh PA, USA.

[127] S. Portmann, CSCS, ETH Zürich, P. F. Fluekiger, CSCS/University of Geneva, Schweiz, **2000-2002**.

[128] M. J. Frisch, G. W. Trucks, H. B. Schlegel, G. E. Scuseria, M. A. Robb, J. R. Cheeseman, J. A. Montgomery, Jr., T. Vreven, K. N. Kudin, J. C. Burant, J. M. Millam, S. S. Iyengar, J. Tomasi, V. Barone, B. Mennucci, M. Cossi, G. Scalmani, N. Rega, G. A. Petersson, H. Nakatsuji, M. Hada, M. Ehara, K. Toyota, R. Fukuda, J. Hasegawa, M. Ishida, T. Nakajima, Y. Honda, O. Kitao, H. Nakai, M. Klene, X. Li, J. E. Knox, H. P. Hratchian, J. B. Cross, C. Adamo, J. Jaramillo, R. Gomperts, R. E. Stratmann, O. Yazyev, A. J. Austin, R. Cammi, C. Pomelli, J. W. Ochterski, P. Y. Ayala, K. Morokuma, G. A. Voth, P. Salvador, J. J. Dannenberg, V. G. Zakrzewski, S. Dapprich, A. D. Daniels, M. C. Strain, O. Farkas, D. K. Malick, A. D. Rabuck, K. Raghavachari, J. B. Foresman, J. V. Ortiz, Q. Cui, A. G. Baboul, S. Clifford, J. Cioslowski, B. B. Stefanov, G. Liu, A. Liashenko, P. Piskorz, I. Komaromi, R. L. Martin, D. J. Fox, T. Keith, M. A. Al-Laham, C. Y. Peng, A. Nanayakkara, M. Challacombe, P. M. W. Gill, B. Johnson, W. Chen, M. W. Wong, C. Gonzalez, and J. A. Pople, **2004** *Gaussian 03, Revision C.02*, Gaussian, Inc., Wallingford CT, USA.

[129] Williamson, *Macroscale and Microscale Organic Experiments*, Houghton Mifflin Company, New York, **1999**.

Ansatz:	5.31 g (50 mmol) Benzaldehyd
	1.45 g (25 mmol) Aceton
	5.00 g (125 mmol) NaOH

Ausbeute:	5.10 g (87.1 %)
Fp.:	111°C (Lit.[130]: 112 – 112.5°C)
^{1}H-NMR (CDCl$_3$):	δ = 7.75 (2H, H**C**=CHPh, H-3', d, $^3J_{H\text{-}H}$ = 16.0 Hz); 7.63 (4H, H-2, m); 7.43 – 7.41 (4H, H-3, H-4, m); 7.09 (2H, H**C**=CHPh, d, $^3J_{H\text{-}H}$ = 15.6 Hz)
^{13}C-NMR (CDCl$_3$):	δ = 189.01 (C=O); 143.37 (C=**C**Ph); 134.77 (C-1); 130.48 (**C**=CPh); 128.93 (C-3); 128.37 (C-2); 125.39 (C-4)
IR (KBr):	cm^{-1} = 3058 (w, ν C$_{Ar}$H); 1650 (s, ν C=O); 1624 (m, ν C=C); 1592, 1574 (m, ν C=C$_{Ar}$); 984 (m, δ CH, *E*-Isomer)
Molmasse:	C$_{17}$H$_{14}$O Ber.: 234.29 g/mol
	Gef.: 234 [M]$^+$ (GC-MS: 120°C, 3 min, 20°C/min);
	R$_t$ = 10.73 m/z (%): 234 (100); 131; 103
Elementaranalyse:	C$_{17}$H$_{14}$O Ber.: C 87.15 H 6.02 %
	Gef.: C 86.63 H 6.03 %

1,5-Bis(4-fluorphenyl)penta-1,4-dien-3-on (2)

Anwendung der *Allgemeinen Synthesevorschrift 1*.

Ansatz:	6.20 g (50 mmol) 4-Fluorbenzaldehyd
	1.45 g (25 mmol) Aceton
	5.00 g (125 mmol) NaOH

Ausbeute:	3.71 g (54.9 %)
Fp.:	152 – 153°C (Lit.[131]: 155 – 157°C)
^{1}H-NMR (CDCl$_3$):	δ = 7.70 (2H, H**C**=CHPh, d, $^3J_{H\text{-}H}$ = 16.0 Hz); 7.61 (4H, H-2, m); 7.11 (4H, H-3, m); 6.99 (2H, H**C**=CHPh, d, $^3J_{H\text{-}H}$ = 15.6 Hz)

---

[130] L. Claisen, A. Claparède, *Ber. Dtsch. Chem. Ges.* **1881**, *14*, 2460-2468.
[131] P. Schmidt, K. Eichenberger, E. Schweizer (Ciba Geigy AG), DE-2060968, **1970** [Chem. Abstr. **1970**, *75*, 88638].

^{13}C-NMR (CDCl$_3$):	δ = 188.41 (C=O, s); 162.83, 165.34 (C-4, d, $^1J_{C-F}$ = - 251.9 Hz); 142.05 (C=**C**Ph, s); 131.05 (C-1, s); 130.26 (C-2, d, $^3J_{C-F}$ = - 8.55 Hz); 125.15 (**C**=CPh, s); 116.16 (C-3, d, $^2J_{C-F}$ = 22.04 Hz)
^{19}F-NMR (CDCl$_3$):	δ = -109.76 (2F, F-4, s)
IR (KBr):	cm^{-1} = 3074 (w, ν C$_{Ar}$H); 1653 (s, ν C=O); 1623 (m, ν C=C); 1599, 1585 (s, ν C=C$_{Ar}$); 1239 (m, ν$_{as}$ C$_{Ar}$F); 1160 (m, ν$_s$ C$_{Ar}$F); 984 (m, δ CH, E-Isomer)
Molmasse:	C$_{17}$H$_{12}$F$_2$O Ber.: 270.28 g/mol Gef.: 270 [M]$^+$ (GC-MS: 120°C, 3 min, 20°C/ min); R$_t$ = 10.60 m/z (%): 270 (100); 149; 121; 101
Elementaranalyse:	C$_{17}$H$_{12}$F$_2$O Ber.: C 75.55 H 4.48 % Gef.: C 75.64 H 4.53 %

1,5-Bis(2,6-difluorphenyl)penta-1,4-dien-3-on (3)

Anwendung der *Allgemeinen Synthesevorschrift 1*.

Ansatz:	0.71 g (5 mmol) 2,6-Difluorbenzaldehyd
	0.15 g (2.5 mmol) Aceton
	0.50 g (12.5 mmol) NaOH
Ausbeute:	0.25 g (32.7 %)
Fp.:	136 – 140°C (Lit.[132]: n.a.)
^{1}H-NMR (CDCl$_3$):	δ = 7.83 (2H, HC=**CH**Ph, d, $^3J_{H-H}$ = 16.4 Hz); 7.41 – 7.28 (4H, **HC**=CHPh, H-4, m); 6.96 (4H, H-3, m)
^{13}C-NMR (CDCl$_3$):	δ = 189.27 (C=O, s); 160.66, 163.21 (C-2, d, $^1J_{C-F}$ = - 256.5 Hz); 131.29 (C=**C**Ph, t, $^3J_{C-F}$ = - 11.1 Hz); 130.84 (**C**=CPh, s); 129.82 (C-4, t, $^3J_{C-F}$ = - 8.3 Hz); 112.86 (C-1, t, $^2J_{C-F}$ = 14.9 Hz); 111.88 (C-3, d, $^2J_{C-F}$ = 26.6 Hz)
^{19}F-NMR (CDCl$_3$):	δ = -110.31 (4F, F-2, m)

---

[132] J. P. Snyder, M. Davis, B. Adams, M. Shoji, D. C. Liotta, E. M. Ferstl, U. B. Sunay, WO-0140188, **2001** [Chem. Abstr. **2001**, *135*, 19497].

IR (KBr):	cm^{-1} = 3053 (w, ν C$_{Ar}$H); 1660 (s, ν C=O); 1624 (s, ν C=C); 1602, 1584 (m, ν C=C$_{Ar}$); 1238 (m, ν$_{as}$ C$_{Ar}$F); 1199 (m, ν$_s$ C$_{Ar}$F); 986 (m, δ CH, E-Isomer)
Molmasse:	C$_{17}$H$_{10}$F$_4$O Ber.: 306.26 g/mol
	Gef.: 306 [M]$^+$ (GC-MS: 150°C, 3 min, 20°C/min);
	R$_t$ = 8.80 m/z (%): 306; 167; 139; 119 (100); 99
Elementaranalyse:	C$_{17}$H$_{10}$F$_4$O Ber.: C 66.67 H 3.29 %
	Gef.: C 66.32 H 3.31 %

1,5-Bis(3,5-difluorphenyl)penta-1,4-dien-3-on (4)

Anwendung der *Allgemeinen Synthesevorschrift 1*.

Ansatz:	1.00 g (7.0 mmol) 3,5-Difluorbenzaldehyd
	0.20 g (3.5 mmol) Aceton
	0.70 g (17.5 mmol) NaOH

Ausbeute:	0.90 g (83.5 %)
Fp.:	161 – 164°C
^{1}H-NMR (CDCl$_3$):	δ = 7.62 (2H, HC=CHPh, d, $^3J_{H-H}$ = 16.0 Hz); 7.12 (4H, H-2, m); 7.02 (2H, **HC**=CHPh, d, $^3J_{H-H}$ = 16.0 Hz); 6.88 (2H, H-4, m)
^{13}C-NMR (CDCl$_3$):	δ = 187.72 (C=O, s); 162.02, 164.50 (C-3, d, $^1J_{C-F}$ = - 249.8 Hz); 141.27 (**C**=CPh, s); 137.82 (C-1, $^3J_{C-F}$ = - 9.6 Hz); 127.18 (**C**=CPh, s); 110.98 (C-2, d, $^2J_{C-F}$ = 18.1 Hz); 105.65 (C-4, t, $^2J_{C-F}$ = 25.4 Hz)
^{19}F-NMR (CDCl$_3$):	δ = -109.52 (4F, F-3, m)
IR (KBr):	cm^{-1} = 3058 (w, ν C$_{Ar}$H); 1679 (s, ν C=O); 1658 (m, ν C=C); 1617, 1588 (s, ν C=C$_{Ar}$); 1285 (m, ν$_{as}$ C$_{Ar}$F); 1121 (m, ν$_s$ C$_{Ar}$F); 986 (m, δ CH, E-Isomer)
Molmasse:	C$_{17}$H$_{10}$F$_4$O Ber.: 306.26 g/mol
	Gef.: 306 [M]$^+$ (GC-MS: 140°C, 3 min, 10°C/min);
	R$_t$ = 12.14 m/z (%): 306 (100); 167; 139; 119
Elementaranalyse:	C$_{17}$H$_{10}$F$_4$O Ber.: C 66.67 H 3.29 %
	Gef.: C 66.72 H 3.56 %

4-Phenylbut-3-en-2-on (A)

In 50 ml Methanol werden 13.26 g (0.125 mol) frisch destilliertes Benzaldehyd und 21.78 g Aceton vorgelegt. Nach dem Zutropfen von 2.34 g (6.25 mmol) wässriger Kalilauge (15%-ig) bei 20°C, wird eine Stunde bei Raumtemperatur gerührt. Mit Eisessig wird neutralisiert, mit 150 ml Wasser verdünnt und mit Diethylether extrahiert. Die organische Phase wird mit Wasser gewaschen und über Na_2SO_4 getrocknet. Nach Entfernen des Lösungsmittels im Vakuum wird das Rohprodukt fraktioniert destilliert.

Ausbeute:	11.01 g (60.0 %)
Kp.:	140°C (16 Torr)
Fp.:	40°C (Lit.[130]: 41 – 42°C)
^{1}H-NMR (CDCl$_3$):	δ = 7.47 – 7.30 (6H, HC=CHPh, Ar, m); 6.31 (1H, **H**C=CHPh, d, $^3J_{H-H}$ = 16.4 Hz); 2.29 (3H, CH$_3$, s)
^{13}C-NMR (CDCl$_3$):	δ = 198.19 (C=O); 143.28 (C=**C**Ph); 134.34 (C-1); 130.41 (**C**=CPh); 128.87 (C-3); 128.15 (C-2); 127.07 (C-4); 27.41 (CH$_3$)
IR (KBr):	cm^{-1} = 3063 (w, ν C$_{Ar}$H); 1680 (s, ν C=O); 1656 (s, ν C=C); 1604, 1576 (s, ν C=C$_{Ar}$); 985 (m, δ CH, *E*-Isomer)
Molmasse:	C$_{10}$H$_{10}$O Ber.: 146.19 g/mol
	Gef.: 146 [M]$^+$ (GC-MS: 60°C, 3 min, 20°C/ min);
	R$_t$ = 8.82 m/z (%): 146; 131 (100); 103
Elementaranalyse:	C$_{10}$H$_{10}$O Ber.: C 82.16 H 6.89 %
	Gef.: C 82.03 H 7.05 %

1-Phenyl-5-(2,3,4,5-pentafluorphenyl)penta-1,4-dien-3-on (5)

Anwendung der *Allgemeinen Synthesevorschrift 1*. Umkristallisation aus *n*-Hexan.

Ansatz:	5.00 g (25 mmol) 2,3,4,5-Pentafluorbenzaldehyd
	3.65 g (25 mmol) 4-Phenyl-but-3-en-2-on (**A**)
	1.24 g (31 mmol) NaOH

Ausbeute:	3.50 g (43.2 %)
Fp.:	154 – 155°C
^{1}H-NMR (CDCl$_3$):	δ = 7.78 – 7.38 (8H, Ar, HC=CHPh, PhF$_5$HC=CH, PhF$_5$HC=CH, m); 7.02 (1H, **H**C=CHPh, d, $^3J_{H-H}$ = 16.0 Hz)
^{13}C-NMR (CDCl$_3$):	δ = 188.09 (C=O, s); 144.89, 147.26 (C-2', d, $^1J_{C-F}$ = - 238.4 Hz); 144.68 (C=**C**Ph, s); 140.40, 142.97 (C-4', d, $^1J_{C-F}$ = - 258.5 Hz); 136.60, 139.16 (C-3', d, $^1J_{C-F}$ = - 257.5 Hz); 134.44 (C-1, s); 131.83 (C=**C**PhF$_5$, t, $^3J_{C-F}$ = - 6.9 Hz); 130.92 (**C**=CPh, s); 129.04 (C-2, s); 128.56 (C-3, s); 126.49 (**C**=CPhF$_5$, s); 125.58 (C-4, s); 110.43 (C-1', t, $^2J_{C-F}$ = 13.4 Hz)
^{19}F-NMR (CDCl$_3$):	δ = -139.82 (2F, F-2, m); -151.81 (1F, F-4, m); -162.27 (2F, F-3, m)
IR (KBr):	cm^{-1} = 3063 (w, ν C$_{Ar}$H); 1674 (m, ν C=O); 1612 (s, ν C=C); 1594 (s, ν C=C$_{Ar}$); 1343 (m, ν$_{as}$ C$_{Ar}$F); 1108 (m, ν$_s$ C$_{Ar}$F); 980 (m, δ CH, *E*-Isomer)
Molmasse:	C$_{17}$H$_9$F$_5$O Ber.: 324.24 g/mol
	Gef.: 324 [M]$^+$ (GC-MS: 120°C, 3 min, 10°C/ min);
	R$_t$ = 12.10 m/z (%): 324; 323 (100); 193; 103
Elementaranalyse: C$_{17}$H$_9$F$_5$O	Ber.: C 62.97 H 2.80 %
	Gef.: C 63.08 H 2.96 %

1,5-Bis(2,3,4,5,6-pentafluorphenyl)penta-1,4-dien-3-on (6)

In 25 ml konzentrierter Schwefelsäure werden 5.00 g (25 mmol) 2,3,4,5,6-Pentafluorbenzaldehyd und 0.73 g (12.5 mmol) Aceton 4 d bei RT gerührt. Zur Reaktionsmischung werden 5 ml H$_2$SO$_{4,konz.}$ gegeben und erneut 5 d bei RT gerührt. Es wird vorsichtig auf Eis gegossen, der ausgeschiedene Feststoff abgetrennt und aus *n*-Hexan umkristallisiert.

Ausbeute:	1.71 g (33.1 %)
Fp.:	125°C (Lit.[133]: 127 – 129°C)
^{1}H-NMR (CDCl$_3$):	δ = 7.71 (2H, HC=CHPh, d, $^3J_{H-H}$ = 16.4 Hz); 7.31 (2H, **HC**=CHPh, d, $^3J_{H-H}$ = 16.4 Hz)
^{13}C-NMR (CDCl$_3$):	δ = 187.49 (C=O, s); 144.66, 147.16 (C-2, d, $^1J_{C-F}$ = - 251.5 Hz); 140.70, 143.27 (C-4, d, $^1J_{C-F}$ = - 258.5 Hz); 136.61, 139.14 (C-3, d, $^1J_{C-F}$ = - 254.5 Hz); 131.74 (C=**C**Ph, s); 127.84 (**C**=CPh, s); 110.01 (C-1, t, $^2J_{C-F}$ = 13.4 Hz)
^{19}F-NMR (CDCl$_3$):	δ = -139.45 (4F, F-2, m); -150.83 (2F, F-4, m); -161.95 (4F, F-3, m)
IR (KBr):	cm^{-1} = 3032 (w, ν C$_{Ar}$H); 1680 (m, ν C=O); 1618 (s, ν C=C); 1523, 1497 (s, ν C=C$_{Ar}$)
Molmasse:	C$_{17}$H$_4$F$_{10}$O Ber.: 414.20 g/mol
	Gef.: 414 [M]$^+$ (GC-MS: 150°C, 3 min, 20°C/ min);
	R$_t$ = 7.47 m/z (%): 414; 395; 221; 193 (100); 143
Elementaranalyse:	C$_{17}$H$_4$F$_{10}$O Ber.: C 49.30 H 0.97 %
	Gef.: C 49.25 H 1.24 %

5.3 N-Phenylmaleinimide, -phthalimide, -tetrafluorphthalimide

Allgemeine Synthesevorschrift 2 zur Darstellung fluorsubstituierter einfacher Imide

Zu einer Lösung von 20 mmol Anhydrid in 45 ml Diethylether werden rasch 20 mmol Amin in 10 ml Diethylether gegeben[134]. Es wird so lange bei Raumtemperatur gerührt, bis sich kein Feststoff mehr abscheidet (1 – 12 h). Dieser wird abgetrennt und im Vakuum getrocknet. Zur weiteren Umsetzung ist eine Reinigung nicht notwendig.

In einem Becherglas werden zu 5 ml Essigsäureanhydrid 0.60 g (7.3 mmol) wasserfreies Natriumacetat und 15 mmol der entsprechenden N-Phenylamidsäure gegeben. Auf dem Wasserbad wird 30 – 45 min erhitzt und daraufhin auf nahezu Raumtemperatur abgekühlt. Nach Zugabe von 10 ml Eiswasser und Abtrennen des Feststoffes wäscht man dreimal mit wenig kaltem Wasser und einmal mit Petrolether 40/60[134]. Wenn nicht anders vermerkt, werden die Maleinimide aus Cyclohexan, die Phthalimide und Tetrafluorphthalimide aus Ethanol umkristallisiert.

---

[133] T. W. Mikhalina, E. P. Fokin, *Izv. Sib. Otd. Akad. Nauk SSR Ser. Khim.* **1986**, 119-122.
[134] a) M. P. Cava, A. A. Deana, K. Muth, M. J. Mitchell, *Org. Synth.* **1961**, *41,* 93. b) N. E. Searle (E. I. du Pont de Nemours and Co., Inc.), US-2444536 **1948** [*Chem. Abstr.* **1948**, *42,* 7340c].

5.3.1 N-Phenylmaleinimide

N-Phenylmaleinimid (7)

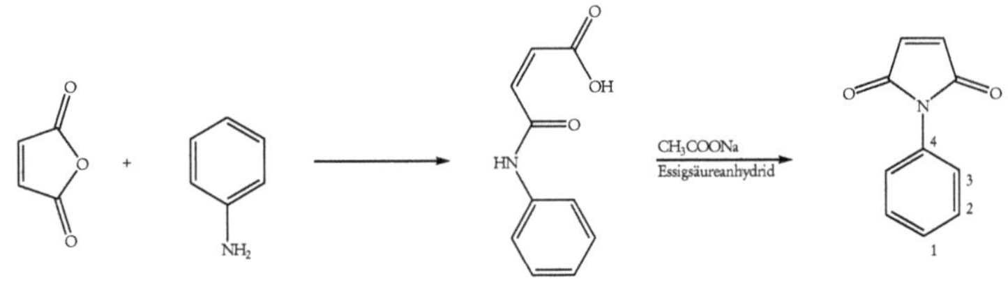

Anwendung der *Allgemeinen Synthesevorschrift 2*.

Ansatz:	1.86 g (20 mmol) Anilin
	1.96 g (20 mmol) Maleinsäureanhydrid
Ausbeute:	2.66 g (76.9 %)
Fp.:	90°C (Lit.[135]: 89 – 89.8 °C)
^{1}H-NMR (CDCl$_3$):	δ = 7.34 – 7.49 (5H, Ar-H, m); 6.87 (2H, **HC=CH**, s)
^{13}C-NMR (CDCl$_3$):	δ = 169.49 (C=O); 134.21 (**H**C=**C**H); 131.27 (C-4); 129.14 (C-2); 127.96 (C-1); 126.07 (C-3)
IR (KBr):	cm^{-1} = 3100 (w, ν C$_{Ar}$H); 3076 (w, ν C$_{C=C}$H); 1776, 1712 (s, ν C=O); 1637 (sch, ν C=C); 1599, 1507 (s, ν C=C$_{Ar}$); 1382, 1147 (s, ν C–N–C); 832 (m, γ C$_{C=C}$H); 755, 687 (m/sch δ CH$_{oop}$, Monosubstitution); 697 (s, δ C=O)
Molmasse:	C$_{10}$H$_7$NO$_2$ Ber.: 173.17 g/mol
	Gef.: 173 [M]$^+$ (GC-MS: 60°C, 3 min, 20°C/ min);
	R$_t$ = 9.08 m/z (%): 173; 103; 91; 77; 64; 54 (100)
Elementaranalyse:	C$_{10}$H$_7$NO$_2$ Ber.: C 69.36 H 4.07 N 8.09 %
	Gef.: C 69.58 H 4.35 N 8.37 %

---

[135] R. Anschütz, Q. Wirtz, *Ann. Chem.* **1887**, *239*, 137.

N-(4-Fluorphenyl)maleinimid (8)

Anwendung der *Allgemeinen Synthesevorschrift 2*.

Ansatz: 2.22 g (20 mmol) 4-Fluoranilin
1.96 g (20 mmol) Maleinsäureanhydrid

Ausbeute: 2.46 g (64.3 %)
Fp.: 154 – 155°C (Lit.[136]: 155°C)
^{1}H-NMR (CDCl$_3$): δ = 7.36 – 7.16 (4H, H-2, H-3, m); 6.88 (2H, **HC=CH**, s)
^{13}C-NMR (CDCl$_3$): δ = 169.36 (C=O, s); 163.07, 160.61 (C-1, d, $^1J_{C-F}$ = - 247.9 Hz); 134.23 (HC=CH, s); 127.88 (C-3, d, $^3J_{C-F}$ = - 8.7 Hz); 127.17 (C-4, s); 116.14 (C-2, d, $^2J_{C-F}$ = 22.9 Hz)
^{19}F-NMR (CDCl$_3$): δ = -113.89 (1F, F-1, m)
IR (KBr): cm^{-1} = 3105 (w, ν C$_{Ar}$H); 3074 (w, ν C$_{C=C}$H); 1776, 1720 (sch/s, ν C=O); 1639 (sch, ν C=C); 1599, 1516 (m/s, ν C=C$_{Ar}$); 1393, 1151 (s, ν C–N–C); 1232 (m, ν$_{as}$ C$_{Ar}$F); 840 (m, γ C$_{C=C}$H); 820 (m, δ CH$_{oop}$, 1,4-Disubstitution); 688 (s, δ C=O)
Molmasse: C$_{10}$H$_6$FNO$_2$ Ber.: 191.04 g/mol
Gef.: 191 [M]$^+$ (GC-MS: 80°C, 3 min, 20°C/min);
R$_t$ = 7.96 m/z (%): 191 (100); 121; 54
Elementaranalyse: C$_{10}$H$_6$FNO$_2$ Ber.: C 62.83   H 3.16   N 7.33 %
Gef.: C 62.92   H 3.23   N 7.35 %

---

[136] J. M. Barrales-Rienda, J. G. Ramos, M. S. Chaves, *J. Fluorine Chem.* **1977**, *9*, 293-308.

N-(2,6-Difluorphenyl)maleinimid (9)

Anwendung der *Allgemeinen Synthesevorschrift 2.*

Ansatz: 2.58 g (20 mmol) 2,6-Difluoranilin
1.96 g (20 mmol) Maleinsäureanhydrid

Ausbeute: 3.20 g (76.6 %)
Fp.: 91 – 93°C
^{1}H-NMR (CDCl$_3$): δ = 7.38 – 7.46 (2H, H-2, m); 7.01 – 7.09 (1H, H-1, m); 6.96 (2H, HC=CH, s)
^{13}C-NMR (CDCl$_3$): δ = 167.77 (C=O, s); 160.24, 157.71 (C-3, d, $^1J_{C-F}$ = - 254.5 Hz); 135.02 (HC=CH, s); 130.97 (C-1, t, $^3J_{C-F}$ = - 9.9 Hz); 112.17 (C-2, d, $^2J_{C-F}$ = 21.3 Hz); 108.43 (C-4, s)
^{19}F-NMR (CDCl$_3$): δ = -117.55 (2F, F-3, m)
IR (KBr): cm^{-1} = 3125 (w, ν C$_{Ar}$H); 3089 (w, ν C$_{O-O}$H); 1791, 1725 (sch/s, ν C=O); 1646 (w, ν C=C); 1596, 1514 (s, ν C=C$_{Ar}$); 1378, 1161 (s, ν C-N–C); 1222 (m, ν$_{as}$ C$_{Ar}$F); 1135 (s, ν$_s$ C$_{Ar}$F); 781 (s, δ CH$_{oop}$); 825 (m, γ C$_{C=C}$H); 781 (m, δ CH$_{oop}$, 1,2,3-Trisubstitution); 693 (s, δ C=O)
Molmasse: C$_{10}$H$_5$F$_2$NO$_2$ Ber.: 209.03 g/mol
Gef.: 209 [M]$^+$ (GC-MS: 60°C, 3 min, 20°C/ min);
R$_t$ = 8.65 m/z (%): 209; 139; 127; 100; 54 (100)
Elementaranalyse: C$_{10}$H$_5$F$_2$NO$_2$ Ber.: C 57.43   H 2.41   N 6.70 %
Gef.: C 57.18   H 2.36   N 6.52 %

N-(3,5-Difluorphenyl)maleinimid (10)

Anwendung der *Allgemeinen Synthesevorschrift 2*.

Ansatz: 2.58 g (20 mmol) 3,5-Difluoranilin
1.96 g (20 mmol) Maleinsäureanhydrid

Ausbeute: 2.53 g (60.5 %)
Fp.: 86 – 89°C
^{1}H-NMR (CDCl$_3$): δ = 7.07 – 7.04 (2H, H-3, m); 6.89 (2H, HC=CH, s); 6.85 – 6.80 (1H, H-1, m)
^{13}C-NMR (CDCl$_3$): δ = 168.50 (C=O, s); 164.12, 161.65 (C-2, d, $^1J_{C-F}$ = – 248.5 Hz); 134.39 (HC=CH, s); 133.42 (C-4, s); 108.70 (C-3, t, $^2J_{C-F}$ = 28.8 Hz); 103.08 (C-1, d, $^2J_{C-F}$ = 25.2 Hz)
^{19}F-NMR (CDCl$_3$): δ = -108.89 (2F, F-2, m)
IR (KBr): cm^{-1} = 3102 (w, ν C$_{Ar}$H); 3091 (w, ν C$_{C=C}$H); 1773, 1732 (sch/s, ν C=O); 1632 (sch, ν C=C); 1606 (s, ν C=C$_{Ar}$); 1299, 1124 (s, ν C-N-C); 1225 (m, ν$_{as}$ C$_{Ar}$F); 1124 (s, ν$_s$ C$_{Ar}$F); 830 (m, γ C$_{C=C}$H); 698 (s, δ C=O)
Molmasse: C$_{10}$H$_5$F$_2$NO$_2$ Ber.: 209.03 g/mol
Gef.: 209 [M]$^+$ (GC-MS: 60°C, 3 min, 20°C/min);
R$_t$ = 8.83 m/z (%): 209; 139; 100; 54 (100)
Elementaranalyse: C$_{10}$H$_5$F$_2$NO$_2$ Ber.: C 57.43   H 2.41   N 6.70 %
Gef.: C 56.38   H 2.29   N 6.43 %

N-(2,4,6-Trifluorphenyl)maleinimid (11)

Anwendung der *Allgemeinen Synthesevorschrift 2*.

Ansatz:	2.94 g (20 mmol) 2,4,6-Trifluoranilin
	1.96 g (20 mmol) Maleinsäureanhydrid

Ausbeute: 2.44 g (53.7 %)
Fp.: 102 – 103°C
^{1}H-NMR (CDCl$_3$): δ = 6.94 (2H, **HC=CH**, s); 6.84 (2H, H-2, s)
^{13}C-NMR (CDCl$_3$): δ = 167.63 (C=O, s); 164.20, 161.69 (C-1, d, $^1J_{C-F}$ = - 253.0 Hz); 160.61, 158.06 (C-3, d, $^1J_{C-F}$ = - 256.5 Hz); 135.05 (H**C=C**H, s); 105.08 (C-4, t, $^2J_{C-F}$ = 17.1 Hz); 101.20 (C-2, t, $^2J_{C-F}$ = 25.5 Hz)
^{19}F-NMR (CDCl$_3$): δ = -104.82 (1F, F-1, m); -114.12 (2F, F-3, m)
IR (KBr): cm^{-1} = 3110 (sch, ν C$_{Ar}$H); 3083 (w, ν C$_{C=C}$H); 1783, 1726 (sch/s, ν C=O); 1645 (m, ν C=C); 1609, 1524 (s, ν C=C$_{Ar}$); 1356, 1150 (s, ν C–N–C); 1220 (m, ν$_{as}$ C$_{Ar}$F); 1126 (s, ν$_s$ C$_{Ar}$F); 835 (m, γ C$_{C=C}$H); 690 (s, δ C=O)

Molmasse:	C$_{10}$H$_4$F$_3$NO$_2$	Ber.: 227.02 g/mol		
		Gef.: 227 [M]$^+$ (GC-MS: 80°C, 3 min, 20°C/ min);		
		R$_t$ = 6.99 m/z (%): 227 (100); 183; 157; 145; 54		
Elementaranalyse:	C$_{10}$H$_4$F$_3$NO$_2$	Ber.: C 52.88	H 1.78	N 6.17 %
		Gef.: C 52.69	H 1.86	N 6.02 %

N-(2,3,4,5,6-Pentafluorphenyl)maleinimid (12)

Anwendung der *Allgemeinen Synthesevorschrift 2*.

Ansatz: 3.66 g (20 mmol) 2,3,4,5,6-Pentafluoranilin
1.96 g (20 mmol) Maleinsäureanhydrid

Ausbeute: 2.79 g (53.2 %)
Fp.: 106°C (Lit.[136]: 105.5°C)
^{1}H-NMR (CDCl$_3$): δ = 6.99 (2H, **HC=CH**, s)
^{13}C-NMR (CDCl$_3$): δ = 166.75 (C=O, s); 145.41, 142.88 (C-3, d, $^1J_{C-F}$ = - 254.5 Hz); 143.47, 140.90 (C-1, d, $^1J_{C-F}$ = - 258.5 Hz); 139.20, 136.80 (C-2, d, $^1J_{C-F}$ = - 241.4 Hz); 135.32 (H**C=C**H, s); 106.38 (C-4, t, $^2J_{C-F}$ = 15.8 Hz)
^{19}F-NMR (CDCl$_3$): δ = -143.59 (2F, F-3, m); -151.69 (1F, F-1, m); -161.44 (2F, F-2, m)
IR (KBr): cm^{-1} = 3089 (w, ν C$_{C=C}$H); 1784, 1738 (sch/s, ν C=O); 1625 (w, ν C=C); 1525 (s, ν C=C$_{Ar}$); 1306 (m, ν$_{as}$ C$_{Ar}$F); 1364, 1147 (s, ν C-N-C); 824 (m, γ C$_{C=C}$H); 693 (s, δ C=O)
Molmasse: C$_{10}$H$_2$F$_5$NO$_2$ Ber.: 263.00 g/mol
Gef.: 263 [M]$^+$ (GC-MS: 80°C, 3 min, 20°C/ min);
R$_t$ = 5.31 m/z (%): 263; 131; 69; 54 (100)
Elementaranalyse: C$_{10}$H$_2$F$_5$NO$_2$ Ber.: C 45.65   H 0.77   N 5.32 %
Gef.: C 45.45   H 0.89   N 5.31 %

5.3.2 N-Phenylphthalimide

N-Phenylphthalimid (13)

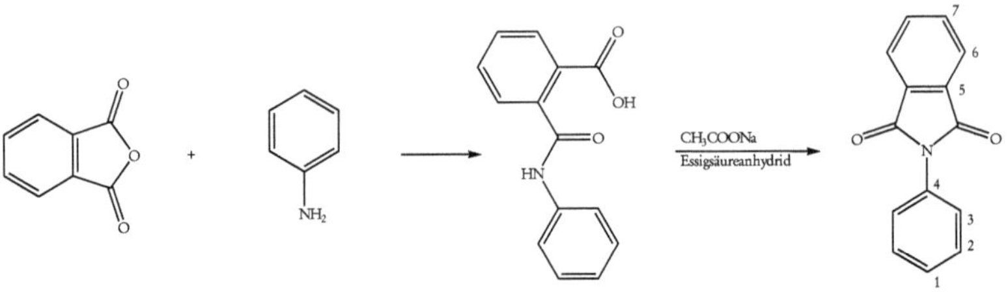

Anwendung der *Allgemeinen Synthesevorschrift 2*.

Ansatz:	1.86 g (20 mmol) Anilin
	2.96 g (20 mmol) Phthalsäureanhydrid

Ausbeute: 1.65 g (36.9 %)
Fp.: 210°C (Lit.[137]: 211°C)
^{1}H-NMR (CDCl$_3$): δ = 7.97 – 7.39 (9H, H-1, H-2, H-3, H-6, H-7, m)
^{13}C-NMR (CDCl$_3$): δ = 167.25 (C=O); 134.36 (C-7); 131.80 (C-5); 131.72 (C-4); 129.09 (C-2); 128.08 (C-1); 126.57 (C-3); 123.73 (C-6)
IR (KBr): cm^{-1} = 3077 (w, ν C$_{Ar}$H); 1781, 1733 (s, ν C=O); 1596, 1503 (m, ν C=C$_{Ar}$); 1383, 1112 (s, ν C–N–C)

Molmasse:	C$_{14}$H$_9$NO$_2$	Ber.: 223.20 g/mol		
		Gef.: 223 [M]$^+$ (GC-MS: 80°C, 3 min, 20°C/ min);		
		R$_t$ = 10.87 m/z (%): 223 (100); 179; 104; 76		
Elementaranalyse:	C$_{14}$H$_9$NO$_2$	Ber.: C 75.33	H 4.06	N 6.27 %
		Gef.: C 75.27	H 4.12	N 6.11 %

---

[137] C. L. Butler, Jr., R. Adams, *J. Am. Chem. Soc.* **1925**, *47*, 2610-2620.

N-(4-Fluorphenyl)phthalimid (14)

Anwendung der *Allgemeinen Synthesevorschrift 2*.

Ansatz: 2.22 g (20 mmol) 4-Fluoranilin
2.96 g (20 mmol) Phthalsäureanhydrid

Ausbeute:	2.37 g (49.2 %)
Fp.:	181°C (Lit.[138]: 180 – 181.5°C ; Lit.[139]: 150 – 152°C)
^{1}H-NMR (CDCl$_3$):	δ = 7.91 – 7.83 (4H, H-6, H-7, m); 7.44 – 7.12 (4H, H-2, H-3, m)
^{13}C-NMR (CDCl$_3$):	δ = 167.18 (C=O, s); 163.20, 160.73 (C-1, d, $^1J_{C-F}$ = - 248.5 Hz); 134.48 (C-7, s); 131.70 (C-5, s); 128.36 (C-3, d, $^3J_{C-F}$ = - 8.4 Hz); 127.62 (C-4, s); 123.81 (C-6, s); 116.17 (C-2, d, $^2J_{C-F}$ = 22.9 Hz)
^{19}F-NMR (CDCl$_3$):	δ = -113.80 (1F, F-1, m)
IR (KBr):	cm^{-1} = 3105 (w, ν C$_{Ar}$H); 1787, 1716 (s, ν C=O); 1603, 1512 (s, ν C=C$_{Ar}$); 1392, 1152 (s, ν C–N–C); 1229 (s, ν$_{as}$ C$_{Ar}$F); 1111 (s, ν$_s$ C$_{Ar}$F)
Molmasse:	C$_{14}$H$_8$FNO$_2$ Ber.: 241.05 g/mol
	Gef.: 241 [M]$^+$ (GC-MS: 80°C, 3 min, 20°C/ min); R$_t$ = 11.20 m/z (%): 241 (100); 197; 104; 76
Elementaranalyse: C$_{14}$H$_8$FNO$_2$	Ber.: C 69.71 H 3.34 N 5.81 %
	Gef.: C 69.74 H 3.39 N 5.81 %

---

[138] K. Suzuki, E. Weisburger, J. H. Weisburger, *J. Org. Chem.* **1961**, *26*, 2239-2242.
[139] S. Zhu, B. Xu, J. Zhang, *J. Fluorine Chem.* **1995**, *74*, 203-206.

N-(2,6-Difluorphenyl)phthalimid (15)

Anwendung der *Allgemeinen Synthesevorschrift 2*.

Ansatz: 2.58 g (20 mmol) 2,6-Difluoranilin
2.96 g (20 mmol) Phthalsäureanhydrid

Ausbeute: 3.80 g (73.4 %)
Fp.: 163 – 164°C (Lit.[140]: n.a.)
^{1}H-NMR (CDCl$_3$): δ = 7.99 – 7.82 (4H, H-6, H-7, m); 7.49 – 7.41 (2H, H-2 m); 7.15 – 7.07 (1H, H-1, m)
^{13}C-NMR (CDCl$_3$): δ = 165.72 (C=O, s); 160.29, 157.76 (C-3, d, $^1J_{C-F}$ = - 254.5 Hz); 134.54 (C-7, s); 133.06 (C-5, s); 130.94 (C-1, t, $^3J_{C-F}$ = - 9.9 Hz); 124.09 (C-6, s); 112.18 (C-2, d, $^2J_{C-F}$ = 22.9 Hz); 108.87 (C-4, t, $^2J_{C-F}$ = 17.0 Hz)
^{19}F-NMR (CDCl$_3$): δ = -117.05 (2F, F-3, m)
IR (KBr): cm^{-1} = 3079 (w, ν C$_{Ar}$H); 1790, 1748 (s, ν C=O); 1600, 1513 (s, ν C=C$_{Ar}$); 1378, 1104 (s, ν C–N–C); 1223 (s, ν$_{as}$ C$_{Ar}$F)
Molmasse: C$_{14}$H$_7$F$_2$NO$_2$ Ber.: 259.21 g/mol
Gef.: 259 [M]$^+$ (GC-MS: 120°C, 3 min, 20°C/ min);
R$_t$ = 8.78 m/z (%): 259; 215 (100); 104; 76
Elementaranalyse: C$_{14}$H$_7$F$_2$NO$_2$ Ber.: C 64.87   H 2.72   N 5.40 %
Gef.: C 64.87   H 2.71   N 5.39 %

---

[140] M. J. Fifolt, S. A. Sojka, R. A. Wolfe, D. S Hojnicki,. *J. Org. Chem.* **1989**, *54*, 3019-3023.

N-(3,5-Difluorphenyl)phthalimid (16)

Anwendung der *Allgemeinen Synthesevorschrift 2*.

Ansatz:	2.58 g (20 mmol) 3,5-Difluoranilin
	2.96 g (20 mmol) Phthalsäureanhydrid
Ausbeute:	2.86 g (55.2 %)
Fp.:	211°C
^{1}H-NMR (CDCl$_3$):	δ = 8.03 – 7.80 (4H, H-6, H-7, m); 7.17 – 7.11 (2H, H-3, m); 6.89 - 6.83 (1H, H-1, m)
^{13}C-NMR (CDCl$_3$):	δ = 166.41 (C=O, s); 164.09, 161.62 (C-2, d, $^1J_{C-F}$ = - 248.5 Hz); 134.80 (C-7, s); 133.86 (C-4, s); 131.36 (C-5, s); 124.04 (C-6, s); 109.5 (C-3, d, $^2J_{C-F}$ = 20.1 Hz); 103.41 (C-1, d, $^2J_{C-F}$ = 25.3 Hz)
^{19}F-NMR (CDCl$_3$):	δ = -109.05 (2F, F-2, m)
IR (KBr):	cm^{-1} = 3089 (w, ν C$_{Ar}$H); 1788, 1716 (s, ν C=O); 1605 (s, ν C=C$_{Ar}$); 1399, 1128 (s, ν C–N–C); 1297 (s, ν$_{as}$ C$_{Ar}$F); 1111 (s, ν$_s$ C$_{Ar}$F)
Molmasse:	C$_{14}$H$_7$F$_2$NO$_2$ Ber.: 259.21 g/mol
	Gef.: 259 [M]$^+$ (GC-MS: 120°C, 3 min, 20°C/min);
	R$_t$ = 8.94 m/z (%): 259; 215 (100); 104; 76
Elementaranalyse:	C$_{14}$H$_7$F$_2$NO$_2$ Ber.: C 64.87 H 2.72 N 5.40 %
	Gef.: C 64.73 H 2.78 N 5.32 %

N-(2,4,6-Trifluorphenyl)phthalimid (17)

Anwendung der *Allgemeinen Synthesevorschrift 2*.

Ansatz: 2.94 g (20 mmol) 2,4,6-Trifluoranilin
2.96 g (20 mmol) Phthalsäureanhydrid

Ausbeute: 2.08 g (37.5 %)
Fp.: 196 – 199°C
^{1}H-NMR (CDCl$_3$): δ = 7.99 – 7.81 (4H, H-6, H-7, m); 6.90 – 6.85 (2H, H-2, m)
^{13}C-NMR (CDCl$_3$): δ = 165.51 (C=O, s); 164.12, 161.61 (C-1, d, $^1J_{C-F}$ = - 252.5 Hz); 160.54, 158.00 (C-3, d, $^1J_{C-F}$ = - 255.5 Hz); 134.53 (C-7, s); 131.85 (C-5, s); 124.04 (C-6, s); 105.71 (C-4, t, $^2J_{C-F}$ = 17.2 Hz); 101.11 (C-2, d, $^2J_{C-F}$ = 24.2 Hz)
^{19}F-NMR (CDCl$_3$): δ = -105.08 (1F, F-1, m); -113.62 (2F, F-3, m)
IR (KBr): cm^{-1} = 3084 (w, ν C$_{Ar}$H); 1787, 1744 (s, ν C=O); 1607, 1520 (s, ν C=C$_{Ar}$); 1391, 1112 (s, ν C–N–C); 1226 (s, ν$_{as}$ C$_{Ar}$F); 1133 (s, ν$_s$ C$_{Ar}$F)
Molmasse: C$_{14}$H$_6$F$_3$NO$_2$ Ber.: 277.20 g/mol
 Gef.: 277 [M]$^+$ (GC-MS: 80°C, 3 min, 20°C/min);
 R$_t$ = 10.37 m/z (%): 277; 232; 104; 76 (100)
Elementaranalyse: C$_{14}$H$_6$F$_3$NO$_2$ Ber.: C 60.66 H 2.18 N 5.05 %
 Gef.: C 60.37 H 1.94 N 4.83 %

N-(2,3,4,5,6-Pentafluorphenyl)phthalimid (18)

Anwendung der *Allgemeinen Synthesevorschrift 2*.

Ansatz: 3.66 g (20 mmol) 2,3,4,5,6-Pentafluoranilin
2.96 g (20 mmol) Phthalsäureanhydrid

Ausbeute: 3.73 g (56.4 %)
Fp.: 168°C (**18-B**); (Lit.[139]: 128 – 130°C)
^{1}H-NMR (CDCl$_3$): δ = 8.09 – 7.79 (4H, H-6, H-7, m)
^{13}C-NMR (CDCl$_3$): δ = 164.86 (C=O, s); 145.43, 142.93 (C-3, d, $^1J_{C-F}$ = - 251.0 Hz); 143.45, 140.89 (C-1, d, $^1J_{C-F}$ = - 258.4 Hz); 139.32, 136.81 (C-2, d, $^1J_{C-F}$ = - 252.9 Hz); 134.99 (C-7, s); 131.74 (C-5, s); 124.44 (C-6, s); 107.03 (C-4, t, $^2J_{C-F}$ = 15.4 Hz)
^{19}F-NMR (CDCl$_3$): δ = -143.10 (2F, F-3, m); -151.92 (1F, F-1, m); -161.54 (2F, F-2, m)
IR (KBr): cm^{-1} = 3100 (w, ν C$_{Ar}$H); 1790, 1738 (s, ν C=O); 1631, 1521 (m, ν C=C$_{Ar}$); 1369, 1109 (s, ν C–N–C); 1295 (s, ν$_{as}$ C$_{Ar}$F)
Molmasse: C$_{14}$H$_4$F$_5$NO$_2$ Ber.: 313.18 g/mol
Gef.: 313 [M]$^+$ (GC-MS: 120°C, 3 min, 20°C/min);
R$_t$ = 7.89 m/z (%): 313; 269; 104; 76 (100)
Elementaranalyse: C$_{14}$H$_4$F$_5$NO$_2$ Ber.: C 53.69   H 1.29   N 4.47 %
Gef.: C 53.59   H 1.28   N 4.47 %

5.3.3 N-Phenyltetrafluorphthalimide

N-Phenyltetrafluorphthalimid (19)

Anwendung der *Allgemeinen Synthesevorschrift 2*.

Ansatz: 0.47 g (5 mmol) Anilin
1.10 g (5 mmol) Tetrafluorphthalsäureanhydrid

Ausbeute:	0.73 g (49.2 %)
Fp.:	208°C (**19-B**); (Lit.[141]: 210°C)
^{1}H-NMR (CDCl$_3$):	δ = 7.54 – 7.32 (5H, Ar-H, m)
^{13}C-NMR (CDCl$_3$):	δ = 161.37 (C=O, s); 146.60, 143.92 (C-6, d, $^1J_{C-F}$ = - 269.6 Hz); 145.06, 142.42 (C-7, d, $^1J_{C-F}$ = - 265.6 Hz); 130.54 (C-1, s); 129.34 (C-3, s); 128.87 (C-4, s); 126.44 (C-2, s); 113.56 (C-5, d, $^2J_{C-F}$ = 0.9 Hz)
^{19}F-NMR (CDCl$_3$):	δ = -135.69 (2F, F-6, m); -142.20 (2F, F-7, m)
IR (KBr):	cm^{-1} = 3072 (w, ν C$_{Ar}$H); 1779, 1728 (s, ν C=O); 1513, 1498 (s, ν C=C$_{Ar}$); 1407, 1099 (s, ν C–N–C)
Molmasse:	C$_{14}$H$_5$F$_4$NO$_2$ Ber.: 295.19 g/mol
	Gef.: 295 [M]$^+$ (GC-MS: 120°C, 3 min, 20°C/min); R$_t$ = 8.44 m/z (%): 295 (100); 251; 148
Elementaranalyse: C$_{14}$H$_5$F$_4$NO$_2$	Ber.: C 56.96 H 1.71 N 4.75 %
	Gef.: C 57.18 H 1.74 N 4.63 %

---

[141] D. M. Nowak, H. C. Lin, US-5047553, **1991** [Chem. Abstr. **1991**, *115*, 279811b].

N-(4-Fluorphenyl)tetrafluorphthalimid (20)

Anwendung der *Allgemeinen Synthesevorschrift 2*.

Ansatz: 0.56 g (5 mmol) 4-Fluoranilin
1.10 g (5 mmol) Tetrafluorphthalsäureanhydrid

Ausbeute: 0.93 g (59.2 %)
Fp.: 236°C

^{1}H-NMR (DMSO-d^6): δ = 7.45 – 7.23 (4H, H-2, H-3, m)
^{13}C-NMR (DMSO-d^6): δ = 162.99, 161.78 (C-1, t, $^1J_{C-F}$ = - 246.5 Hz); 161.78 (C =O, s); 145.52, 142.98 (C-6, d, $^1J_{C-F}$ = - 264.6 Hz); 143.92, 141.37 (C-7, d, $^1J_{C-F}$ = - 256.5 Hz); 129.69 (C-3, d, $^3J_{C-F}$ = - 9.1 Hz); 127.16 (C-4, d, $^2J_{C-F}$ = 3.0 Hz); 116.10 (C-2, d, $^2J_{C-F}$ = 23.1 Hz); 114.10 (C-5, s)
^{19}F-NMR (CDCl$_3$): δ = -113.76 (2F, F-1, m); -140.46 (2F, F-7, m); -145.30 (2F, F-6, m)
IR (KBr): cm^{-1} = 3079 (w, ν C$_{Ar}$H); 1784, 1725 (s, ν C=O); 1604, 1509 (s, ν C=C$_{Ar}$); 1413, 1087 (s, ν C–N–C)
Molmasse: C$_{14}$H$_4$F$_5$NO$_2$ Ber.: 313.18 g/mol
Gef.: 313 [M]$^+$ (GC-MS: 80°C, 3 min, 20°C/min);
R$_t$ = 10.47 m/z (%): 313; 269; 176; 148 (100)
Elementaranalyse: C$_{14}$H$_4$F$_5$NO$_2$ Ber.: C 53.69   H 1.29   N 4.47 %
Gef.: C 53.66   H 1.33   N 4.45 %

N-(2,6-Difluorphenyl)tetrafluorphthalimid (21)

Anwendung der *Allgemeinen Synthesevorschrift 2*.

Ansatz: 0.65 g (5 mmol) 2,6-Difluoranilin
1.10 g (5 mmol) Tetrafluorphthalsäureanhydrid

Ausbeute: 1.11 g (67.1 %)
Fp.: 223°C
^{1}H-NMR (CDCl$_3$): δ = 7.52 – 7.48 (1H, H-1, m); 7.13 – 7.09 (2H, H-2, m)
^{13}C-NMR (CDCl$_3$): δ = 160.06, 157.52 (C-3, d, $^1J_{C-F}$ = - 255.5 Hz); 159.69 (C=O, s); 146.79, 144.10 (C-6, d, $^1J_{C-F}$ = - 270.6 Hz); 145.16, 142.55 (C-7, d, $^1J_{C-F}$ = - 262.6 Hz); 131.80 (C-1, t, $^3J_{C-F}$ = - 9.9 Hz); 113.86 (C-5, d, $^2J_{C-F}$ = 7.1 Hz); 112.33 (C-2, d, $^2J_{C-F}$ = 23.1 Hz); 107.78 (C-4, t, $^2J_{C-F}$ = 17.0 Hz)
^{19}F-NMR (CDCl$_3$): δ = -117.04 (2F, F-3, m); -134.55 (2F, F-6, m); -141.73 (2F, F-7, m)
IR (KBr): cm^{-1} = 3068 (w, ν C$_{Ar}$H); 1795, 1740 (s, ν C=O); 1599, 1500 (s, ν C=C$_{Ar}$); 1413, 1099 (s, ν C–N–C)
Molmasse: C$_{14}$H$_3$F$_6$NO$_2$ Ber.: 331.17 g/mol
Gef.: 331 [M]$^+$ (GC-MS: 80°C, 3 min, 20°C/ min);
R$_t$ = 9.79 m/z (%): 331; 287; 176; 148 (100)
Elementaranalyse: C$_{14}$H$_3$F$_6$NO$_2$ Ber.: C 50.77   H 0.91   N 4.23 %
Gef.: C 50.54   H 0.99   N 4.36 %

N-(3,5-Difluorphenyl)tetrafluorphthalimid (22)

Anwendung der *Allgemeinen Synthesevorschrift 2*.

Ansatz: 0.65 g (5 mmol) 3,5-Difluoranilin
1.10 g (5 mmol) Tetrafluorphthalsäureanhydrid

Ausbeute: 0.91 g (55.0 %)
Fp.: 201°C
^{1}H-NMR (CDCl$_3$): δ = 7.07 – 6.89 (3H, H-1, H-3, m)
^{13}C-NMR (CDCl$_3$): δ = 164.21, 161.73 (C-2, d, $^1J_{C-F}$ = - 249.5 Hz); 160.61 (C=O, s); 146.91, 144.21 (C-6, d, $^1J_{C-F}$ = - 271.6 Hz); 145.28, 142.67 (C-7, d, $^1J_{C-F}$ = - 262.6 Hz); 132.52 (C-4, t, $^3J_{C-F}$ = - 12.8 Hz); 113.19 (C-5, d, $^2J_{C-F}$ = 6.7 Hz); 109.69 (C-3, d, $^2J_{C-F}$ = 20.3 Hz); 104.42 (C-1, t, $^2J_{C-F}$ = 25.2 Hz)
^{19}F-NMR (CDCl$_3$): δ = -108.09 (2F, F-2, m); -134.89 (2F, F-6, m); -141.13 (2F, F-7, m)
IR (KBr): cm^{-1} = 3074 (w, ν C$_{Ar}$H); 1790, 1726 (s, ν C=O); 1608, 1501 (s, ν C=C$_{Ar}$); 1411, 1097 (s, ν C–N–C)
Molmasse: C$_{14}$H$_3$F$_6$NO$_2$ Ber.: 331.17 g/mol
Gef.: 331 [M]$^+$ (GC-MS: 100°C, 3 min, 20°C/min);
R$_t$ = 9.12 m/z (%): 331; 287; 176; 148 (100)
Elementaranalyse: C$_{14}$H$_3$F$_6$NO$_2$ Ber.: C 50.77   H 0.91   N 4.23 %
Gef.: C 50.66   H 1.03   N 4.00 %

N-(2,4,6-Trifluorphenyl)tetrafluorphthalimid (23)

Anwendung der *Allgemeinen Synthesevorschrift 2*. Umkristallisation aus Cyclohexan.

Ansatz:	0.74 g (5 mmol) 2,4,6-Trifluoranilin
	1.10 g (5 mmol) Tetrafluorphthalsäureanhydrid

Ausbeute:	0.46 g (26.1 %)
Fp.:	179 °C
^{1}H-NMR (CDCl$_3$):	δ = 6.89 (2H, H-2, m)
^{13}C-NMR (CDCl$_3$):	δ = 164.72, 162.19 (C-1, d, $^1J_{C-F}$ = - 254.5 Hz); 160.48, 157.93 (C-3, d, $^1J_{C-F}$ = - 256.5 Hz); 159.62 (C=O, s); 146.82, 144.19 (C-6, d, $^1J_{C-F}$ = - 264.6 Hz); 145.20, 142.54 (C-7, d, $^1J_{C-F}$ = - 267.6 Hz); 113.69 (C-5, d, $^2J_{C-F}$ = 7.1 Hz); 104.43 (C-4, t, $^2J_{C-F}$ = 17.2 Hz); 101.45 (C-2, d, $^2J_{C-F}$ = 23.4 Hz);
^{19}F-NMR (CDCl$_3$):	δ = -103.29 (1F, F-1, m); -113.64 (2F, F-3, m); -134.35 (2F, F-6, m); -141.47 (2F, F-7, m)
IR (KBr):	cm^{-1} = 3089 (w, ν C$_{Ar}$H); 1798, 1746 (s, ν C=O); 1608, 1503 (s, ν C=C$_{Ar}$); 1416, 1102 (s, ν C–N–C)
Molmasse:	C$_{14}$H$_2$F$_7$NO$_2$ Ber.: 349.16 g/mol
	Gef.: 349 [M]$^+$ (GC-MS: 120 °C, 3 min, 20 °C/min);
	R$_t$ = 7.16 m/z (%): 349; 305; 176; 148 (100)
Elementaranalyse:	C$_{14}$H$_2$F$_7$NO$_2$ Ber.: C 48.16 H 0.58 N 4.01 %
	Gef.: C 47.94 H 0.79 N 4.25 %

N-(2,3,4,5,6-Pentafluorphenyl)tetrafluorphthalimid (24)

Anwendung der *Allgemeinen Synthesevorschrift 2*.

Ansatz: 0.92 g (5 mmol) 2,3,4,5,6-Pentafluoranilin
1.10 g (5 mmol) Tetrafluorphthalsäureanhydrid

Ausbeute: 0.71 g (37.0 %)
Fp.: 199°C (Lit.[142]: n.a.)
^{13}C-NMR (CDCl$_3$): δ = 158.93 (C=O, s); 147.07, 144.37 (C-6, d, $^1J_{C-F}$ = - 271.6 Hz); 145.38, 142.71 (C-3, C7); 143.97, 141.39 (C-1, d, $^1J_{C-F}$ = - 259.5 Hz); 139.34, 136.77 (C-2, d, $^1J_{C-F}$ = - 258.5 Hz); 113.47 (C-5, d, $^2J_{C-F}$ = 7.2 Hz); 105.62 (C-4, t, $^2J_{C-F}$ = 12.3 Hz)
^{19}F-NMR (CDCl$_3$): δ = -133.32 (2F, F-6, m); -140.42 (2F, F-7, m); -142.92 (1F, F-3, m); -149.96 (2F, F-1, m); -160.56 (2F, F-2, m)
IR (KBr): cm^{-1} = 3101 (w, ν C$_{Ar}$H); 1786, 1738 (s, ν C=O); 1536, 1514 (s, ν C=C$_{Ar}$); 1410, 1100 (s, ν C–N–C)
Molmasse: C$_{14}$F$_9$NO$_2$ Ber.: 385.14 g/mol
Gef.: 385 [M]$^+$ (GC-MS: 120°C, 3 min, 20°C/min);
R$_t$ = 6.79 m/z (%): 385; 341; 176; 148 (100)
Elementaranalyse: C$_{14}$F$_9$NO$_2$ Ber.: C 43.66 N 3.64 %
Gef.: C 43.55 N 3.79 %

---

[142] S. Ando, T. Matsuura, *Magn. Reson. Chem.* **1995**, *33*, 639-645.

5.4 Vorstufen bicyclischer Imide

Allgemeine Synthesevorschrift 3 zur Darstellung substituierter 6,6-Diphenylfulvene

Zu einer Lösung von 1.14 g (49.54 mmol) Natrium in 40 ml absolutem Ethanol werden 50 mmol des entsprechend substituierten Benzophenons und schließlich 5.5 ml Cyclopentadien rasch zugegeben. Nach halbstündigem Refluxieren wird rasch auf 0°C abgekühlt, der Feststoff isoliert und wenn nicht anders vermerkt aus Ethanol umkristallisiert.

6,6-Diphenylfulven (B)

Anwendung der *Allgemeinen Synthesevorschrift 3*.

Ansatz:	9.11 g (50 mmol) Benzophenon
	1.14 g (49.54 mmol) Natrium
	8 ml Cyclopentadien

Ausbeute:	3.77 g (18.6 %)
Fp.:	81 – 82°C (Lit.[143]: 82°C)
^{1}H-NMR (CDCl$_3$):	δ = 7.41 – 7.35 (10H, Ar-H, m); 6.60 (2H, H-8, d, $^3J_{H-H}$ = 6.4 Hz); 6.30 (2H, H-7, d, $^3J_{H-H}$ = 6.8 Hz)
^{13}C-NMR (CDCl$_3$):	δ = 151.95 (C-5); 143.87 (C-6); 141.28 (C-4); 132.29 (C-1); 132.08 (C-3); 128.67 (C-7); 127.69 (C-2); 124.36 (C-8)
IR (KBr):	cm^{-1} = 3105 (w, ν C$_{Ar}$H); 3074 (w, ν C$_{C=C}$H); 1635 (m, ν C=C); 1592, 1568 (m, ν C=C$_{Ar}$); 788, 756, 701 (m/s, δCH$_{oop}$)
Molmasse:	C$_{18}$H$_{14}$ Ber.: 230.29 g/mol
	Gef.: 230 [M]$^+$ (GC-MS: 80°C, 3 min, 20°C/ min);
	R$_t$ = 10.45 m/z (%): 230 (100); 215; 202; 152; 101
Elementaranalyse:	C$_{18}$H$_{14}$ Ber.: C 93.87 H 6.13 %
	Gef.: C 93.33 H 6.17 %

---

[143] J. Thiele, *Ber. Dtsch. Chem. Ges.* **1900**, *33*, 666-673.

6,6-Bis(4-fluorphenyl)fulven (C)

Anwendung der *Allgemeinen Synthesevorschrift 3*. Umkristallisation aus *n*-Hexan.

Ansatz:	10.91 g (50 mmol) 4,4'-Difluorbenzophenon
	1.14 g (49.54 mmol) Natrium
	5.5 ml Cyclopentadien
Ausbeute:	4.60 g (34.6 %)
Fp.:	98°C (Lit.[144]: n.a.)

^{1}H-NMR (CDCl$_3$): δ = 7.27 (4H, H-2, m); 7.08 (4H, H-3, m); 6.61 (2H, H-8, d, $^3J_{H-H}$ = 4.4 Hz); 6.24 (2H, H-7, d, $^3J_{H-H}$ = 4.4 Hz)

^{13}C-NMR (CDCl$_3$): δ = 164.50, 162.01 (C-1, d, $^1J_{C-F}$ = - 250.0 Hz); 149.29 (C-5); 144.02 (C-6); 137.14 (C-4); 133.85 (C-3, d, $^3J_{C-F}$ = - 8.25 Hz) 132.69 (C-7); 124.08 (C-8); 115.05, 114.84 (C-2, d, $^2J_{C-F}$ = 21.5 Hz)

^{19}F-NMR (CDCl$_3$): δ = -112.89 (F-1, m)

IR (KBr): cm^{-1} = 3069 (w, ν C$_{Ar}$H); 1632 (m, ν C=C); 1632 (m, ν C=C); 1599, 1503 (s, ν C=C$_{Ar}$); 1227 (ν$_{as}$ C$_{Ar}$F); 1159 (s, ν$_s$ C$_{Ar}$F); 842 (m, δ CH$_{oop}$, 1,4-Disubstitution)

Molmasse:	C$_{18}$H$_{12}$F$_2$	Ber.: 266.29 g/mol
		Gef.: 266 [M]$^+$ (GC-MS: 80°C, 3 min, 20°C/ min);
		R$_t$ = 10.26 m/z (%): 266 (100); 265; 251; 170
Elementaranalyse:	C$_{18}$H$_{12}$F$_2$	Ber.: C 81.19 H 4.54 %
		Gef.: C 81.10 H 4.65 %

4,4'-Dibrombenzophenon (D)

---

[144] H. Alper, D. E. Laycock, *Tetrahedron Lett.* **1981**, *22*, 33-34.

In 150 ml CS$_2$ werden 76.49 g (0.48 mol) Brombenzen, 30.76 g (0.2 mol) CCl$_4$ und 62.67 g (0.47 mol) AlCl$_3$ unter Eiskühlung eingetragen, 10 Stunden gerührt und schließlich über Nacht bei Raumtemperatur stehengelassen. Es wird mit konzentrierter Salzäure versetzt, die organische Phase abgetrennt und die wässrige mit Diethylether extrahiert. Alle vereinigten organischen Extrakte werden über CaCl$_2$ getrocknet und die Lösungsmittel destillativ entfernt. Der Rückstand wird vorsichtig in 150 ml konzentrierter Schwefelsäure gelöst und erneut für zwei Tage stehengelassen. Schließlich wird vorsichtig auf 800 ml Eiswasser gegeben, der ausgefallene Feststoff abgetrennt und aus viel *iso*-Propanol umkristallisiert.[145]

Ausbeute:	17.50 g (21.4%)
Fp.:	178°C (Lit.[145]: 178°C)
^{1}H-NMR (CDCl$_3$):	δ = 7.64 (8H, Ar-H, m)
^{13}C-NMR (CDCl$_3$):	δ = 194.39 (C=O); 135.86 (C-4); 131.72 (C-3); 131.36 (C-2); 127.76 (C-1)
IR (KBr):	cm^{-1} = 3089 (w, ν C$_{Ar}$H); 1646 (s, ν C=O); 1584 (s, ν C=C$_{Ar}$); 1072 (m, ν$_{as}$ C$_{Ar}$Br); 1012 (m, ν$_s$ C$_{Ar}$Br); 828 (m, δ CH$_{oop}$, 1,4-Disubstitution)
Molmasse:	C$_{13}$H$_8$Br$_2$O Ber.: 340.01 g/mol
	Gef.: 340 [M]$^+$ (GC-MS: 120°C, 3 min, 20°C/min); R$_t$ = 9.28 m/z (%): 340; 261; 183 (100); 157
Elementaranalyse:	C$_{13}$H$_8$Br$_2$O Ber.: C 45.92 H 2.37 %
	Gef.: C 45.87 H 2.48 %

6,6-Bis(4-bromphenyl)fulven (E)

Anwendung der *Allgemeinen Synthesevorschrift 3*.

Ansatz:	17.00 g (25 mmol) 4,4'-Dibrombenzophenon
	0.57 g (24.77 mmol) Natrium
	2.75 ml Cyclopentadien
Ausbeute:	5.63 g (58.0 %)

---

[145] E. Bergmann, L. Engel, H. Meyer, *Chem. Ber.* **1932**, *65*, 446-457.

Fp.:	128 – 130°C (Lit.[146]: 124.5 – 125°C)
^{1}H-NMR (CDCl$_3$):	δ = 7.52 (4H, H-2, m); 7.16 (4H, H-3, m); 6.62 (2H, H-8, d, $^3J_{H-H}$ = 6 Hz); 6.22 (2H, H-7, d, $^3J_{H-H}$ = 6.4 Hz)
^{13}C-NMR (CDCl$_3$):	δ = 148.71 (C-5); 144.51 (C-6); 139.60 (C-4); 133.48 (C-3); 133.21 (C-7); 131.13 (C-2); 123.93 (C-8); 123.60 (C-1)
IR (KBr):	cm^{-1} = 3068 (w, ν C$_{C=C}$H); 1633 (m, ν C=C); 1582 (s, ν C=C$_{Ar}$); 1070 (ν$_{as}$ C$_{Ar}$Br); 1009 (s, ν$_s$ C$_{Ar}$Br); 832 (m, δ CH$_{oop}$, 1,4-Disubstitution)
Molmasse:	C$_{18}$H$_{12}$Br$_2$ Ber.: 388.09 g/mol
	Gef.: 388 [M]$^+$ (GC-MS: 120°C, 3 min, 20°C/ min);
	R$_t$ = 10.87 m/z (%): 388; 309; 228 (100); 113
Elementaranalyse:	C$_{18}$H$_{12}$Br$_2$ Ber.: C 55.71 H 3.12 %
	Gef.: C 55.69 H 3.18 %

5.5 Bicyclische N-Arylsuccinimide

Allgemeine Synthesevorschrift 5 zur Darstellung fluorsubstituierter *N*-Phenylsuccinimide

In 50 ml Benzen werden 10 mmol des entsprechenden *N*-Phenylmaleinimids und 10 mmol des entsprechenden 6,6-Diphenylfulvens 5 Stunden unter Rückfluss erhitzt. Bei Raumtemperatur wird der Feststoff separiert und aus Aceton umkristallisiert.

7-(Diphenylmethylen)bicyclo[2.2.1]hept-2-en-5,6-yl)-*N*-phenylimid (25)

Anwendung der *Allgemeinen Synthesevorschrift 5*.

Ansatz:	1.73 g (10 mmol) *N*-Phenylmaleinimid (**7**)
	2.30 g (10 mmol) 6,6-Diphenylfulven (**B**)
Ausbeute:	1.30 g (32.2 %)
Fp.:	236°C (Zerstzg.; Lit.[147]: 123°C)

---

[146] G. Kresze, S. Rau, G. Sabelus, H. Goetz, *Justus Liebigs Ann. Chem.* **1961**, *648*, 51-56.

¹H-NMR (CDCl₃): δ = 7.44 – 7.09 (15H, Ar-H, m); 6.50 (2H, **HC=CH**, s); 4.03 (2H, H-6, s); 3.61 (2H, H-5, s)

¹³C-NMR (CDCl₃): δ = 175.73 (C=O, s); 151.41 (C-7, s); 140.03 (C-9, s); 135.15 (H**C=C**H, s); 131.82 (C-4, s); 129.39 (C-10, s); 129.14 (C-3, s); 128.72 (C-1, s); 128.24 (C-11, s); 127.33 (C-12, s); 126.58 (C-2, s); 123.94 (C-8, s); 46.80 (C-6, s); 44.89 (C-5, s)

IR (KBr): cm⁻¹ = 3074 (w, ν C$_{Ar}$H); 3022 (w, ν C$_{C=C}$H); 1776, 1704 (s, ν C=O); 1621 (w, ν C=C); 1598, 1497 (s, ν C=C$_{Ar}$); 740, 703 (m/s, δ CH$_{oop}$); 694 (m, δ CH$_{oop}$, Z-Isomer)

Molmasse: C$_{28}$H$_{21}$NO$_2$ Ber.: 403.47 g/mol
                                   Gef.: 404 [M]⁺ (ESI-MS, pos.)

Elementaranalyse: C$_{28}$H$_{21}$NO$_2$ Ber.: C 83.35   H 5.25   N 3.47 %
                                            Gef.: C 83.43   H 5.28   N 3.29 %

7-(Diphenylmethylen)bicyclo[2.2.1]hept-2-en-5,6-yl)-*N*-(4-fluorphenyl)imid (26)

Anwendung der *Allgemeinen Synthesevorschrift 5*.

Ansatz: 1.91 g (10 mmol) *N*-(4-Fluorphenyl)maleinimid (**8**)
2.09 g (10 mmol) 6,6-Diphenylfulven (**B**)

Ausbeute: 1.49 g (35.3 %)
Fp.: 215°C (Zersetzg.)

¹H-NMR (CDCl₃): δ = 7.35 – 7.08 (14H, Ar-H, m); 6.48 (2H, **HC=CH**, s); 4.02 (2H, H-6, s); 3.59 (2H, H-5, s)

¹³C-NMR (CDCl₃): δ = 175.61 (C=O, s); 163.47, 160.99 (C-1, d, ¹J$_{C-F}$ = - 249.5 Hz); 151.26 (C-7, s); 139.95 (C-9, s); 135.14 (H**C=C**H, s); 129.35 (C-10, s); 128.37 (C-3, d, ³J$_{C-F}$ = - 8.8 Hz); 128.23 (C-11, s); 127.34 (C-12, s);

---

[147] S. N. López, M. Sortino, A. Escalante, F. de Campos, R. Corrêa, V.C. Filho, R. J. Nunes, S. A. Zacchino, *Arzneim. Forsch.* **2003**, *58*, 280-288.

	127.65 (C-4, s); 124.02 (C-8, s); 116.13 (C-2, d, $^2J_{C-F}$ = 23.0 Hz); 46.76 (C-6, s); 44.84 (C-5, s)
^{19}F-NMR (CDCl$_3$):	δ = -112.84 (1F, F-1, m)
IR (KBr):	cm^{-1} = 3089 (w, ν C$_{Ar}$H); 3022 (w, ν C$_{C=C}$H); 1773, 1708 (m/s, ν C=O); 1627 (w, ν C=C$_{C=C}$); 1601, 1512 (sch/s, ν C=C$_{Ar}$); 1387, 1181 (s, ν C-N–C); 1225 (s, ν$_{as}$ C$_{Ar}$F); 702 (m, δ CH$_{oop}$, Z-Isomer)
Molmasse:	C$_{28}$H$_{20}$FNO$_2$ Ber.: 421.46 g/mol
	Gef.: 422 [M]$^+$ (ESI-MS, pos.)
Elementaranalyse:	C$_{28}$H$_{20}$FNO$_2$ Ber.: C 79.79 H 4.78 N 3.32 %
	Gef.: C 79.95 H 4.80 N 3.11 %

7-(Diphenylmethylen)bicyclo[2.2.1]hept-2-en-5,6-yl)-*N*-(2,6-difluorphenyl)imid (27)

9   **B**   **27**

Anwendung der *Allgemeinen Synthesevorschrift 5*.

Ansatz:	2.27 g (10 mmol) *N*-(2,6-Difluorphenyl)maleinimid (**9**)
	2.09 g (10 mmol) 6,6-Diphenylfulven (**B**)
Ausbeute:	1.64 g (37.3 %)
Fp.:	234 – 236°C (Zerstzg.)
^{1}H-NMR (CDCl$_3$):	δ = 7.39 – 6.81 (13H, Ar-H, m); 6.52 (2H, **H**C=C**H**, s); 4.00 (2H, H-6, s); 3.67 (2H, H-5, s)
^{13}C-NMR (CDCl$_3$):	δ = 174.07 (C=O, s); 159.60, 157.05 (C-3, d, $^1J_{C-F}$ = - 256.5 Hz); 151.20 (C-7, s); 140.00 (C-9, s); 135.21 (HC=CH, s); 131.02 (C-1, t, $^3J_{C-F}$ = - 9.6 Hz); 129.35 (C-10, s); 128.22 (C-11, s); 127.32 (C-12, s); 124.13 (C-8, s); 112.06 (C-2, d, $^2J_{C-F}$ = 19.6 Hz); 109.19 (C-4, s); 46.68 (C-6, s); 45.72 (C-5, s)
^{19}F-NMR (CDCl$_3$):	δ = -115.44 (1F, F-3-syn, m); -117.55 (1F, F-3-anti, m)
IR (KBr):	cm^{-1} = 3080 (w, ν C$_{Ar}$H); 3023 (w, ν C$_{C=C}$H); 1782, 1717 (s, ν C=O); 1622 (w, ν C=C$_{C=C}$); 1598, 1477 (s, ν C=C$_{Ar}$); 788, 764, 754 (m/s, δ CH$_{oop}$); 706 (m, δ CH$_{oop}$, Z-Isomer)
Molmasse:	C$_{28}$H$_{19}$F$_2$NO$_2$ Ber.: 439.45 g/mol

	Gef.: 440 [M]⁺ (ESI-MS, pos.)		
Elementaranalyse: $C_{28}H_{19}F_2NO_2$	Ber.: C 76.53	H 4.36	N 3.19 %
	Gef.: C 76.67	H 4.37	N 3.03 %

7-(Diphenylmethylen)bicyclo[2.2.1]hept-2-en-5,6-yl)-*N*-(3,5-difluorphenyl)imid (28)

Anwendung der *Allgemeinen Synthesevorschrift 5*.

Ansatz:	2.27 g (10 mmol) *N*-(3,5-Difluorphenyl)maleinimid (**10**)
	2.09 g (10 mmol) 6,6-Diphenylfulven (**B**)

Ausbeute:	1.74 g (39.6 %)
Fp.:	225 – 226°C (Zerstzg.)
¹H-NMR (CDCl₃):	δ = 7.35 – 6.81 (13H, Ar-H, m); 6.48 (2H, **HC=CH**, s); 4.02 (2H, H-6, s); 3.60 (2H, H-5, s)
¹³C-NMR (CDCl₃):	δ = 174.87 (C=O, s); 164.01, 161.53 (C-2, d, $^1J_{C-F}$ = - 249.5 Hz); 151.02 (C-7, s); 139.89 (C-9, s); 135.22 (**HC–CH**, s); 133.05 (C-4, s); 129.34 (C-10, s); 128.26 (C-11, s); 127.41 (C-12, s); 124.22 (C-8, s); 110.05 (C-3, d, $^2J_{C-F}$ = 27.9 Hz); 104.23 (C-1, t, $^2J_{C-F}$ = 25.2 Hz); 46.86 (C-6, s); 44.87 (C-5, s)
¹⁹F-NMR (CDCl₃):	δ = -108.85 (2F, F-2, m)
IR (KBr):	cm⁻¹ = 3084 (w, ν $C_{Ar}H$); 3022 (w, ν $C_{C=C}H$); 1775, 1712 (s, ν C=O); 1620 (w, ν C=$C_{C=C}$); 1607, 1475 (s, ν C=C_{Ar}); 1279 (m, $ν_{as}$ $C_{Ar}F$); 1122 (s, $ν_s$ $C_{Ar}F$); 754, 706 (m/s, δ CH_{oop}); 685 (m, δ CH_{oop}, Z-Isomer)
Molmasse:	$C_{28}H_{19}F_2NO_2$ Ber.: 439.45 g/mol
	Gef.: 440 [M]⁺ (ESI-MS, pos.)
Elementaranalyse: $C_{28}H_{19}F_2NO_2$	Ber.: C 76.53 H 4.36 N 3.19 %
	Gef.: C 76.57 H 4.40 N 3.01 %

7-(Diphenylmethylen)bicyclo[2.2.1]hept-2-en-5,6-yl)-*N*-(2,4,6-trifluorphenyl)imid (29)

Anwendung der *Allgemeinen Synthesevorschrift 5*.

Ansatz: 2.27 g (10 mmol) *N*-(2,4,6-Trifluorphenyl)maleinimid (**11**)
2.30 g (10 mmol) 6,6-Diphenylfulven (**B**)

Ausbeute: 2.19 g (47.8 %)
Fp.: 246 – 247°C (Zerstzg.)
^{1}H-NMR (CDCl$_3$): δ = 7.41 – 7.32 (6H, H-11, H-12, m); 7.17 – 7.15 (4H, H10, m); 6.85 (2H, H-2, m); 6.55 (2H, **HC=CH**, s); 4.07 (2H, H-6, s); 3.74 (2H, H-5, s)
^{13}C-NMR (CDCl$_3$): δ = 173.99 (C=O, s); 164.26, 161.74 (C-1, d, $^1J_{C-F}$ = - 253.0 Hz); 159.99, 157.45 (C-3, d, $^1J_{C-F}$ = - 255.7 Hz); 151.09 (C-7, s); 139.99 (C-9, s); 135.25 (HC=CH, s); 129.36 (C-10, s); 128.26 (C-11, s); 127.38 (C-12, s); 124.30 (C-8, s); 105.94 (C-4, s); 101.14 (C-2, t, $^2J_{C-F}$ = 25.2 Hz); 46.71 (C-6, s); 45.73 (C-5, s)
^{19}F-NMR (CDCl$_3$): δ = -104.91 (1F, F-1, m); -112.07 (1F, F-3-syn, m); -114.91 (1F, F-3-anti, m)
IR (KBr): cm^{-1} = 3079 (w, ν C$_{Ar}$H); 3022 (w, ν C$_{C=C}$H); 1790, 1724 (s, ν C=O); 1632 (w, ν C=C$_{=C}$); 1608, 1518 (s, ν C=C$_{Ar}$); 1201 (m, ν$_{as}$ C$_{Ar}$F); 1126 (s, ν$_s$ C$_{Ar}$F); 753, 734 (m/s, δ CH$_{oop}$); 701 (m, δ CH$_{oop}$, Z-Isomer)
Molmasse: C$_{28}$H$_{18}$F$_3$NO$_2$ Ber.: 457.44 g/mol
                                     Gef.: 458 [M]$^+$ (ESI-MS, pos.)
Elementaranalyse: C$_{28}$H$_{18}$F$_3$NO$_2$ Ber.: C 73.52   H 3.97   N 3.06 %
                                                       Gef.: C 73.69   H 4.01   N 2.90 %

7-(Diphenylmethylen)bicyclo[2.2.1]hept-2-en-5,6-yl)-*N*-(2,3,4,5,6-pentafluorphenyl)imid (30)

12   **B**   **30**

Anwendung der *Allgemeinen Synthesevorschrift 5.*

Ansatz:	2.63 g (10 mmol) *N*-(2,3,4,5,6-Pentafluorphenyl)maleinimid (**12**)
	2.30 g (10 mmol) 6,6-Diphenylfulven (**B**)
Ausbeute:	1.79 g (36.4 %)
Fp.:	211 – 216°C (Zerstzg.)
^{1}H-NMR (CDCl$_3$):	δ = 7.35 – 7.27 (6H, H-11, H-12, m); 7.10 – 7.08 (4H, H10, m); 6.49 (2H, **H**C=C**H**, s); 4.02 (2H, H-6, s); 3.72 (2H, H-5, s)
^{13}C-NMR (CDCl$_3$):	δ = 173.29 (C=O, s); 150.72 (C-7, s); 144.77, 142.23 (C-3, d, $^1J_{C-F}$ = - 255.5 Hz); 143.44, 140.88 (C-1, d, $^1J_{C-F}$ = - 257.5 Hz); 139.86 (C-9, s); 139.20, 136.66 (C-2, d, $^1J_{C-F}$ = - 255.5 Hz); 135.33 (H**C**=**C**H, s); 129.31 (C-10, s); 128.28 (C-11, s); 127.46 (C-12, s); 124.62 (C-8, s); 107.03 (C-4, s); 46.76 (C-6, s); 45.93 (C-5, s)
^{19}F-NMR (CDCl$_3$):	δ = -141.52 (1F, F-3-syn, m); -143.52 (1F, F-3-anti, m); -151.66 (1F, F-1, m); - 161.46 (2F, F-2, m)
IR (KBr):	cm^{-1} = 3081 (w, ν C$_{Ar}$H); 3024 (w, ν C$_{C=C}$H); 1789, 1729 (s, ν C=O); 1627 (m, ν C=C$_{C=C}$); 1522, 1492 (m, ν C=C$_{Ar}$); 1304 (m, ν$_{as}$ C$_{Ar}$F); 1144 (s, ν$_s$ C$_{Ar}$F); 754, 707 (m, δ CH$_{oop}$); 677 (m, δ CH$_{oop}$, Z-Isomer)
Molmasse:	C$_{28}$H$_{16}$F$_5$NO$_2$ Ber.: 493.42 g/mol
	Gef.: 494 [M]$^+$ (ESI-MS, pos.)
Elementaranalyse:	C$_{28}$H$_{16}$F$_5$NO$_2$ Ber.: C 68.16 H 3.27 N 2.84 %
	Gef.: C 68.16 H 3.28 N 2.70 %

7-[Bis(4-fluorphenyl)methylen]bicyclo[2.2.1]hept-2-en-5,6-yl]-*N*-phenylimid (31)

Anwendung der *Allgemeinen Synthesevorschrift 5*.

Ansatz: 1.73 g (10 mmol) *N*-Phenylmaleinimid (**7**)
2.66 g (10 mmol) 6,6-Bis(4-fluorphenyl)fulven (**C**)

Ausbeute: 1.40 g (31.8 %)
Fp.: 239°C (Zerstzg.)
^{1}H-NMR (CDCl$_3$): δ = 7.45 – 7.02 (13H, Ar-H, m); 6.50 (2H, **H**C=C**H**, s); 3.97 (2H, H-6, s); 3.58 (2H, H-5, s)
^{13}C-NMR (CDCl$_3$): δ = 175.49 (C=O, s); 163.34, 160.88 (C-12, d, $^1J_{C-F}$ = – 247.5 Hz); 151.64 (C-7, s); 135.78 (C-9, s, $^4J_{C-F}$ = 3.1 Hz); 135.12 (H**C**=**C**H, s); 131.74 (C-4, s); 130.94 (C-10, d, $^3J_{C-F}$ = – 8.0 Hz); 129.15 (C-3, s); 128.77 (C-1, s); 126.54 (C-2, s); 121.91 (C-8, s); 115.35 (C-11, d, $^2J_{C-F}$ = 21.5 Hz); 46.72 (C-6, s); 44.76 (C-5, s)
^{19}F-NMR (CDCl$_3$): δ = -114.95 (2F, F-12, m)
IR (KBr): cm^{-1} = 3058 (w, ν C$_{Ar}$H); 1771, 1708 (s, ν C=O); 1599, 1507 (s, ν C=C$_{Ar}$); 1382, 1187 (s, ν C–N–C); 1223 (s, ν$_{as}$ C$_{Ar}$F)
Molmasse: C$_{28}$H$_{19}$F$_2$NO$_2$ Ber.: 439.45 g/mol
   Gef.: 440 [M]$^+$ (ESI-MS, pos.)
Elementaranalyse: C$_{28}$H$_{19}$F$_2$NO$_2$ Ber.: C 76.53   H 4.36   N 3.19 %
   Gef.: C 76.64   H 4.32   N 2.97 %

7-[Bis(4-fluorphenyl)methylen]bicyclo[2.2.1]hept-2-en-5,6-yl]-N-(4-fluorphenyl)imid (32)

Anwendung der *Allgemeinen Synthesevorschrift 5*.

Ansatz: 1.91 g (10 mmol) N-(4-Fluorphenyl)maleinimid (8)
2.66 g (10 mmol) 6,6-Bis(4-fluorphenyl)fulven (C)

Ausbeute: 2.38 g (52.1 %)
Fp.: 211 °C (Zerstzg.)
^{1}H-NMR (CDCl$_3$): δ = 7.27 – 7.00 (8H, Ar-H, m); 6.49 (2H, **HC=CH**, s); 3.98 (2H, H-6, s); 3.58 (2H, H-5, s)
^{13}C-NMR (CDCl$_3$): δ = 175.37 (C=O, s); 163.45, 160.98 (C-1, d, $^1J_{C-F}$ = - 248.5 Hz); 163.30, 160.84 (C-12, d, $^1J_{C-F}$ = - 247.5 Hz); 151.49 (C-7, s); 135.72 (C-9, d, $^4J_{C-F}$ = 3.3 Hz); 135.09 (H**C**=**C**H, s); 130.89 (C-10, d, $^3J_{C-F}$ = - 8.1 Hz); 128.33 (C-3, d, $^3J_{C-F}$ = - 8.7 Hz); 127.58 (C-4, d, $^4J_{C-F}$ = 3.1 Hz); 121.96 (C-8, s); 116.11 (C-2, d, $^2J_{C-F}$ = 22.9 Hz); 115.27 (C-11, d, $^2J_{C-F}$ = 21.5 Hz); 46.65 (C-6, s); 44.69 (C-5, s)
^{19}F-NMR (CDCl$_3$): δ = -112.69 (1F, F-1, m); -114.87 (2F, F-12, m)
IR (KBr): cm^{-1} = 3068 (w, ν C$_{Ar}$H); 3012 (w, ν C$_{C=C}$H); 1775, 1714 (s, ν C=O); 1601, 1508 (s, ν C=C$_{Ar}$); 1383, 1184 (s, ν C–N–C); 1224 (s, ν$_{as}$ C$_{Ar}$F)

Molmasse: C$_{28}$H$_{18}$F$_3$NO$_2$ Ber.: 457.44 g/mol
  Gef.: 458 [M]$^+$ (ESI-MS, pos.)
Elementaranalyse: C$_{28}$H$_{18}$F$_3$NO$_2$ Ber.: C 73.52 H 3.97 N 3.06 %
  Gef.: C 73.40 H 3.98 N 2.92 %

7-[Bis(4-fluorphenyl)methylen]bicyclo[2.2.1]hept-2-en-5,6-yl]-*N*-(2,6-difluorphenyl)imid (33)

Anwendung der *Allgemeinen Synthesevorschrift 5*.

Ansatz:	2.09 g (10 mmol) *N*-(2,6-Difluorphenyl)maleinimid (**9**)
	2.66 g (10 mmol) 6,6-Bis(4-fluorphenyl)fulven (**C**)
Ausbeute:	2.85 g (60.0 %)
Fp.:	237°C (Zerstzg.)
^{1}H-NMR (CDCl$_3$):	δ = 7.43 – 7.00 (11H, Ar-H, m); 6.52 (2H, **H**C=C**H**, s); 3.99 (2H, H-6, s); 3.69 (2H, H-5, s)
^{13}C-NMR (CDCl$_3$):	δ = 173.86 (C=O, s); 163.35, 160.89 (C-12, d, $^1J_{C-F}$ = - 247.5 Hz); 159.77, 157.17 (C-3, d, $^1J_{C-F}$ = - 241.4 Hz); 151.46 (C-7, s); 135.79 (C-9, s); 135.23 (**H**C=C**H**, s); 131.17 (C-1, t, $^3J_{C-F}$ = - 9.8 Hz); 130.93 (C-10, d, $^3J_{C-F}$ = - 7.9 Hz); 122.15 (C-8, s); 115.33 (C-11, d, $^2J_{C-F}$ = 21.5 Hz); 112.12 (C-2, d, $^2J_{C-F}$ = 19.9 Hz); 109.23 (C-4, s); 46.63 (C-6, s); 45.62 (C-5, s)
^{19}F-NMR (CDCl$_3$):	δ = -114.94 (2F, F-12, m); -115.52 (1F, F-3-syn, m); -117.66 (1F, F-3-anti, m)
IR (KBr):	cm^{-1} = 3063 (w, ν C$_{Ar}$H); 3017 (w, ν C$_{C=C}$H); 1781, 1721 (s, ν C=O); 1600, 1505 (s, ν C=C$_{Ar}$); 1374, 1198 (s, ν C–N–C); 1221 (s, ν$_{as}$ C$_{Ar}$F)
Molmasse:	C$_{28}$H$_{17}$F$_4$NO$_2$ Ber.: 475.43 g/mol
	Gef.: 476 [M]$^+$ (ESI-MS, pos.)
Elementaranalyse:	C$_{28}$H$_{17}$F$_4$NO$_2$ Ber.: C 70.74 H 3.60 N 2.95 %
	Gef.: C 70.88 H 3.59 N 3.01 %

7-[Bis(4-fluorphenyl)methylen]bicyclo[2.2.1]hept-2-en-5,6-yl]-*N*-(3,5-difluorphenyl)imid (34)

Anwendung der *Allgemeinen Synthesevorschrift 5*.

Ansatz:	2.09 g (10 mmol) *N*-(3,5-Difluorphenyl)maleinimid (**10**)
	2.66 g (10 mmol) 6,6-Bis(4-fluorphenyl)fulven (**C**)

Ausbeute: 2.20 g (46.2 %)
Fp.: 224 °C (Zerstzg.)

^{1}H-NMR (CDCl$_3$): δ = 8.12 (2H, H-3, s); 7.05 – 7.03 (7H, Ar-H, m); 6.49 (2H, **HC=CH**, s); 3.99 (2H, H-6, s); 3.59 (2H, H-5, s)

^{13}C-NMR (CDCl$_3$): δ = 174.67 (C=O, s); 164.03, 161.55 (C-2, d, $^1J_{C-F}$ = - 249.5 Hz); 163.38, 160.92 (C-12, d, $^1J_{C-F}$ = - 247.5 Hz); 151.26 (C-7, s); 135.69 (C-9, d, $^4J_{C-F}$ = 3.2 Hz); 135.22 (**HC=CH**, o); 133.55 (C-4, t, $^3J_{C-F}$ = - 12.6 Hz); 130.92 (C-10, d, $^3J_{C-F}$ = - 8.1 Hz); 122.22 (C-8, s); 115.36 (C-11, d, $^2J_{C-F}$ = 21.5 Hz); 110.03 (C-3, d, $^2J_{C-F}$ = 27.8 Hz); 104.31 (C-1, t, $^2J_{C-F}$ = - 25.2 Hz); 46.79 (C-6, s); 44.76 (C-5, s)

^{19}F-NMR (CDCl$_3$): δ = -108.76 (2F, F-2, m); -114.78 (2F, F-12, m)

IR (KBr): cm^{-1} = 3094 (sch, ν C$_{Ar}$H); 1776, 1712 (m/s, ν C=O); 1621 (w, ν C=C$_{C=C}$); 1604, 1507 (s, ν C=C$_{Ar}$); 1397, 1181 (s, ν C–N–C); 1282 (m, ν$_{as}$ C$_{Ar}$F); 1123 (s, ν$_s$ C$_{Ar}$F); 670 (m, δ CH$_{oop}$, Z-Isomer)

Molmasse:	C$_{28}$H$_{17}$F$_4$NO$_2$	Ber.: 475.43 g/mol		
		Gef.: 476.0 [M]$^+$ (ESI-MS, pos.)		
Elementaranalyse:	C$_{28}$H$_{17}$F$_4$NO$_2$	Ber.: C 70.74	H 3.60	N 2.95 %
		Gef.: C 70.81	H 3.76	N 2.89 %

7-[Bis(4-fluorphenyl)methylen]bicyclo[2.2.1]hept-2-en-5,6-yl]-*N*-(2,4,6-trifluorphenyl)imid (35)

Anwendung der *Allgemeinen Synthesevorschrift 5*.

Ansatz: 2.27 g (10 mmol) *N*-(2,4,6-Trifluorphenyl)maleinimid (**11**)
2.66 g (10 mmol) 6,6-Bis(4-fluorphenyl)fulven (**C**)

Ausbeute:	1.91 g (38.7 %)
Fp.:	205 – 207°C (Zerstzg.)
^{1}H-NMR (CDCl$_3$):	δ = 7.08 – 7.00 (8H, H10, H-11, m); 6.79 (2H, H-2, m); 6.48 (2H, H**C**=**C**H, s); 3.97 (2H, H-6, s); 3.66 (2H, H-5, s)
^{13}C-NMR (CDCl$_3$):	δ = 173.76 (C=O, s); 164.26, 161.75 (C-1, d, $^1J_{C-F}$ = − 252.5 Hz); 163.35, 160.88 (C-12, d, $^1J_{C-F}$ = − 248.5 Hz); 159.93, 157.39 (C-3, d, $^1J_{C-F}$ = − 255.5 Hz); 151.31 (C-7, s); 135.75 (C-9, s); 135.21 (H**C**=**C**H, s); 130.90 (C-10, d, $^3J_{C-F}$ = − 8.1 Hz); 122.24 (C-8, s); 115.32 (C-11, d, $^2J_{C-F}$ = 21.5 Hz); 105.79 (C-4, t, $^2J_{C-F}$ = 17.6 Hz); 101.14 (C-2, t, $^2J_{C-F}$ = 25.7 Hz); 46.60 (C-6, s); 45.57 (C-5, s)
^{19}F-NMR (CDCl$_3$):	δ = -104.73 (1F, F-1, m); -112.15 (1F, F-3-syn, m); -114.17 (1F, F-3-anti, m); -114.86 (2F, F-12, m)
IR (KBr):	cm^{-1} = 3048 (w, ν C$_{Ar}$H); 1782, 1724 (s, ν C=O); 1610, 1507 (s, ν C=C$_{Ar}$); 1393, 1184 (m, ν C–N–C); 1225 (m, ν$_{as}$ C$_{Ar}$F)
Molmasse:	C$_{28}$H$_{16}$F$_5$NO$_2$ Ber.: 493.42 g/mol
	Gef.: 494 [M]$^+$ (ESI-MS, pos.)
Elementaranalyse:	C$_{28}$H$_{16}$F$_5$NO$_2$ Ber.: C 68.16 H 3.27 N 2.84 %
	Gef.: C 68.24 H 3.27 N 2.93 %

7-[Bis(4-fluorphenyl)methylen]bicyclo[2.2.1]hept-2-en-5,6-yl]-*N*-(2,3,4,5,6-pentafluorphenyl)imid (36)

12   **C**   **36**

Anwendung der *Allgemeinen Synthesevorschrift 5*.

Ansatz:	2.63 g (10 mmol) *N*-(2,3,4,5,6-Pentafluorphenyl)maleinimid (**12**)
	2.66 g (10 mmol) 6,6-Bis(4-fluorphenyl)fulven (**C**)
Ausbeute:	4.39 g (83.0 %)
Fp.:	188°C (Zerstzg.)
^{1}H-NMR (CDCl$_3$):	δ = 7.12 – 7.03 (8H, Ar-H, m); 6.50 (2H, **HC=CH**, s); 3.98 (2H, H-6, s); 3.70 (2H, H-5, s)
^{13}C-NMR (CDCl$_3$):	δ = 173.07 (C=O, s); 163.40, 160.94 (C-12, d, $^1J_{C-F}$ = - 247.7 Hz); 150.95 (C-7, s); 144.79, 142.26 (C-3, d, $^1J_{C-F}$ = - 254.5 Hz); 143.47, 140.91 (C-1, d, $^1J_{C-F}$ = - 257.5 Hz); 139.20, 136.68 (C-2, d, $^1J_{C-F}$ = - 253.5 Hz); 135.63 (C-9, d, $^4J_{C-F}$ = 3.2 Hz); 135.32 (HC=CH, s); 130.89 (C-10, d, $^3J_{C-F}$ = -7.9 Hz); 122.59 (C-8, s); 115.37 (C-11, d, $^2J_{C-F}$ = 21.5 Hz); 106.97 (C-4, s); 46.67 (C-6, s); 45.79 (C-5, s)
^{19}F-NMR (CDCl$_3$):	δ = -114.69 (2F, F-12, m); -141.58 (1F, F-3-syn, m); -143.53 (1F, F-3-anti, m); - 151.47 (1F, F-1); - 161.37 (2F, F-2, m)
IR (KBr):	cm^{-1} = 3053 (w, ν C$_{Ar}$H); 3012 (w, ν C$_{C=C}$H); 1781, 1731 (s, ν C=O); 1601, 1523 (s, ν C=C$_{Ar}$); 1361, 1178 (m, ν C–N–C); 1225 (s, ν$_{as}$ C$_{Ar}$F)
Molmasse:	C$_{28}$H$_{14}$F$_7$NO$_2$ Ber.: 529.41 g/mol
	Gef.: 530 [M]$^+$ (ESI-MS, pos.)
Elementaranalyse:	C$_{28}$H$_{14}$F$_7$NO$_2$ Ber.: C 63.52 H 2.67 N 2.65 %
	Gef.: C 63.61 H 2.64 N 2.71 %

7-[Bis(4-bromphenyl)methylen]bicyclo[2.2.1]hept-2-en-5,6-yl]-N-phenylimid (37)

7 + **E** → **37**

Anwendung der *Allgemeinen Synthesevorschrift 5*.

Ansatz:	0.35 g (2 mmol) N-Phenylmaleinimid (**7**)
	0.78 g (2 mmol) 6,6-Bis(4-bromphenyl)fulven (**E**)
Ausbeute:	0.45 g (40.0 %)
Fp.:	229 °C (Zerstzg.)

^{1}H-NMR (CDCl$_3$): δ = 7.51 – 6.93 (13H, Ar-H, m); 6.48 (2H, **H**C=C**H**, s); 3.96 (2H, H-6, s); 3.55 (2H, H-5, s)

^{13}C-NMR (CDCl$_3$): δ = 175.30 (C=O); 152.34 (C-7); 138.34 (C-9); 135.03 (HC=CH); 131.56 (C-10); 130.96 (C-11); 129.13 (C-3); 128.76 (C-1); 128.30 (C-4); 126.50 (C-2); 121.81, 121.71 (C-8, C12); 46.67 (C-6); 44.58 (C-5)

IR (KBr): cm^{-1} = 3068 (w, ν C$_{Ar}$H); 3017 (w, ν C$_{C=C}$H); 1775, 1713 (s, ν C=O); 1595, 1488 (m, ν C=C$_{Ar}$); 1387, 1184 (s, ν C–N–C); 1009 (m, ν$_s$ C$_{Ar}$Br)

Molmasse:	C$_{28}$H$_{19}$Br$_2$NO$_2$	Ber.: 561.26 g/mol		
		Gef.: 561.7 [M]$^+$ (ESI-MS, pos.)		
Elementaranalyse:	C$_{28}$H$_{19}$Br$_2$NO$_2$	Ber.: C 59.92	H 3.41	N 2.50 %
		Gef.: C 59.97	H 3.40	N 2.36 %

7-[Bis(4-bromphenyl)methylen]bicyclo[2.2.1]hept-2-en-5,6-yl]-*N*-(4-fluorphenyl)imid (38)

8 **E** **38**

Anwendung der *Allgemeinen Synthesevorschrift 5*.

Ansatz: 0.38 g (2 mmol) *N*-(4-Fluorphenyl)maleinimid (**8**)
0.78 g (2 mmol) 6,6-Bis(4-bromphenyl)fulven (**E**)

Ausbeute: 0.51 g (43.8 %)
Fp.: 219°C (Zersetzg.)

^{1}H-NMR (CDCl$_3$): δ = 7.55 – 6.89 (12H, Ar-H, m); 6.48 (2H, **HC=CH**, s); 3.97 (2H, H-6, s); 3.56 (2H, H-5, s)

^{13}C-NMR (CDCl$_3$): δ = 175.21 (C=O, s); 163.49, 161.01 (C-1, d, $^1J_{C-F}$ = - 249.5 Hz); 152.19 (C-7, s); 138.02 (C-9, s); 135.04 (HC=CH, s); 131.57 (C-10, s); 130.91 (C 11, s); 128.33 (C 3, d, $^3J_{C-F}$ = - 6.2 Hz); 127.50 (C-4, s); 121.93, 121.75 (C-8, C12, s); 116.16 (C-2, d, $^2J_{C-F}$ = 22.9 Hz); 46.65 (C-6, s); 44.69 (C-5, s)

^{19}F-NMR (CDCl$_3$): δ = - 112.66 (1F, F-1, m)

IR (KBr): cm^{-1} = 3067 (w, ν C$_{Ar}$H); 3013 (w, ν C$_{C=C}$H); 1774, 1709 (s, ν C=O); 1510, 1487 (s, ν C=C$_{Ar}$); 1384, 1182 (s, ν C–N–C); 1221 (m, ν$_{as}$ C$_{Ar}$F); 1010 (m, ν$_s$ C$_{Ar}$Br)

Molmasse: C$_{28}$H$_{18}$Br$_2$FNO$_2$ Ber.: 579.25 g/mol
Gef.: 579.6 [M]$^+$ (ESI-MS, pos.)

Elementaranalyse: C$_{28}$H$_{18}$Br$_2$FNO$_2$ Ber.: C 58.06 H 3.13 N 2.42 %
C$_{28}$H$_{18}$Br$_2$FNO$_2$ · Benzen Ber.: C 62.12 H 3.68 N 2.13 %
Gef.: C 61.99 H 3.67 N 2.10 %

7-[Bis(4-bromphenyl)methylen]bicyclo[2.2.1]hept-2-en-5,6-yl]-N-(2,6-difluorphenyl)imid (39)

Anwendung der *Allgemeinen Synthesevorschrift 5*.

Ansatz: 0.42 g (2 mmol) N-(2,6-Difluorphenyl)maleinimid (**9**)
0.78 g (2 mmol) 6,6-Bis(4-bromphenyl)fulven (**E**)

Ausbeute:	0.55 g (46.3 %)
Fp.:	235 – 236°C (Zerstzg.)
^{1}H-NMR (CDCl$_3$):	δ = 7.48 – 7.46 (5H, Ar-H, m); 7.01 – 6.94 (6H, Ar-H, m); 6.49 (2H, H**C**=**C**H, s); 3.97 (2H, H-6, s); 3.66 (2H, H-5, s)
^{13}C-NMR (CDCl$_3$):	δ = 173.67 (C=O, s); 159.50, 156.95 (C-3, d, $^1J_{C-F}$ = − 256.5 Hz); 151.10 (C-7, s); 138.32 (C-9, s); 135.09 (HC=CH, s); 131.51 (C-10, s); 131.11 (C-1, t, $^3J_{C-F}$ = − 9.8 Hz); 130.92 (C-11, s); 121.99, 121.66 (C-8, C-12, s); 112.05 (C-2, d, $^2J_{C-F}$ = 19.6 Hz); 109.97 (C-4, t, $^2J_{C-F}$ = 17.6 Hz); 46.53 (C-6, s); 45.38 (C-5, s)
^{19}F-NMR (CDCl$_3$):	δ = -115.54 (1F, F-3-syn, m); -117.67 (1F, F-3-anti, m)
IR (KBr):	cm^{-1} = 3079 (w, ν C$_{Ar}$H); 3022 (w, ν C$_{C=C}$H); 1784, 1719 (s, ν C=O); 1596, 1505 (m, ν C=C$_{Ar}$); 1369, 1168 (s, ν C–N–C); 1197 (m, ν$_{as}$ C$_{Ar}$F); 1010 (m, ν$_s$ C$_{Ar}$Br)
Molmasse:	C$_{28}$H$_{17}$Br$_2$F$_2$NO$_2$ Ber.: 597.24 g/mol
	Gef.: 597.6 [M]$^+$ (ESI-MS, pos.)
Elementaranalyse:	C$_{28}$H$_{17}$Br$_2$F$_2$NO$_2$ Ber.: C 56.31 H 2.87 N 2.35 %
	Gef.: C 56.45 H 2.92 N 2.22 %

7-[Bis(4-bromphenyl)methylen]bicyclo[2.2.1]hept-2-en-5,6-yl]-*N*-(3,5-difluorphenyl)imid (40)

10 + **E** → **40**

Anwendung der *Allgemeinen Synthesevorschrift 5*.

Ansatz:	0.42 g (2 mmol) *N*-(3,5-Difluorphenyl)maleinimid (**10**)
	0.78 g (2 mmol) 6,6-Bis(4-bromphenyl)fulven (**E**)
Ausbeute:	0.86 g (72.3 %)
Fp.:	229 – 230°C (Zerstzg.)

^{1}H-NMR (CDCl$_3$): δ = 7.49 (4H, Ar-H, m); 6.79 – 6.99 (7H, Ar-H, m); 6.49 (2H, **HC=CH**, s); 3.98 (2H, H-6, s); 3.58 (2H, H-5, s)

^{13}C-NMR (CDCl$_3$): δ = 174.51 (C=O, s); 164.01, 161.52 (C-2, d, $^1J_{C-F}$ = - 250.5 Hz); 151.93 (C-7, s); 138.23 (C-9, s); 135.14 (HC=CH, s); 133.53 (C-4, t, $^2J_{C-F}$ = 12.7 Hz); 131.61 (C-10, s); 130.91 (C-11, s); 122.14, 121.83 (C-8, C-12, s); 109.95 (C-3, d, $^2J_{C-F}$ = 27.9 Hz); 104.34 (C-1, t, $^2J_{C-F}$ = 25.2 Hz); 46.75 (C-6, s); 44.59 (C-5, s)

^{19}F-NMR (CDCl$_3$): δ = -108.33 (1F, F-2, m)

IR (KBr): cm^{-1} = 3094 (w, ν C$_{Ar}$H); 1775, 1714 (s, ν C=O); 1607, 1488 (s, ν C=C$_{Ar}$); 1393, 1171 (s, ν C–N–C); 1229 (m, ν$_{as}$ C$_{Ar}$F); 1009 (m, ν$_s$ C$_{Ar}$Br)

Molmasse:	C$_{28}$H$_{17}$Br$_2$F$_2$NO$_2$	Ber.: 597.24 g/mol		
		Gef.: 597.7 [M]$^+$ (ESI-MS, pos.)		
Elementaranalyse:	C$_{28}$H$_{17}$Br$_2$F$_2$NO$_2$	Ber.: C 56.31	H 2.87	N 2.35 %
		Gef.: C 56.35	H 2.90	N 2.24 %

7-[Bis(4-bromphenyl)methylen]bicyclo[2.2.1]hept-2-en-5,6-yl]-N-(2,4,6-trifluorphenyl)imid (41)

11   E   41

Anwendung der *Allgemeinen Synthesevorschrift 5*.

Ansatz: 0.45 g (2 mmol) N-(2,4,6-Trifluorphenyl)maleinimid (**11**)
0.78 g (2 mmol) 6,6-Bis(4-bromphenyl)fulven (**E**)

Ausbeute:	0.72 g (58.5 %)
Fp.:	238-239°C (Zerstzg.)
^{1}H-NMR (CDCl$_3$):	δ = 7.48 – 7.46 (4H, Ar-H, m); 6.90 – 6.79 (6H, Ar-H, m); 6.48 (2H, H**C**=**C**H, s); 3.96 (2H, H-6, s); 3.65 (2H, H-5, s)
^{13}C-NMR (CDCl$_3$):	δ = 173.59 (C=O, s); 164.27, 161.75 (C-1, d, $^1J_{C-F}$ = - 253.5 Hz); 159.91, 157.36 (C-3, d, $^1J_{C-F}$ = - 256.5 Hz); 152.00 (C-7, s); 138.31 (C-9, s); 135.14 (H**C**=**C**H, s); 131.59 (C-10, s); 130.93 (C-11, s); 122.17, 121.77 (C-8, C-12, s); 105.75 (C-4, t, $^2J_{C-F}$ = 11.5 Hz); 101.39 (C-2, t, $^2J_{C-F}$ = 27.2 Hz); 46.58 (C-6, s); 45.41 (C-5, s)
^{19}F-NMR (CDCl$_3$):	δ = -104.67 (1F, F-1, m); -112.17 (1F, F-3-syn, m); -114.21 (1F, F-3-anti, m)
IR (KBr):	cm^{-1} = 3079 (w, ν C$_{Ar}$H); 3022 (w, ν C$_{C=C}$H); 1782, 1725 (s, ν C=O); 1609, 1516, 1488 (s, ν C=C$_{Ar}$); 1391, 1172 (s, ν C–N–C); 1200 (sch, ν$_{as}$ C$_{Ar}$F); 1010 (m, ν$_s$ C$_{Ar}$Br)
Molmasse:	C$_{28}$H$_{16}$Br$_2$F$_3$NO$_2$ Ber.: 615.24 g/mol
	Gef.: 615.7 [M]$^+$ (ESI-MS, pos.)
Elementaranalyse:	C$_{28}$H$_{16}$Br$_2$F$_3$NO$_2$ Ber.: C 54.66 H 2.62 N 2.28 %
	Gef.: C 54.76 H 2.67 N 2.29 %

7-[Bis(4-bromphenyl)methylen]bicyclo[2.2.1]hept-2-en-5,6-yl]-*N*-(2,3,4,5,6-pentafluorphenyl)imid (42)

Anwendung der *Allgemeinen Synthesevorschrift 5*.

Ansatz:	0.53 g (2 mmol) *N*-(2,3,4,5,6-Pentafluorphenyl)maleinimid (**12**)
	0.78 g (2 mmol) 6,6-Bis(4-bromphenyl)fulven (**E**)
Ausbeute:	0.62 g (47.7 %)
Fp.:	237°C (Zerstzg.)
^{1}H-NMR (CDCl$_3$):	δ = 7.48 (4H, H-11, m); 6.95 (4H, H-10, m); 6.49 (2H, **HC=CH**, s); 3.98 (2H, H-6, s); 3.69 (2H, H-5, s)
^{13}C-NMR (CDCl$_3$):	δ = 172.92 (C=O, s); 151.64 (C-7, s); 144.90, 142.41 (C-3, d, $^1J_{C-F}$ = − 250.4 Hz); 143.49, 140.92 (C-1, d, $^1J_{C-F}$ = − 258.3 Hz); 139.21, 136.66 (C-2, d, $^1J_{C-F}$ = − 256.5 Hz); 130.19 (C-9, s); 135.26 (**HC=CH**, s); 131.65 (C-10, s); 130.90 (C-11, s); 122.53, 121.90 (C-8, C-12, s); 106.92 (C-4, s); 46.66 (C-6, s); 45.64 (C-5, s)
^{19}F-NMR (CDCl$_3$):	δ = −141.60 (1F, F-3-syn, m); −143.55 (1F, F-3-anti, m); −151.40 (2F, F-2); −161.32 (1F, F-1, m)
IR (KBr):	cm^{-1} = 3048 (w, ν C$_{Ar}$H); 3022 (w, ν C$_{C=C}$H); 1796, 1729 (s, ν C=O); 1517, 1487 (s, ν C=C$_{Ar}$); 1359, 1168 (s, ν C–N–C); 1225 (sch, ν$_{as}$ C$_{Ar}$F); 1010 (m, ν$_s$ C$_{Ar}$Br)
Molmasse:	C$_{28}$H$_{14}$Br$_2$F$_5$NO$_2$ Ber.: 651.22 g/mol
	Gef.: 651.6 [M]$^+$ (ESI-MS, pos.)
Elementaranalyse:	C$_{28}$H$_{14}$Br$_2$F$_5$NO$_2$ Ber.: C 51.64 H 2.17 N 2.15 %
	Gef.: C 51.84 H 2.21 N 2.16 %

6 Publikationen

ZEITSCHRIFTENBEITRÄGE

- A. Schwarzer, W. Seichter, E. Weber, H. Stoeckli-Evans, M. Losada, J. Hulliger "Supramolecular control of fluorinated benzophenones in the crystalline state" *CrystEngComm* **2004**, *6(92)*, 567–572.

- A. Schwarzer, M. Nieger, D. Klomfaß, E. Weber "Crystal Structure of 1,3-Dinaphthalen-1-yl-propan-2-one, $C_{23}H_{18}O$" *Z. Kristallgr. NCS* **2005**, *220*, 385-386.

- Marika Felsmann, Anke Schwarzer, Edwin Weber "5,11,17,23,29,35-Hexa-*tert*-butyl-37,38,39,40,41,42-hexahydroxycalix[6]arene dichloromethane disolvate" *Acta Crystallogr. Sect. E* **2006**, *E62*, o607–o609.

- Alexander Ruffani, Anke Schwarzer, Edwin Weber "1,3-Diphenyl-2H-cyclopenta[l]phenanthren-2-one" *Acta Crystallogr. Sect. E* **2006**, *62*, o2281-o2282.

- Ines Maria Hauptvogel, Anke Schwarzer, Edwin Weber "1-bromo-2-(bromomethyl)naphthalene" *Acta Cryst. Sect. E* in Druck.

- Anke Schwarzer, Ines C. Schilling, Edwin Weber "New tetraaryl- and tetrakis(arylethynyl) silanes – syntheses and crystal structure analysis" *Silicon Chem.* in Arbeit.

- Anke Schwarzer, Edwin Weber "Supramolecular Chemistry of Fluorinated *N*-phenyl maleimide, *N*-phenyl phthalimide and *N*-phenyl tetrafluorophthalimide. Influence of Fluorine Substitution in the Crystal Packing and Polymorphic Phenomena" *Cryst. Growth and Des.* in Arbeit.

VORTRÄGE

- "Das elektrostatische Potential in der Kristallstrukturanalyse", *1. Institutsübergreifendes Seminar der Fakultät 2 der TU Bergakademie Freiberg "Berechnungen zur elektronischen Struktur von Molekülen"*, Freiberg, 24. März **2006**.

- "Supramolekulare Chemie fluorierter *N*-Phenylmaleinimide, *N*-Phenylphthalimide und *N*-Phenyltetrafluorphthalimide. Einfluss der Fluor-Substitution auf die Kristallpackung und polymorphe Phänomene", *Doktorandenseminar der TU Bergakademie Freiberg und der TU Chemnitz*, Freiberg, 12. Oktober **2006**.

POSTERPRÄSENTATIONEN

- A. Schwarzer, W. Seichter, E. Weber, H. Stoeckli-Evans, M. Losada, J. Hulliger, "Supramolecular control of fluorinated benzophenones in the crystalline state", *2nd CrystEngComm Discussion 2004* "New Trends in Crystal Engineering", University of Nottingham, United Kingdom, 8. – 10. September **2004**.

- A. Schwarzer, E. Weber, "Structural Study of a Designed Series of Compounds Featuring Rigid Molecular Geometry and Specific Fluorine Substitution", *ECM23 - The 23rd European Crystallographic Meeting*, Leuven, Belgium, 6. – 11 August **2006**.

7 Danksagung

"Leider läßt sich eine wahrhafte Dankbarkeit mit Worten nicht ausdrücken."

Johann Wolfgang von Goethe

Mein tiefster Dank gilt meinen Eltern und meinem Bruder Gordon, die mich während des Studiums und der Promotion in jeder erdenklichen Weise unterstützten und kompromisslos hinter mir standen. Vor allem für den in schwierigen Zeiten zugesprochenen Mut.

Mein spezieller Dank gilt an dieser Stelle Herrn Prof. Dr. Edwin Weber für die stets gewährte Unterstützung und große forscherische Freiheit, sowie für das in mich gesetzte Vertrauen. Insbesondere für die Bereitstellung eines Themas, das sich durch seine Vielfältigkeit und sich immer neu ergebenden Möglichkeiten auszeichnet und mir die Gelegenheit gab, mich mit einem Element auseinanderzusetzen, welches in Freiberg nicht üblich und immer für Überraschungen gut ist, und dies schließlich auf internationalen Konferenzen zu präsentieren. Herrn Prof. Dr. R. Boese und Herrn PD Dr. U. Böhme danke ich für die freundliche Übernahme der Gutachtertätigkeit.

Darüber hinaus sei allen der Arbeitsgruppe um Prof. Weber gedankt, die durch die Durchführung von Analysen und Aufnahmen von Spektren an der Arbeit beteiligt waren: B. Süßner für die Anfertigung unzähliger Elementaranalysen, die sicherlich für das Gerät wegen des Fluors nicht einfach zu verkraften waren. E. Knoll für diverse GC-MS, auch wenn diese bisweilen nicht wie erwartet ausfielen. Dr. A. Schierhorn vom Fachbereich Biochemie / Biotechnologie der Martin-Luther-Universität Halle-Wittenberg sei für die Anfertigung der ESI-Spektren gedankt. Frau Seiffert möchte ich für die vielen XRD-Aufnahmen danken und für die Bereitschaft, noch so umständliche Messungen und Zeiten in Kauf zu nehmen. Dr. Felix Baitalov sei schließlich für die unzähligen DSC-Messungen gedankt. An dieser Stelle möchte ich auch Dr. J. Seidel hervorheben, der mir bei den zunächst seltsam dreinschauenden DSC-Kurven eine große Hilfe bei deren Diskussion war.
Bei Frau Birgitt Wandke bedanke ich mich auf herzlichste für die gute Zusammenarbeit im Büro 255, die Anfertigung der zahlreichen IR-Spektren und vor allem für die wertvollen „kleinen" Labortricks ohne die keiner je das Studium und die Promotion überstanden hätte. Danke!
Von großer Bedeutung waren auch die nicht mehr zählbaren und großen Datenmengen umfassenden NMR-Spektren, die Claudia Pöschmann, Jan Marten und Dr. Erika Brendler für mich aufnahmen. Insbesondere bei Frau Pöschmann, die „nebenbei" auch GC-MS-Analysen durchführte, möchte ich mich bedanken, dass sie all meine ausgefallenen Wünsche erfolgreich in die Tat umsetzte, auch wenn dies den Umbau des Gerätes bedeutete. Dazu zählt u. a. neben der bei uns nicht üblichen ^{19}F-NMR-Spektroskopie auch die Temperaturabhängigkeit. Danke! Auch Frau Dr. Erika Brendler danke ich für eben Selbiges, für das schließlich erfolgreiche Probieren zweidimensionaler Spektren eines in Freiberg ungewöhnlichen Kernes und natürlich für das Korrekturlesen, die Diskussionsbereitschaft und die „kleine" Einführung in die NMR-Spektroskopie.
Ohne die Einkristallstrukturanalyse wäre diese Arbeit nicht möglich gewesen. Daher möchte ich mich bei meinen Mitstreitern am Röntgengerät von ganzem Herzen für die Einführung in Geheimnisse der Kristallographie bedanken: Dr. Wilhelm Seichter, PD Dr. Uwe Böhme und Dr.

Jörg Wagler. So manche Tücken und Schwierigkeiten hielt das „Röntgen" für uns bereit, die wir in manch abendlicher Sitzung bewältigen konnten.
Wilhelm möchte auch für die Diskussionsbereitschaft und seine Geduld mit mir danken.
Dr. Uwe Böhme möchte ich neben den Ratschlägen für die Strukturanalyse auch für die ab initio Berechnungen, die Einführung in eben diese Thematik und die zahlreichen Mensapausen in großer Runde bedanken.
Jörg möchte ich darüber hinaus für die Hilfe beim Bezwingen der einen oder anderen Fehlordnung bedanken, ob sie zu meinen Strukturen zugehörig waren oder nicht. Außerdem – trotz der großen Entfernung im letzten Jahr – sei ihm für sein immer gewährtes Interesse und die angebotene Hilfe bis hin zum Korrekturlesen gedankt.

Schließlich seien alle weiteren Mitglieder der Arbeitsgruppe Weber, deren Anzahl und Besetzung im Laufe meiner nunmehr fünfeinhalb Jahre (Vertiefungspraktikum bis zum heutigen Tage) stark fluktuierte, gedankt. In Erinnerung blieben chronologisch nach Ihrem Ausscheiden vor allem: Dr. Tino Hertzsch, Dr. Heike Süß, Dr. Katharina Reichenbächer, die mir alle drei auch eine schöne Zeit in Bern ermöglichten; Dr. Petra Müller, Ines Schilling und schließlich Conni Klein.
Einige Mitstreiter verweilen noch immer in Freiberg: Marika, Alex, Marcel, Jan und Claudia, die so vieles für uns „Angestellte" möglich machte. Ich danke ihnen für die großteils angenehme Arbeitsatmosphäre und so manch lustigen Stunden im Labor, auf dem Volleyballplatz, der Bowlingbahn oder in den Freiberger Kneipen und wünsche das Beste für die noch bevorstehenden Promotionen.
Jan danke ich auch für unzählige Pausen auf dem „Balkon" mit den Teils kuriosen Unterhaltungsthemen. Einen guten Zuhörer und Redner findet man selten. Auch die vielen Biere und die Ausflüge mit „unsern" Griechen bleiben unvergesslich. At that point I'd like to thank Dimitrios and Georgios for that great time during the last summer here in Freiberg. I am looking forward seeing you … in almost four weeks!

Was wäre aber ein Studium und eine Promotion ohne Freunde, ob Chemiker oder nicht? Fern ab von jeder Wissenschaft war es mit ihnen möglich, schöne Tage und Abende zu verbringen. Allen Leipzigern: Reni, Hongk, Janni, Saschi, Ronny und Mary! Danke für die spärlichen, aber immer wundervollen Tage in Leipzig! Von den in Freiberg lebenden: Conni, Sebastian, Christian und Steffen. Ich sag nur: „Danke Eure Excellenz!"
Mein herzlichster Dank gilt Petra, nicht nur für das Korrekturlesen, vor allem für die aufrichtige Freundschaft. Danke für die gemeinsamen, heiteren Stunden und Deiner Fähigkeit mich durch Einfühlungsvermögen und Verständnis aufzubauen, mir Kraft, Energie und vor allem Spaß am Leben zu geben. Danke für all die lustige Zeit.

Schließlich sei noch all jenen gedankt, die nicht namentlich erwähnt sind, mich jedoch durch das Studium und die Promotion begleitet und unterstützt haben.

8 Anhang

8.1 Kristallstrukturdaten

8.1.1 Dibenzalacetone und Nebenprodukte

	3	4	5	6	1·6
cif-Dateiname	ansc53_0m	ansc21	ansc36_1_0m	ansc11_1_0m	ansc22
Empirische Formel	$C_{17}H_{10}F_4O$	$C_{17}H_{10}F_4O$	$C_{17}H_9F_5O$	$C_{17}H_4F_{10}O$	$C_{17}H_4F_{10}O$, $C_{17}H_{14}O$
Molmasse	306.25	306.25	324.24	414.20	648.48
T (K)	93(2)	93(2)	173(2)	93(2)	93(2)
Kristallsystem	monoklin	triklin	monoklin	monoklin	triklin
Raumgruppe	$P2_1/n$	$P\text{-}1$	$P2_1/c$	$P2_1/c$	$P\text{-}1$
a (Å)	7.4793(6)	3.8842(12)	7.6428(4)	5.6259(8)	7.4146(12)
b (Å)	15.6410(13)	10.636(4)	6.1654(3)	24.346(4)	11.1034(17)
c (Å)	12.0962(11)	17.266(6)	29.1997(16)	21.186(3)	17.304(3)
α (°)	90.00	89.130(16)	90.00	90.00	86.917(8)
β (°)	104.831(5)	86.385(15)	91.079(2)	90.348(5)	79.945(8)
γ (°)	90.00	84.634(18)	90.00	90.00	74.085(8)
V (Å^3)	1367.9(2)	708.8(4)	1375.67(12)	2901.8(7)	1348.9(4)
Z, Dichte ρ_{calc} (g m^{-3})	4, 1.487	2, 1.435	4, 1.566	8, 1.896	2, 1.597
Absorptionskoeffizient μ (mm^{-1})	0.129	0.124	0.143	0.206	0.146
$F(000)$	624	312	656	1632	656
Theta-Bereich (°)	2.91-26.99	1.92-24.47	2.67-23.05	1.67-25.25	1.91-30.13
Index-Bereich h, k, l	-9,8; ±19; -12,15	-3,4; ±12; ±19	-6,8; ±6; ±32	-5,6; ±29; ±25	-10,7; ±15; ±24
no. of measd.rflns	10280	18702	12809	33777	34703
no. of independent rflns	2964	2273	1917	5246	7616
no. of rflns with I > 2σ(I)	1849	769	1580	4071	3857
restraints/parameters	0/199	0/199	0/208	0/505	0/415
goodness-of-fit on $F2$	0.991	0.929	1.058	1.090	1.067
final R indices [$I > 2\sigma(I)$]	$R1$ = 0.0437 $wR2$ = 0.1014	$R1$ = 0.0697 $wR2$ = 0.1782	$R1$ = 0.0428 $wR2$ = 0.1086	$R1$ = 0.0457 $wR2$ = 0.1203	$R1$ = 0.0846 $wR2$ = 0.1898
R indices (all data)	$R1$ = 0.0888 $wR2$ = 0.1162	$R1$ = 0.1604 $wR2$ = 0.2057	$R1$ = 0.0550 $wR2$ = 0.1175	$R1$ = 0.0622 $wR2$ = 0.1281	$R1$ = 0.1744 $wR2$ = 0.2291
largest diff peak and hole (e Å^{-3})	0.220 und -0.250	0.240 und -0.165	0.346 und -0.176	0.653 und -0.358	0.617 und -0.340

	3·3
cif-Dateiname	ansc29
Empirische Formel	$C_{34}H_{20}F_8O_2$
Molmasse	612.50
T (K)	93(2)
Kristallsystem	monoklin
Raumgruppe	$P2_1/n$
a (Å)	7.6508(2)
b (Å)	11.1075(3)
c (Å)	15.6428(3)
α (°)	90.00
β (°)	91.5720(10)
γ (°)	90.00
V (Å^3)	1328.84(6)
Z, Dichte ρ_{calc} (g m^{-3})	2, 1.531
Absorptionskoeffizient μ (mm^{-1})	0.133
$F(000)$	624
Theta-Bereich (°)	2.25-26.00
Index-Bereich h, k, l	±9; -13,11; ±19
no. of measd.rflns	6327
no. of independent rflns	2576
no. of rflns with $I > 2\sigma(I)$	2162
restraints/parameters	0/199
goodness-of-fit on F^2	1.069
final R indices [$I > 2\sigma(I)$]	$R1 = 0.0322$
	$wR2 = 0.0847$
R indices (all data)	$R1 = 0.0411$
	$wR2 = 0.0900$
largest diff peak and hole (e Å^{-3})	0.250 und -0.212

Tabelle 8-1   Intermolekulare C-H···O- und C-H···F-Kontakte im Dimer **3·3**.

Kontakt	Symmetrie	r / Å	d / Å	D / Å	θ / °
C10-H10···F1	1.5-x,1/2+y,1/2-z	1.00	2.54	3.2452(16)	126.9
C11-H11···F1	1.5-x,1/2+y,1/2-z	1.00	2.56	3.2557(16)	126.6
C3-H3···F4	1/2+x,1/2-y,1/2+z	0.95	2.57	3.2733(18)	130.9
C2-H2···F3	1/2+x,-1/2-y,1/2+z	0.95	2.65	3.3232(18)	128.2
C2-H2···O1	1/2+x,-1/2-y,1/2+z	0.95	2.64	3.4817(18)	147.3
C14-H14···O1	1/2-x,1/2+y,1/2-z	0.95	2.64	3.2766(17)	124.6

8.1.2 *N*-Phenylmaleinimide, -phtalimide, -tetrafluorphthalimide

	8	9	10	11
cif-Dateiname	ansc39_0m	ansc42	ansc41	ansc38_1
Empirische Formel	$C_{10}H_6FNO_2$	$C_{10}H_5F_2NO_2$	$C_{10}H_5F_2NO_2$	$C_{10}H_4F_3NO_2$
Molmasse	191.16	209.15	209.15	227.14
T (K)	93(2)	93(2)	93(2)	93(2)
Kristallsystem	monoklin	orthorhombisch	monoklin	orthorhombisch
Raumgruppe	$P2_1/c$	$Pbcn$	$P2_1/c$	$Pbcn$
a (Å)	10.6834(10)	5.0513(3)	9.3188(3)	7.8592(2)
b (Å)	3.7658(3)	18.4919(12)	11.7229(4)	10.7066(3)
c (Å)	20.6001(16)	9.3014(6)	7.9564(3)	10.8179(3)
α (°)	90	90	90	90
β (°)	93.708(3)	90	96.446(2)	90
γ (°)	90	90	90	90
V (Å^3)	827.04(12)	868.83(9)	863.69(5)	910.28(4)
Z, Dichte ρ_{calc} (g m^{-3})	4, 1.535	4, 1.599	4, 1.608	4, 1.657
Absorptionskoeffizient μ (mm^{-1})	0.123	0.141	0.142	0.157
$F(000)$	392	424	424	456
Theta-Bereich (°)	2.66 - 25.99	2.20 - 25.49	2.80 - 25.50	3.22 - 25.00
Index-Bereich h, k, l	-12,13; ±4; -25,24	±6; ±22; ±11	±11; ±14; ±9	±9; ±12; ±12
no. of measd.rflns	6888	9545	8583	11789
no. of independent rflns	1623	811	1602	801
no. of rflns with $I > 2\sigma(I)$	1359	645	1417	759
restraints/parameters	0/127	0/70	0/136	0/75
goodness-of-fit on $F2$	1.108	1.040	1.060	1.066
final R indices [$I > 2\sigma(I)$]	$R1$ = 0.0392	$R1$ = 0.0284	$R1$ = 0.0291	$R1$ = 0.0263
	$wR2$ = 0.0947	$wR2$ = 0.0715	$wR2$ = 0.0751	$wR2$ = 0.0724
R indices (all data)	$R1$ = 0.0490	$R1$ = 0.0435	$R1$ = 0.0345	$R1$ = 0.0278
	$wR2$ = 0.0975	$wR2$ = 0.0774	$wR2$ = 0.0779	$wR2$ = 0.0737
largest diff peak and hole (e Å^{-3})	0.204 und -0.183	0.184 und -0.212	0.219 und -0.184	0.208 und -0.203

	13	14	15	16	17
cif-Dateiname	ansc49	ansc56	ansc45	ansc51_1	ansc44_0m
Empirische Formel	$C_{14}H_9NO_2$	$C_{14}H_8FNO_2$	$C_{14}H_7F_2NO_2$	$C_{14}H_7F_2NO_2$	$C_{14}H_6F_3NO_2$
Molmasse	223.22	241.21	259.21	259.21	277.20
T (K)	93(2)	93(2)	93(2)	93(2)	93(2)
Kristallsystem	orthorhombisch	orthorhombisch	orthorhombisch	triklin	triklin
Raumgruppe	$Pbca$	$Pbca$	$Pbca$	P-1	P-1
a (Å)	11.5777(7)	15.1513(19)	11.4528(3)	7.1381(5)	7.3804(5)
b (Å)	7.4958(4)	5.6544(6)	7.9586(3)	11.9045(9)	8.1615(5)
c (Å)	23.6936(13)	25.276(3)	23.7353(8)	13.3533(10)	10.5780(7)
α (°)	90	90	90	89.699(4)	90.195(4)
β (°)	90	90	90	77.931(3)	108.809(4)
γ (°)	90	90	90	76.802(3)	109.163(4)
V (Å^3)	2056.2(2)	2165.4(4)	2163.43(12)	1079.24(14)	565.45(6)
Z, Dichte ρ_{calc} (g m^{-3})	4, 1.442	8, 1.480	8, 1.592	4, 1.595	2, 1.628
Absorptionskoeffizient μ (mm^{-1})	0.098	0.112	0.131	0.131	0.143
F(000)	928	992	1056	528	280
Theta-Bereich (°)	2.46 - 25.50	3.14 - 25.05	2.47 - 25.49	1.56 - 26.00	2.66 - 25.49
Index-Bereich h, k, l	-13,14; ±9; -28,25	±18; ±6; ±30	±13; ±9; ±28	±8; ±14; ±16	±8; ±9; ±12
no. of measd.rflns	17723	19014	21378	17741	8633
no. of independent rflns	1908	1923	2013	17741	2092
no. of rflns with $I > 2\sigma(I)$	1406	1272	1709	12045	1691
restraints/parameters	0/154	0/163	0/172	0/344	0/181
goodness-of-fit on $F2$	1.053	1.031	1.053	0.897	1.025
final R. indices [$I > 2\sigma(I)$]	$R1$ = 0.0305 $wR2$ = 0.0805	$R1$ = 0.0446 $wR2$ = 0.1041	$R1$ = 0.0313 $wR2$ = 0.0836	$R1$ = 0.0400 $wR2$ = 0.0894	$R1$ = 0.0346 $wR2$ = 0.0849
R indices (all data)	$R1$ = 0.0615 $wR2$ = 0.0886	$R1$ = 0.0849 $wR2$ = 0.1214	$R1$ = 0.0394 $wR2$ = 0.0880	$R1$ = 0.0695 $wR2$ = 0.1116	$R1$ = 0.0478 $wR2$ = 0.0891
largest diff peak and hole (e Å^{-3})	0.185 und -0.259	0.234 und -0.297	0.248 und -0.212	0.228 und -0.225	0.265 und -0.262

	18-A	18-B	19-A	19-B	20
cif-Dateiname	ansc65.cif	ansc50_0m	ansc62	ansc55_0m	ansc74
Empirische Formel	$C_{14}H_4F_5NO_2$	$C_{14}H_4F_5NO_2$	$C_{14}H_5F_4NO_2$	$C_{14}H_5F_4NO_2$	$C_{14}H_4F_5NO_2$
Molmasse	313.18	313.18	295.19	295.19	313.18
T (K)	298(2)	93(2)	93(2)	93(2)	93(3)
Kristallsystem	orthorhombisch	monoklin	orthorhombisch	orthorhombisch	orthorhombisch
Raumgruppe	$Pca2_1$	$C2/c$	$P2_12_12_1$	$C222_1$	$C222_1$
a (Å)	13.8799(6)	21.880(2)	7.056(2)	5.6255(8)	5.5055(3)
b (Å)	12.8307(5)	7.9432(9)	8.179(3)	25.622(3)	26.8347(12)
c (Å)	13.4761(5)	13.7584(15)	19.928(6)	7.7159(12)	7.6690(4)
α (°)	90.00	90	90.00	90.00	90.00
β (°)	90.00	98.710(6)	90.00	90.00	90.00
γ (°)	90.00	90	90.00	90.00	90.00
V (Å^3)	2399.94(17)	2363.6(4)	1150.0(6)	1112.1(3)	1133.01(10)
Z, Dichte ρ_{calc} (g m^{-3})	8, 1.734	8, 1.760	4, 1.705	4, 1.763	4, 1.836
Absorptionskoeffizient μ (mm^{-1})	0.169	0.171	0.158	0.164	0.178
$F(000)$	1248	1248	592	592	624
Theta-Bereich (°)	2.64 - 31.66	1.88 - 25.25	2.69 - 28.00	3.08 - 26.79	3.04 - 27.49
Index-Bereich h, k, l	±20; 18,17; ±19	±26; ±9; ±16	±9; ±10; -25,26	-6,7; -32,31; ±9	-7,6; ±34; ±9
no. of measd.rflns	57434	11936	12786	4839	5859
no. of independent rflns	4197	2120	1625	1191	1303
no. of rflns with $I > 2\sigma(I)$	2823	1623	1396	924	1086
restraints/parameters	1/397	0/199	0/190	0/97	0/102
goodness-of-fit on $F2$	1.080	1.076	1.101	1.065	1.061
final R indices [$I > 2\sigma(I)$]	$R1 = 0.0478$ $wR2 = 0.1122$	$R1 = 0.0528$ $wR2 = 0.1264$	$R1 = 0.0696$ $wR2 = 0.1768$	$R1 = 0.0647$ $wR2 = 0.1598$	$R1 = 0.0356$ $wR2 = 0.0846$
R indices (all data)	$R1 = 0.0830$ $wR2 = 0.1368$	$R1 = 0.0716$ $wR2 = 0.1333$	$R1 = 0.0816$ $wR2 = 0.1826$	$R1 = 0.0812$ $wR2 = 0.1722$	$R1 = 0.0503$ $wR2 = 0.0896$
largest diff peak and hole (e Å^{-3})	0.242 und -0.288	0.477 und -0.364	0.497 und -0.486	0.255 und -0.350	0.213 und -0.202

	21	22	23	24
cif-Dateiname	ansc63_0m	ansc66_0m	ansc60	ansc69
Empirische Formel	$C_{14}H_3F_6NO_2$	$C_{14}H_3F_6NO_2$	$C_{14}H_2F_7NO_2$	$C_{14}F_9NO_2$
Molmasse	331.17	331.17	349.17	385.15
T (K)	93(2)	293(2)	93(2)	298(2)
Kristallsystem	monoklin	monoklin	triklin	orthorhombisch
Raumgruppe	$P2_1/c$	$P2_1/n$	$P\text{-}1$	$Pbca$
a (Å)	10.1505(8)	14.1065(18)	9.9578(5)	19.157(2)
b (Å)	25.0550(18)	5.1836(5)	10.2991(5)	6.3289(6)
c (Å)	10.5400(9)	16.834(2)	13.6127(6)	21.617(2)
α (°)	90.00	90.00	98.314(3)	90.00
β (°)	114.897(4)	96.238(6)	99.646(3)	90.00
γ (°)	90.00	90.00	112.165(3)	90.00
V (Å^3)	2431.4(3)	1223.6(2)	1241.16(10)	2620.9(5)
Z, Dichte ρ_{calc} (g m^{-3})	8, 1.809	4, 1.798	4, 1.869	8, 1.952
Absorptionskoeffizient μ (mm^{-1})	0.183	0.182	0.196	0.216
$F(000)$	1312	656	688	1504
Theta-Bereich (°)	3.24 - 32.00	2.91 - 25.50	2.19 - 26.00	2.16 - 25.50
Index-Bereich h, k, l	-14,15; -37,34; -15,8	-17,12; ±6; -20,16	±12; ±12; ±16	±23; -5,7; ±26
no. of measd.rflns	30607	7063	24599	43249
no. of independent rflns	8043	2272	4756	2435
no. of rflns with $I > 2\sigma(I)$	6379	1451	3369	1448
restraints/parameters	0/415	0/208	0/433	0/235
goodness-of-fit on $F2$	1.076	0.921	1.015	1.005
final R indices [$I > 2\sigma(I)$]	R1 = 0.0358 wR2 = 0.0956	R1 = 0.0402 wR2 = 0.1024	R1 = 0.0493 wR2 = 0.1243	R1 = 0.0383 wR2 = 0.0971
R indices (all data)	R1 = 0.0499 wR2 = 0.1014	R1 = 0.0754 wR2 = 0.1156	R1 = 0.0808 wR2 = 0.1328	R1 = 0.0883 wR2 = 0.1157
largest diff peak and hole (e Å^{-3})	0.468 und -0.242	0.154 und -0.185	0.312 und -0.332	0.222 und -0.228

8.1.3 Fulvenaddukte und Fulvene

	25	26	27	28	29
cif-Dateiname	ansc47	ansc48	ansc77	ansc73	ansc52
Empirische Formel	$C_{28}H_{21}NO_2$	$C_{28}H_{20}FNO_2$	$C_{28}H_{19}F_2NO_2$	$C_{28}H_{19}F_2NO_2$	$C_{28}H_{18}F_3NO_2$
Molmasse	403.46	421.45	439.44	439.44	457.43
T (K)	93(2)	93(2)	93(2)	90(2)	93(2)
Kristallsystem	monoklin	monoklin	monoklin	monoklin	monoklin
Raumgruppe	$P2_1/c$	$P2_1$	$P2_1/c$	$P2_1$	$P2_1$
a (Å)	17.0236(7)	11.7436(8)	16.8092(12)	9.6150(19)	12.2295(2)
b (Å)	6.2416(3)	6.0623(4)	6.2040(4)	6.3320(13)	6.10990(10)
c (Å)	20.0260(9)	15.8955(12)	20.6211(15)	17.531(4)	15.7475(3)
$α$ (°)	90.00	90.00	90.00	90.00	90.00
$β$ (°)	105.057(2)	111.548(4)	105.493(4)	98.76(3)	111.7190(10)
$γ$ (°)	90.00	90.00	90.00	90.00	90.00
V (Å^3)	2054.80(16)	1052.56(13)	2072.3(2)	1054.9(4)	1093.14(3)
Z, Dichte $ρ_{calc}$ (g m^{-3})	4, 1.304	2, 1.330	4, 1.408	2, 1.384	2, 1.390
Absorptionskoeffizient $μ$ (mm^{-1})	0.082	0.089	0.101	0.099	0.105
F(000)	848	440	912	456	472
Theta-Bereich (°)	2.11-25.00	2.70-25.00	2.05-30.00	2.14-27.49	1.79-25.24
Index-Bereich h, k, l	±20; ±7; ±23	±13; ±7; ±18	±23; -8,7; ±29	±12; ±8; ±22	±14; -5,7; ±18
no. of measd.rflns	17982	7762	52311	13546	7952
no. of independent rflns	3610	3436	6052	4805	3643
no. of rflns with $I > 2σ(I)$	2870	2831	4205	4066	3404
restraints/parameters	0/281	1/290	0/298	1/298	1/308
goodness-of-fit on $F2$	1.032	1.055	1.059	1.037	1.037
final R indices [$I > 2σ(I)$]	$R1 = 0.0348$ $wR2 = 0.0782$	$R1 = 0.0436$ $wR2 = 0.0870$	$R1 = 0.0447$ $wR2 = 0.0931$	$R1 = 0.0401$ $wR2 = 0.0865$	$R1 = 0.0286$ $wR2 = 0.0641$
R indices (all data)	$R1 = 0.0510$ $wR2 = 0.0836$	$R1 = 0.0598$ $wR2 = 0.0927$	$R1 = 0.0786$ $wR2 = 0.1019$	$R1 = 0.0518$ $wR2 = 0.0905$	$R1 = 0.0318$ $wR2 = 0.0659$
largest diff peak and hole (e Å^{-3})	0.257 und -0.192	0.182 und -0.216	0.334 und -0.288	0.208 und -0.192	0.140 und -0.142

	30	31	32	33	34
cif-Dateiname	ansc46	ansc68	ansc54_0m	ansc78_0m	ansc84_1_0m
Empirische Formel	$C_{28}H_{16}F_5NO_2$	$C_{28}H_{19}F_2NO_2$	$C_{28}H_{18}F_3NO_2$	$C_{28}H_{17}F_4NO_2$	$C_{28}H_{17}F_4NO_2$
Molmasse	493.42	439.44	457.43	475.43	475.43
T (K)	93(2)	298(2)	93(2)	90(2)	93(2)
Kristallsystem	monoklin	monoklin	monoklin	monoklin	monoklin
Raumgruppe	$P2_1$	$P2_1/c$	$P2_1/c$	$P2_1/c$	$P2_1$
a (Å)	6.1403(3)	17.9061(5)	18.1238(10)	16.9414(9)	9.9267(7)
b (Å)	22.8133(10)	6.4580(2)	6.4275(4)	6.1276(3)	6.1480(4)
c (Å)	15.7488(7)	19.5492(6)	19.7427(11)	20.9057(11)	17.6997(12)
α (°)	90.00	90.00	90.00	90.00	90.00
β (°)	92.913(2)	109.7160(10)	109.212(3)	103.839(3)	98.872(3)
γ (°)	90.00	90.00	90.00	90.00	90.00
V (Å^3)	2203.25(17)	2128.10(11)	2171.8(2)	2107.22(19)	1067.28(13)
Z, Dichte ρ_{calc} (g m^{-3})	4, 1.488	4, 1.372	4, 1.399	4, 1.499	2, 1.479
Absorptionskoeffizient μ (mm^{-1})	0.122	0.098	0.105	0.118	0.117
$F(000)$	1008	912	944	976	488
Theta-Bereich (°)	1.57-31.50	2.13-25.50	1.19-25.00	2.01-26.00	2.08-25.00
Index-Bereich h, k, l	±9; ±33; -23,22	±21; ±7; ±23	±21; ±7; ±23	-20,19; ±7; ±25	±11; ±7; ±21
no. of measd.rflns	28580	30444	21952	22329	25591
no. of independent rflns	7398	3947	3814	4045	3720
no. of rflns with $I > 2\sigma(I)$	5544	3000	2605	2698	3354
restraints/parameters	119/723	0/298	0/307	0/316	1/316
goodness-of-fit on $F2$	1.064	1.062	1.100	1.057	1.055
final R indices [$I > 2\sigma(I)$]	R1 = 0.0776 wR2 = 0.2250	R1 = 0.0364 wR2 = 0.0976	R1 = 0.0419 wR2 = 0.1205	R1 = 0.0417 wR2 = 0.0851	R1 = 0.0489 wR2 = 0.1242
R indices (all data)	R1 = 0.0992 wR2 = 0.2366	R1 = 0.0538 wR2 = 0.1065	R1 = 0.0728 wR2 = 0.1473	R1 = 0.0804 wR2 = 0.0930	R1 = 0.0553 wR2 = 0.1274
largest diff peak and hole (e Å^{-3})	0.606 und -0.452	0.140 und -0.188	0.160 und -0.219	0.264 und -0.237	0.462 und -0.229

	35	36	37	38·Bz	41
cif-Dateiname	ansc57	ansc83_1	ansc90_0m	ansc75	ansc59_0m
Empirische Formel	$C_{28}H_{16}F_5NO_2$	$C_{28}H_{14}F_7NO_2$	$C_{28}H_{19}Br_2NO_2$	$C_{28}H_{16}Br_2FNO_2$ $\cdot C_6H_6$	$C_{28}H_{16}Br_2F_3NO_2$
Molmasse	493.42	529.40	561.26	657.36	615.24
T (K)	93(2)	93(2)	93(2)	93(2)	93(2)
Kristallsystem	monoklin	monoklin	monoklin	monoklin	monoklin
Raumgruppe	$P2_1/c$	$P2_1/n$	$P2_1/c$	$P2_1/n$	$C2/c$
a (Å)	17.632(3)	16.792(2)	19.3103(14)	7.0526(9)	33.076(7)
b (Å)	6.3857(11)	7.5903(11)	6.2203(4)	10.0504(14)	6.1310(12)
c (Å)	20.036(4)	17.922(3)	19.9840(15)	39.966(5)	24.683(5)
α (°)	90.00	90.00	90.00	90.00	90.00
β (°)	109.183(8)	99.434(5)	110.913(3)	94.537(7)	108.803(3)
γ (°)	90.00	90.00	90.00	90.00	90.00
V (Å^3)	2130.6(7)	2253.3(5)	2242.3(3)	2824.0(6)	4738.3(16)
Z, Dichte ρ_{calc} (g m^{-3})	4, 1.538	4, 1.561	4, 1.663	4, 1.546	8 1.725
Absorptionskoeffizient μ (mm^{-1})	0.127	0.138	3.642	2.910	3.473
$F(000)$	1008	1072	1120	1320	2432
Theta-Bereich (°)	1.22-25.05	2.30-25.00	2.07-25.50	2.04-30.00	2.49-25.25
Index-Bereich h, k, l	±21; ±7; ±23	±19; ±9; ±21	±23; -7,6; ±24	±9; ±14; ±56	-39,37; ±7; ±29
no. of measd.rflns	24010	40223	17077	110317	14595
no. of independent rflns	3775	3942	4127	8152	4293
no. of rflns with $I > 2\sigma(I)$	3340	2461	2690	6850	3685
restraints/parameters	0/325	0/343	0/298	46/416	0/325
goodness-of-fit on $F2$	1.164	0.922	1.018	1.251	1.008
final R indices [$I > 2\sigma(I)$]	$R1 = 0.0298$ $wR2 = 0.0872$	$R1 = 0.0446$ $wR2 = 0.0986$	$R1 = 0.0411$ $wR2 = 0.0939$	$R1 = 0.0627$ $wR2 = 0.1172$	$R1 = 0.0266$ $wR2 = 0.0638$
R indices (all data)	$R1 = 0.0360$ $wR2 = 0.0986$	$R1 = 0.0859$ $wR2 = 0.1157$	$R1 = 0.0859$ $wR2 = 0.1066$	$R1 = 0.0753$ $wR2 = 0.1198$	$R1 = 0.0355$ $wR2 = 0.0664$
largest diff peak and hole (e Å^{-3})	0.253 und -0.294	0.354 und -0.447	0.912 und -0.514	1.022 und -1.168	0.504 und -0.506

	42	C	E
cif-Dateiname	ansc58_0m	ansc5	ansc8x
Empirische Formel	$C_{28}H_{14}Br_2F_5NO_2$	$C_{18}H_{12}F_2$	$C_{18}H_{12}Br_2$
Molmasse	651.22	266.28	388.10
T (K)	93(2)	298(2)	298(2)
Kristallsystem	monoklin	monoklin	triklin
Raumgruppe	$C2$	$P2_1/n$	$P\text{-}1$
a (Å)	24.2800(16)	10.367(2)	9.711(2)
b (Å)	6.1275(4)	8.700(2)	11.389(2)
c (Å)	17.4533(12)	15.274(3)	15.893(3)
α (°)	90.00	90.00	84.34(3)
β (°)	113.904(2)	97.01(3)	76.56(3)
γ (°)	90.00	90.00	64.88(3)
V (Å^3)	2373.9(3)	1367.3(5)	1547.9(5)
Z, Dichte ρ_{calc} (g m^{-3})	4, 1.822	4, 1.294	4, 1.665
Absorptionskoeffizient μ (mm^{-1})	3.483	0.767	6.519
$F(000)$	1280	552	760
Theta-Bereich (°)	1.28-25.49	4.89-74.86	2.86-69.93
Index-Bereich h, k, l	-24,29; ±7; -21,20	-3, 12;-10,3; -19,19	-11,3;-13,12; ±19
no. of measd.rflns	13362	4498	8190
no. of independent rflns	4418	2592	5838
no. of rflns with $I > 2\sigma(I)$	3920	1579	3870
restraints/parameters	1/343	0/181	0/361
goodness-of-fit on F^2	1.065	1.000	1.074
final R indices [$I > 2\sigma(I)$]	$R1 = 0.0313$	$R1 = 0.0525$	$R1 = 0.0766$
	$wR2 = 0.0617$	$wR2 = 0.1330$	$wR2 = 0.1781$
R indices (all data)	$R1 = 0.0412$	$R1 = 0.1042$	$R1 = 0.1193$
	$wR2 = 0.0661$	$wR2 = 0.1608$	$wR2 = 0.2000$
largest diff peak and hole (e Å^{-3})	0.610 und -0.517	0.190 und -0.161	1.223 und -0.549

Die VDM Verlagsservicegesellschaft sucht für wissenschaftliche Verlage abgeschlossene und herausragende

Dissertationen, Habilitationen, Diplomarbeiten, Master Theses, Magisterarbeiten usw.

für die kostenlose Publikation als Fachbuch.

Sie verfügen über eine Arbeit, die hohen inhaltlichen und formalen Ansprüchen genügt, und haben Interesse an einer honorarvergüteten Publikation?

Dann senden Sie bitte erste Informationen über sich und Ihre Arbeit per Email an *info@vdm-vsg.de*.

Sie erhalten kurzfristig unser Feedback!

VDM Verlagsservicegesellschaft mbH
Dudweiler Landstr. 99   Telefon +49 681 3720 174
D - 66123 Saarbrücken   Fax   +49 681 3720 1749
www.vdm-vsg.de

Die VDM Verlagsservicegesellschaft mbH vertritt

Printed by Books on Demand GmbH, Norderstedt / Germany